Hans Issel

DER FACHWERKBAU

Hans Issel

DER FACHWERKBAU

NIKOL
VERLAG

Reprint nach dem Original aus dem Jahre 1900.

2. Auflage 2025

Umschlaggestaltung: Nele Schütz Design unter Verwendung von Shutterstock/Robert Voight (Eichenblätter mit Eichel), Betty Ray (Element Fachwerkfassade)
Druck und Bindung: DZS Grafik d.o.o.
Printed in Slovenia

ISBN: 978-3-86820-694-4

info@nikol-verlag.de
www.nikol-verlag.de

DER HOLZBAU

UMFASSEND:

DEN FACHWERK-, BLOCK-, STÄNDER- UND STABBAU UND DEREN ZEITGEMÄSSE WIEDERVERWENDUNG

FÜR DEN SCHULGEBRAUCH UND DIE BAUPRAXIS

BEARBEITET

VON

HANS ISSEL
ARCHITEKT UND KGL. BAUGEWERKSCHULLEHRER ZU CASSEL

MIT 400 TEXTABBILDUNGEN UND 12 TAFELN

LEIPZIG 1900
VERLAG VON BERNH. FRIEDR. VOIGT.

Dem Königl. Baugewerkschul-Direktor

Herrn Karl Wagener

in Idstein

in aufrichtiger Verehrung gewidmet

Vorwort.

Die unaufhaltsam sich steigernden Anforderungen, die selbst auf dem Gebiete des einfacheren Wohnhausbaues an den Bautechniker herantreten (man vergleiche nur Arbeiterhäuser neuester Kolonie-Anlagen), haben in jüngster Zeit auch die Pflege eines in Vergessenheit geratenen Zweiges dieser ureigensten bürgerlichen Baukunst mit sich gebracht, nämlich die Wiederaufnahme des Holzbaues in unsere Wohnhaus-Architektur.

Dieser Pflege kann sich natürlich die Baugewerkschule, die wir hier zunächst im Auge haben, um so weniger entziehen, als gerade sie die Meister heranzubilden hat, die durch ihren Beruf dem Holzbau am nächsten stehen, die gewissermassen als die Nachfolger der alten kunstsinnigen Zimmerlinge früherer Jahrhunderte am thatkräftigsten bestrebt sein sollen, dem Handwerk den verloren gegangenen künstlerischen Schimmer wieder zu gewinnen.

Hierzu bieten die Aufgaben unserer Zeit Gelegenheit in Fülle, und es wird nur darauf ankommen, den richtigen Weg zu betreten, der, von der „Konstruktion“ ausgehend, zu naturgemässen Zierformen und weiter zu einfacherer oder reicherer künstlerischer Gestaltung führt. Und hierbei wird es in erster Linie wieder die Schule sein müssen, die helfend und fördernd eingreift, Irrtümer beseitigt und den weiteren Ausbau des Materials an die Hand gibt.

In diesem Sinne haben auch wir in der vorliegenden Arbeit die Behandlung des Lehrstoffes für die Baugewerkschule und seine weitere Ausgestaltung in der Praxis aufgefasst.

Keine fremde Stilübertragung und keine Tischler- und Drechsler-Architektur, — das ist für den deutschen Holzbau die Losung!

Die Kunstform soll sich der Konstruktion anschmiegen, wie wir dies aus guten Vorbildern alter deutscher Holzarchitekturen, die wir geflissentlich hier herangezogen haben, ersehen können. Sie soll sich ergänzen und vervollkommnen in ihrer Wirkung durch die Farbe!

Dies sind mit wenigen Worten die Grundsätze, auf denen dieses Lehrbuch sich aufbaut und mit denen es auch über den Rahmen der Schule hinaus in der Praxis weiter wirken möchte.

Wenn es uns dabei in erster Linie um den deutschen Fachwerkbau zu thun war, so haben wir doch, der Vollständigkeit halber und um auch anderen Erscheinungen im heutigen Holzbau gerecht zu werden, auch fremde Konstruktions- und Schmuckweisen auf diesem Gebiete vorzuführen nicht verfehlt.

Möchte die vorliegende Arbeit, die durch die Verlagsbuchhandlung in anerkennenswerter und opferwilliger Weise durch eine ungewöhnlich grosse Anzahl von einschlägigen Abbildungen unterstützt worden ist, dem ausgesprochenen Zwecke für die Schule und die Praxis dienlich sein!

Cassel, im Dezember 1899.

Der Verfasser.

Inhaltsverzeichnis.

Dritter Abschnitt.

Der Blockbau.

Vierter Abschnitt.

Der schweizerische Ständer- und Riegelbau.

Fünfter Abschnitt.

Der norwegische Stabbau.

Sechster Abschnitt.

Einzelteile moderner Holzbauten.

Erster Abschnitt.

Allgemeines.

1. Die einschlägigen Holzarten.

a) Die einheimischen Bauhölzer.

Nadelhölzer. Unsere wichtigsten Bauhölzer gehören den Nadelhölzern oder Koniferen an. Sie sind im allgemeinen gerader und schlanker als Laubholz gewachsen, sind dabei elastischer, leichter zu bearbeiten und deshalb für die meisten Konstruktionsteile bequemer zu verwenden.

Die Kiefer oder Föhre liefert das in Deutschland verbreitetste und beste Bauholz. Besonders eignet sie sich für Zimmerkonstruktionen, auch zu solchen unter Wasser, ferner zu Tischlerarbeiten, wie Fussbodendielungen, Wandvertäfelungen, Thüren (wenn das Holz ziemlich astfrei ist). Für grössere Dachkonstruktionen, ebenso für freitragende Balken, ist das Fichtenholz vorzuziehen, da dieses elastischer und leichter ist. Das Kiefernholz ist im Kern gelb, im Splint weiss. Starke, gesunde Stämme haben roten Kern und stark mit Harz durchdrungene Jahresringe. Wird der Kern rötlich-gelb, so ist das Holz „überständig". Regelmässig zerrissene Borke lässt auf gesunden Wuchs schliessen.

Abarten der Kiefer, die auch in Deutschland Verbreitung finden, sind die Weimutskiefer, die Schwarzkiefer, die Zirbelkiefer und die Zwergkiefer. Von diesen haben nur die ersten beiden als Bauholz Bedeutung.

Die Weisstanne oder Edeltanne verwendet man vorzüglich zu Tischlerarbeiten, wie Fussbodendielungen, Thüren u. s. w., da ihr Holz sehr astrein ist. Gegen Witterungseinflüsse ist sie wegen Mangel an Harz weniger widerstandsfähig. Zu Innenkonstruktionen aber, z. B. zu Balkenlagen, Unterzügen und Dachbindern eignet sich dies Holz vorzüglich. Das Holz ist rein weiss, manchmal ins Gelbliche, bei feuchtem Boden auch ins Rötliche spielend, dabei langfaserig, zähe und tragfähig. Ihren Höhepunkt als Bauholz erreicht die Weisstanne in 80 bis 120 Jahren.

Die Fichte oder Rottanne hat oft sehr weiches Kernholz, weshalb sie nur zu Baukonstruktionen im Trocknen brauchbar ist. Mithin findet ihr Holz zu Wandvertäfelungen und inneren Tischlerarbeiten passende Verwendung, weniger zu Thüren und Fussbodenbelag. Das harzreiche, rötlich gelbe Holz steht dem der Weisstanne an Dauer, jedoch nicht an Festigkeit nach. Da es aber leicht stockt und fault, so ist es am meisten den Angriffen des Hausschwammes ausgesetzt. Die beste Brauchbarkeit als Bauholz gewinnt die Fichte mit 60 Jahren.

Die Lärche liefert gutes Bauholz für Wasserbauten, für Brücken- und Grubenbau, für Schwellen und Fachwerkbauten, weniger für Tischlerarbeiten. Das Holz ist fest und harzreich und sehr widerstandsfähig gegen Fäulnis. Seine Brauchbarkeit beginnt mit 30 Jahren und erreicht den Höhepunkt mit 80 bis 100 Jahren.

Laubhölzer. Den ersten Platz unter den für Bauzwecke nutzbaren Laubhölzern nimmt die Eiche ein, von der wir zwei Arten unterscheiden. Die wichtigste ist

die Stiel- oder Sommereiche. Ihr Holz wird vornehmlich zu Bautischlerarbeiten verwendet, zu äusseren Thüren, Fenstern, zu Fussbodendielungen, Wandvertäfelungen, ferner zu Zimmerkonstruktionen wie Schwellen, Eckpfosten, Säulen in Dächern u. s. w. Härte und grosse Widerstandsfähigkeit gegen Witterungseinflüsse kennzeichnen diese Holzart. Die Farbe ist gelblich-braun mit vielen sogen. Spiegeln. Mit 200 Jahren erreicht der Baum seine Vollendung mit oft 2,5 m Stärke und 55 m Höhe. Die Dauer des Eichenholzes beträgt bei wechselnder Trocknis mit Feuchtigkeit etwa 50 Jahre, ganz im Trocknen etwa 500 Jahre; ganz unter Wasser ist es unverwüstlich.

b) Weitere Nutzhölzer.

Die Stein- oder Wintereiche ist weniger brauchbar zu Baukonstruktionen als die vorige, da ihr Holz schwer zu bearbeiten ist, sich stark wirft und ebenso reisst. Als Balkenholz ist sie daher unbrauchbar.

Die Rotbuche. Die Verwendung des Buchenholzes zu Bauzwecken war bisher immer nur eine beschränkte. Es erweist sich aber als brauchbar für allerhand Bohlenbeläge, für Treppen, besonders für Treppenwangen und Handläufer, für gebogene Möbel (Stühle), für Bohlen zu gedeckten Kegelbahnen und für Teile von Parkettböden. Zu Stubendielungen eignet sich dieses Holz, wenn sie nicht stark gescheuert werden, da bei andauernder Feuchtigkeit leicht Fäulnis eintritt. Mängel am Buchenholz sind sein hohes spezifisches Gewicht, die schwierige Bearbeitung und die Neigung zum Reissen und Werfen (bei geschnittenen Dielen). Die Holzfarbe ist rötlich-weiss.

Die Weissbuche oder Hainbuche hat ähnliche Eigenschaften wie die vorhergenannte, findet aber als Zimmerholz gar keine Verwendung. Auch für Zimmerdielungen eignet sich dieses Holz seiner schmutzig-weissen Farbe halber nur wenig.

Die Erle (Schwarzerle und Weisserle) kommt als Bauholz nur für Wasserbauten, für Pfahlrost und Schwellrost in Betracht, wo sie dem Eichenholz an Tragfähigkeit gleichwertig ist. Das Holz hat an jungen Bäumen gelbweisse, an älteren Stämmen rotbraune Farbe.

Der gemeine Ahorn ist für Treppenstufen brauchbar, sonst auch für Schreiner- und Drechslerarbeit. Sein Holz ist weiss, hart, dicht und zähe.

Die Esche liefert kein Bauholz, wohl aber für Werkzeug das brauchbarste Material, da das Holz ungemein biegsam ist.

Die Ulme (mit den drei Abarten: Rüster, Flatterrüster und Haselrüster) kann zu Bauholz verwendet werden. Ihr Holz ist aber schwer zu bearbeiten und hat seine grösste Dauerhaftigkeit unter Wasser.

Die Pappel mit den Abarten Schwarzpappel, Weisspappel, Zitterpappel, Waldpappel und italienische Pappel hat leichtes, etwas schwammiges Holz, das im Trocknen wenig schwindet und arbeitet. Als Bauholz hat es wenig oder keinen Wert, wohl aber findet es in der Bauschreinerei Verwendung zu Treppenstufen, Fussböden und Blindholz.

Die Linde, Winterlinde und Sommerlinde, liefert ein weiches Holz für Schnitzarbeiten, für die Drechslerei und Tischlerei. Als Bauholz für Zimmerkonstruktionen ist es vollständig unbrauchbar.

Die Birke mit ihrem weichen und wenig dauerhaftem Holze kommt nur für Stellmacherei in Betracht. Sie wird für Leiterbäume verwendet.

Die Kastanie oder Edelkastanie kommt nur in Süddeutschland in grösseren Beständen vor. Ihr Holz ist ziemlich wertvoll und eignet sich auch zu Baukonstruktionen, da es sehr hart und elastisch ist. Unter Wasser zeigt es die Eigenschaften des Eichenholzes.

Die sogen. Rosskastanie, in Norddeutschland die bekannteste, hat als Bauholz gar keinen Wert.

Die Akazie ist wertvoll für Drechsler- und Stellmacherarbeiten. Ihr Holz ist schwer, sehr zähe und elastisch, deshalb z. B. für Reckstangen sehr brauchbar. Es würde sich auch zu einzelnen Konstruktionsteilen verarbeiten lassen.

Der Nussbaum spielt nur in der Möbelschreinerei eine Rolle, als Bauholz würde er viel zu teuer sein, findet aber hier und da zu Treppenstufen Verwendung.

Von den fremdländischen Bauhölzern hat bei uns nur das Holz der Terpentinkiefer (Pitch-pine) Bedeutung gewonnen. Wir benutzen das Holz neuerdings nur zu Fussböden und Wandtäfelungen, aber in Amerika dient es den verschiedensten Zwecken des Hochbaues, des Eisenbahn- und Schiffsbaues. Das Holz ist sehr dauerhaft, sehr harzreich und sehr hart und schwer.

2. Die Fällzeit des Holzes.

Das im Winter gefällte Holz ist allem anderen an Güte bedeutend überlegen. Ende Dezember ist die beste Fällzeit für Bauholz. Namentlich ist erwiesen, dass sich der Hausschwamm in dem im Sommer gefällten Holze am leichtesten fortpflanzt. Winterholz wird aber von Insekten leichter angegangen als Sommerholz. Immerhin ist nicht ausgeschlossen, dass auch gut ausgetrocknetes Bauholz, obwohl im Sommer gefällt, nicht brauchbar wäre.

3. Die Fehler des Holzes.

Bei dem Ankaufe von Bauholz ist wohl darauf zu achten, dass es frei ist von Fehlern, die als Krankheiten schon beim Wuchse im Walde auftreten.

Die Rotfäule, auch Kernfäule genannt, tritt zumeist bei Eichen und Fichten auf und zwar am unteren Stammende, an der Wurzel. Das Holz wird zu braunroter erdiger Masse.

Die Weissfäule zeigt sich mehr in der Mitte des Stammes als dunkle, mit weissen und rostgelben Höfen umgebene Flecken, die oft tief in das Holz hineinreichen.

Die Kernfäule höhlt den Stamm aus.

Windbruch oder Drehwuchs bewirkt spiralförmige Entwickelung der Holzfasern von links nach rechts. Derartiges Holz ist nur als Rundholz beim Bauen zu gebrauchen. Dieser Fehler ist häufig bei Nadelhölzern zu finden.

Ringklüfte, d. h. Trennung der Jahresringe, finden sich am Fusse aller starken Bäume, z. B. bei Eichen. Sie sind ein Zeichen der beginnenden Zersetzung.

Kernrisse oder Frostrisse treten in den Jahresringen auf. Verlaufen sie gerade im Stamme, so machen sie das Holz leichtspaltig.

Brauschheit ist ein Fehler, der das Holz, besonders Eichen von Sand- oder fettem Marschboden, zu Bauzwecken untauglich macht. Das Holz wird schwammig, ist aber als Blindholz für Tischlerarbeit noch verwendbar, da es sich leicht bearbeiten lässt.

4. Der Hausschwamm

befällt das Holz im Walde oder auch erst nach seiner Verwendung im Bau. Gerade Neubauten fallen diesem Pilze am leichtesten zum Opfer, während die älteren Häuser von ihm verschont bleiben. Er entsteht im Holze und pflanzt sich an der Erde und am Mauerwerke fort. Im Walde, an abgestorbenen Baumstumpfen zwischen Rinde und Stamm tritt er als feines weissliches Gewebe auf. An einzelnen Stellen bilden sich rundliche Knollen von weisser, später gelblicher und roter Farbe. In deren Mitte entsteht der Samen oder die Sporen, die abgeworfen und vom Winde weitergetragen werden. Auf geeignetem Boden keimen sie weiter. Bedingung ist dafür, Feuchtigkeit und Mangel an Licht und an Luftzutritt. Immer bildet im Safte gefälltes Holz einen weit besseren Nährboden für die Pilzsporen, als Winterholz.

Mittel zur Vertilgung und Verhütung des Schwammes gibt es verschiedene. Ist der Schwamm bereits vorhanden, so muss alles angefressene Mauerwerk und Holz entfernt und letzteres verbrannt werden. Die Erde wird auf 60 cm Tiefe ausgehoben und durch geglühten Sand ersetzt. Die Mauersteine werden erneuert. Im übrigen sichert man das Holz, besonders die Lagerhölzer unter dem Erdgeschoss-Fussboden, durch Anstriche mit Mykothanaton, Antimerulion oder Karbolineum.

Mykothanaton gehört zu den scharfen Säuren und ist gefährlich, weil es warm aufgetragen werden muss. Auch die Kosten sind zu bedenken.

Antimerulion enthält Wasserglas, eine kieselsaure Natronlösung in Verbindung mit Chlorid. Das Wasserglas wirkt antiseptisch und schliesst die Holzzellen. Das Holzwerk wird zweimal in Pausen von etwa 20 Stunden gestrichen.

Karbolineum ist in seiner Wirkung auf das Holz vorzüglich. Es ist ein Imprägnieröl, das, mit dem Pinsel aufgetragen, in die Poren des Holzes eindringt und seine Dauerhaftigkeit bedeutend erhöht.

Luftzutritt ist auf alle Fälle ein Hauptmittel, besonders bei nicht unterkellerten Räumen, um das Holz zu schützen.

5. Das Imprägnieren des Holzes

findet ganz besonders bei solchen Hölzern Anwendung, die dem Witterungseinflusse stark ausgesetzt sind. Es hat dieses Verfahren den Zweck, die Feuchtigkeits-Aufnahme zu erschweren und den vorhandenen Zellensaft zu zerstören. Mittels Druckpumpen wird Oel, Teer u. s. w. in das Holz hineingetrieben, nachdem das Holz vorher ausgetrocknet worden ist.

Eine besondere Art der Imprägnierung ist die nach dem System des französischen Arztes Borecherie. Sie ist besonders von der Kaiserlichen Telegraphie in Deutschland eingeführt. Als Mittel wird hierbei Kupfervitriol-Lösung an die Hirnfläche des Stammes geführt und durch Druck in die Poren gepresst. Der vorhandene Zellsaft wird dadurch zunächst am freien Zopfende des Stammes herausgedrückt, später fliesst die Kupferlösung aus, bis sie einen Gehalt von $^2/_3$ bis 1 % Kupfervitriol zeigt. Dann ist die Imprägnierung beendet.

Laubholz lässt sich leichter imprägnieren als harzhaltige Nadelhölzer, ebenso junges Holz leichter als altes. Bei einer Grösse von 10 m Druckhöhe beansprucht ein Stamm von 15 cm Zopfstärke und 7 m Länge 6 Tage, bei 8,5 m Länge 9 Tage, bei 10 m Länge 12 Tage (vergl. Karmarsch und Heeren, Techn. Wörterbuch).

6. Das Schwinden und Quellen des Holzes.

Alles Bauholz, z. B. Balken, erreicht nach einem Jahre, wenn es in einem luftigen Schuppen aufbewahrt wird, eine solche Trockenheit, dass es ohne Gefahr verwendet werden kann. Voraussetzung ist hierbei, dass noch ein weiteres Dünsten möglich ist. Werkholz soll mehrere Jahre in einem guten Schuppen trocknen. Hierbei schwindet das Holz und zwar schneller an seiner Oberfläche als im Innern. Beim Austrocknen von Rundholz ohne Rinde entstehen Längsrisse, die aussen am weitesten klaffen, nach innen zu aber abnehmen. Beim Austrocknen der Stämme mit der Rinde bilden sich weniger Risse. Halbholz reisst in der Regel mit der Rinde nicht auf. Viertelholz ebenfalls nicht, aber es krümmt sich nach der Länge und Quere. Vierkantig beschlagenes Holz mit dem Kern in der Mitte reisst stärker als Rundholz in der Rinde. Die Risse liegen meist in der Mitte der behauenen Flächen (Fig. 1). Liegt der Kern nicht

Fig. 1.

Fig. 4.

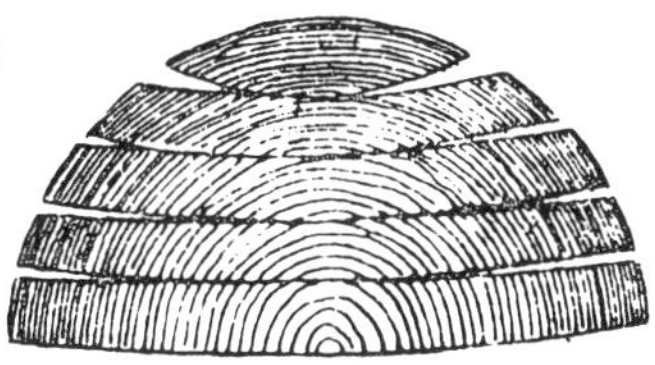

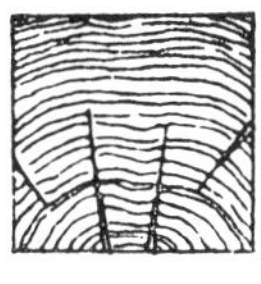

Fig. 2.

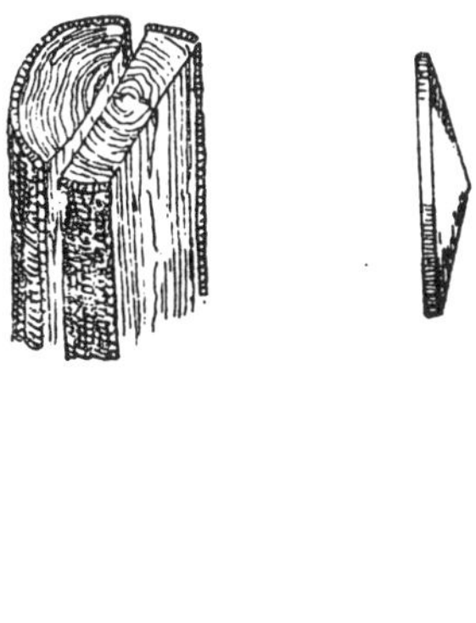

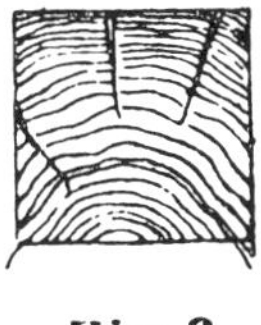

Fig. 3.

in der Mitte, so reisst das Holz vom Kern aus (Fig. 2) oder von der entgegengesetzten Seite (Fig. 3). Aus der Stammmitte geschnittene Balken reissen an den Hirnflächen in der Mitte auf (Fig. 5). Bretter krümmen sich nach aussen (Fig. 4).

Anmerkung. Diese Angaben entnahmen wir dem Techn. Wörterbuch von Karmarsch und Heeren.

Das frisch gefällte Holz lässt man mit Vorteil, um ein langsames Austrocknen herbeizuführen und ein schnelles und starkes Reissen zu verhüten, mit der Rinde eine Zeit lang liegen. Auch kann man wohl die Rinde in schraubenförmigen Streifen entfernen. Ist der Baum beim Fällen belaubt, so lässt man die Laubkrone am Stamme abwelken.

Saugt das Holz Wasser ein, so quillt es. Dem Schwinden und Quellen begegnet man am besten durch ein möglichst vollständiges Austrocknen des frischen Holzes. Die gefällten Stämme werden mit der Rinde in einen vor Zugwind geschützten Schuppen mit gepflastertem Boden gebracht, ihre Hirnflächen mit Papier beklebt oder mit Lehm bestrichen. Für die erste Zeit bedeckt man sie dann mit trockenem Sande, nachdem die Rinde in Ringen entfernt ist, damit das Holz nicht stockig wird. Gut ist auch ein Trocknen der Stämme in stehender Lage, wobei sie sich nicht berühren sollen.

Gegen das Schwinden, Werfen und Reissen des Holzes wird auch als ein einfaches Mittel das Imprägnieren der zu verarbeitenden Stücke mit Kochsalz-Lösung verwendet. Holzstücke, die 8 Tage in übersättigter Salzlösung gelegen haben, leiden weder durch die Sonnenhitze noch durch andere Temperatur-Einflüsse.

7. Die Verarbeitung des Holzes.

Der Zimmermann bearbeitet die Hölzer zunächst mit verschieden geformten Aexten, mit dem Breitbeil, mit Säge und Hobel. Feinere Arbeiten, wie Verzierungen von Hohlkehlchen, Rundstäben, Platten, Karniesen, werden mit dem Profilhobel hergestellt. Grössere Flächen und Kanten bearbeitet man mit langen Hobeln (sogen. Rauchbank, Wolf). Nuten in Bretter stösst man mit eigens dazu vorgerichteten Hobeln. Für Zapfenlöcher, Riemen u. s. w. bei Verbandhölzern verwendet man das Stemm- oder Stechzeug. Kreisrunde Löcher erzeugt man mit Bohrern, die je nach Zweck und Grösse mit messerartigen Schneiden verschiedenartiger Form versehen sind. Bauhölzer und Bretter werden mit Kreissägeblättern von grossem Durchmesser geschnitten. Rahmstücke und Fensterhölzer stellt man mit Wagen- oder Schlittensägen her. Zum Schlitzen, Zapfenschneiden und Schweifen bedient man sich der Bandsäge. Zierbretter und durchbrochene Füllungen erhält man mit der Schweif- oder Dekoupier-Säge. Schmale gleichmässige Bretter erzielt man mit Hilfe von Walzenhobelmaschinen, die wenig Raum erfordern, mit vor- und rückwärtsgehendem Wagen und unten beweglicher Welle versehen sind. Allerhand Bekleidungsleisten, Kehlstösse, Goldleisten für Rahmen, die aber nicht unterschnitten sein dürfen, liefert die ein- bis vierseitig arbeitende Kehlmaschine.

Vorzügliche Hobelarbeit für gerade Bretter von gleicher Stärke erhält man mit der Hoffmannschen Flügelhobelmaschine. Ihre Hebelbreite beträgt bis 47 cm. Für gespundete Bretter und Spundpfähle empfiehlt sich die ein- und zweiseitig arbeitende Spundmaschine. Löcher jeder Form, runde und längliche, stellt man mit Bohrmaschinen her, Zapfen mittels Zapfenschneidemaschinen.

Feinere Profilarbeit erzielt man mit der Fräsmaschine. So liefert die Universal-Kunst-, Fräs- und Holzschnitz-Maschine von Albin Fischer in Leipzig sowohl für Kunst- als auch für Bautischlerei die mannigfaltigsten Gegenstände, als: Pilaster- und Säulen-Kapitelle, verzierte Säulenschäfte, freistehende vielkantige Stützen, Konsolen, Möbelarchitekturen, Schlagleisten für Fenster und Thüren, Thürfüllungen, Treppentraillen u. s. w.

Geschnitzte und ornamentierte Holzleisten, Eierstäbe, Bandverschlingungen etc., mit Maschinen angefertigt, stellt die Fabrik von P. D. Köster in Heide (Holstein) her.

8. Das Beschlagen der Stämme zu Balken.

Als Hauptregel bei dem Beschlagen eines Stammes gilt zunächst die, dass nicht unnützes Holz in die Späne gehauen wird.

Wenn sich ein Stamm von einem zum anderen Ende sehr verjüngt, so macht man das Zopfende nicht viereckig, sondern lässt Baum-, Wald- oder Wahnkanten stehen (Fig. 5). Liegt ein Balken an beiden Enden frei auf, so lässt man die Nordseite des Holzes wahnkantig (Fig. 6 bei a). Seite a kommt dann nach oben hin, weil die Nordseite widerstandsfähiger ist.

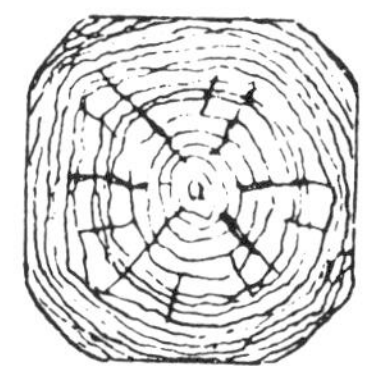

Fig. 5.

a

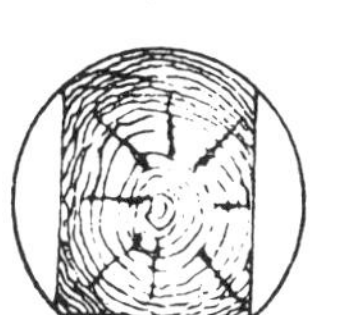

Fig. 6.

Wenn man, was vorteilhafter ist, den Stamm beschneidet, so erhält man bessere Form und anstatt der Späne gute Schwarten und Bretter.

Aus Mangel an starken Stämmen oder aus Ersparnis wird in vielen Fällen statt des vollkantigen Beschlages der baum- oder schulkantige Beschlag angewendet.

Will man wissen, wie stark ein quadratisch baumkantiger Beschlag aus einem Baum von bekanntem Durchmesser wird, so multipliziere man den Durchmesser des Wipfelendes mit 6 und dividiere das Produkt durch 7. Der Quotient gibt die Stärke des Beschlages.

Will man aus der gegebenen Stärke des quadratisch baumkantigen Balkens den Durchmesser des erforderlichen Stammes finden, so hat man die Seite a c in Fig. 8 mit 7 zu multiplizieren und das Produkt durch 6 zu dividieren. Der Quotient gibt den Durchmesser des Wipfelendes.

Soll ein hochkantiger Balken bei dem Verhältnis der Breite zur Höhe wie 5 zu 7, unbeschadet seiner Tragfähigkeit, aus einem Stamm baumkantig beschlagen werden, so findet man die Höhe des Balkens a d, Fig. 7, wenn man den Durchmesser des Wipfelendes mit 10 multipliziert und das Produkt durch 11 dividiert. Die Breite ergibt sich aus dem für die grösste Tragfähigkeit angegebenen Verhältnis wie 5 zu 7. Ist der Durchmesser eines Stammes zu bestimmen, aus dem sich ein bestimmter hochkantig baumkantiger Beschlag herstellen lässt, so hat man die Höhe des gegebenen Beschlages mit 11 zu multiplizieren und das Produkt durch 10 zu dividieren. Der Quotient gibt den erforderlichen Durchmesser vom Stamm an (vergl. Busch, die Bauführung).

9. Die Ausnutzung des Bauholzes.

Man unterscheidet im Hochbau zweierlei Arten von Hölzern, nämlich Stamm- und Schnittholz, von denen ersteres je nach seinem Kubikinhalt in 8 Klassen eingeteilt wird (vergl. Engel, die Bauausführung).

1. Extrastarkes Bauholz über 14,5 m lang, 31—36 cm am Zopfende stark
2. Starkes Bauholz 12,5—14,5 m „ 26—31 cm „ „ „
3. Mittelbauholz 11,3—12,5 m „ 18—24 cm „ „ „
4. Kleinbauholz 9,5—12,5 m „ 13—16 cm „ „ „
5. Bohlstämme 7— 9 m „ 13 cm „ „ „
6. Lattenstämme 6— 7 m „ 8 cm „ „ „
7. Schwammbaum oder rindschäliges Holz, 9—12,5 m lang, 21—26 cm Zopfstärke.
8. Sägeblöcke, der unterste, stärkste Teil der Stämme für Bohlen, Bretter, Latten u. s. w., 5—8 m lang, 21—26 cm am Zopfe stark.

Die Abfälle beim Beschlagen der Hölzer dienen als Brennholz; die mit der Säge abgeschnittenen Stücke nennt man Schwarten. Sie finden zu Verschlägen, Wandbekleidungen (z. B. für Eiskeller), sowie als Zwischendecken übliche Verwendung.

Im besonderen unterscheidet man ferner: Ganzholz, das aus starken Stämmen ohne Teilung genommen wird (Fig. 9); Halbholz und Kreuzholz (Fig. 10 und 11), die durch entsprechende Teilungen entstehen. Bei der Teilung

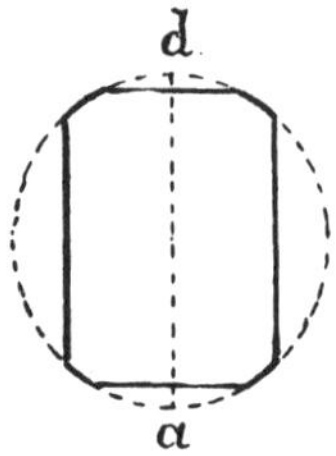

Fig. 7.

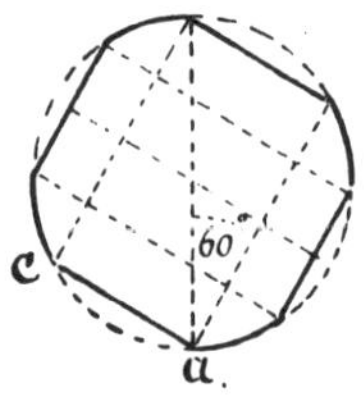

Fig. 8.

Fig. 9.

Fig. 10.

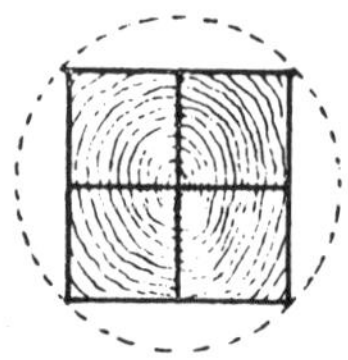

Fig. 11.

geht von der Holzstärke 1 cm durch den Sägeschnitt verloren. So ergibt ein 25 × 25 cm starkes Ganzholz 2 Halbhölzer von 12 × 25 cm und 4 Kreuzhölzer von 12 × 12 cm.

Für Schnittholz hat man folgende Bezeichnungen und Holzstärken:

1. Bohlen, Pfosten oder Planken, nicht unter 5 cm stark,
2. Ganze Spundbretter, 4,5 cm stark,
3. Halbe Spundbretter, 4,0 cm „
4. Tischlerbretter, 3,0 cm „
5. Schalbretter, 2,5 cm „
6. Kistenbretter, 2—0,6 cm „

7. Starke Latten, 8 cm breit, 4 cm stark,
8. Schwache Latten, 6,5 cm „ 4 cm „
9. Schwarten oder Schalen.

Bretter im Handel sind gewöhnlich 3,77—5,02 m, 6,3 m und 7,5 m lang.

Für rauhe Bretter gelten folgende Stärken:

1,3 cm,	2,3 cm,	3,3 cm,	5,2 cm,
1,7 cm,	2,6 cm,	4,0 cm,	6,5 cm,
2,0 cm,	2,9 cm,	4,6 cm,	7,8 cm.

Auf Antrag des Innungsverbandes deutscher Baugewerksmeister sind Anfang August 1898 vom preussischen Minister der öffentlichen Arbeiten und zugleich von den obersten Reichsbehörden Normalprofile für Kanthölzer und Schnittmaterial (Bretter, Bohlen, Pfosten, Latten) festgesetzt und deren Beachtung bei Aufstellung von Kostenanschlägen vorgeschrieben.

Tabelle für Normalprofile für Bauhölzer in Zentimetern.

8	10	12	14	16	18	20	22	24	26	28	30
8/8	8/10	10/12	10/14	12/16	14/18	14/20	16/22	18/24	20/26	22/28	24/30
	10/10	12/12	12/14	14/16	16/18	16/20	18/22	20/24	24/26	26/28	28/30
			14/14	16/16	18/18	18/20	20/22	24/24	26/26	28/28	
						20/20					

Tabelle für Schnittmaterial (Bretter, Bohlen, Pfosten, Latten).

In Längen von 3,50, 4, 4,50, 5, 5,50, 6, 7 und 8 m.

In Stärken von 15, 20, 25, 30, 35, 40, 45, 50, 60, 70, 80, 90, 100, 120 und 150 mm.

Besäumte Bretter in Breiten von Zentimeter zu Zentimeter steigend.

Wand- und Dachhölzer. Abgesehen von den oben angeführten Holzstärken kommen im Handel auch andere durch die Praxis eingeführte Masse vor, bei deren Anwendung in Rücksicht auf ein billiges Bauen der Ortssitte und Gewohnheit Rechnung getragen werden muss.

Wandstiele 13/13, 15/15, 18/18 cm,
Eckstiele 14/14—18/18, 21/21 cm,
Streben 15/21, 18/21 cm,
Rahmhölzer 15/21, 18/21 cm,
Sparren 10/16, 13/16 cm,
Pfetten 18/18, 18/21 cm,
Fusspfetten 16/16 cm,
Stiele und Hängesäulen 16/16, 18/18, 18/21 cm,
Zangen 8/20, 10/20 cm,
Spannriegel 16/21, 18/21 cm,
Unterzüge 23/29 cm,
Kopfbänder 10/10, 10/13, 13/13 cm.

10. Tragfähigkeitstabellen für Holzbalken*).

Die Tabellen geben das Verhältnis an, in dem sich die Breite und Höhe der Balken zu ihrer Spannweite und gegenseitigen Entfernung von Mitte zu Mitte befinden müssen. Dieselbe ist berechnet nach der allgemeinen Formel für gleichmässig verteilte Belastung $P \frac{100\ 1}{8} = S\ W$ oder daraus $\frac{8\ S\ W}{100\ P}$, worin 1 in m die frei tragende Länge, S in kg die Maximal-Fasernspannung, W das Widerstandsmoment (für den rechtwinkeligen Querschnitt gleich $\frac{1}{6}$ mal Breite mal Quadrat der Höhe) und P in kg die gleichmässig verteilte Last bedeutet. P ist in diesem Falle gleich der Länge des Balkens, multipliziert mit dem Balkenabstand von Mitte zu Mitte (B), beides in m, mal der Belastung des Quadratmeters in kg resp. 500, S dagegen gleich 80. Demnach $1 = \frac{8 \times 80 \times W}{100 \times 500 \times 1 \times B}$ oder $1^2 = \frac{64\ W}{5000\ B}$ oder $1 = \sqrt{\frac{32\ W}{2500\ B}}$. Ist die Belastung grösser oder kleiner als 500 kg, so ändert sich nur der Koeffizient $\frac{32}{2500}$.

1. Ist die Belastung pr. $m^2 = p$, Spannweite und der Balkenabstand B gegeben und die Balkenstärke darnach zu ermitteln, so geschieht dies mittels der Berechnung des erforderlichen Widerstandmomentes nach der Formel $W = \frac{100\ P\ 1}{8\ S}$ und da P gleich 1 B p; $W = \frac{100\ 1^2 B\ p}{8\ S}$. Darnach ergibt sich für W eine bestimmte Zahl, welche gleich $\frac{1}{6}\ b\ h^2$. Nun ist des weiteren zu berücksichtigen, dass das vorteilhafteste Verhältnis von Balkenhöhe zu Balkenbreite $\frac{h}{b}$, für Ganzhölzer $\frac{4}{3}$ und für Halbhölzer $\frac{4}{1.5}$ ist; wonach z. B. für Ganzhölzer aus der Gleichung $\frac{h}{b} = \frac{4}{3}\ b = \frac{3}{4}\ h$, in die Formel für W eingesetzt, $W = \frac{1}{6}\ h^2 \times \frac{3}{4}\ h = \frac{1}{8}\ h^3$ ergibt. Darnach ist $\frac{1}{8}\ h^3 = \frac{100\ 1^2\ B\ p}{8\ S}$.

Beispiel. Ein Tanzsaal von 8 m Breite soll mit frei tragenden Balken konstruiert und die Balkenstärke berechnet werden unter folgender Annahme: Die Maximalfasernspannung sei 70 kg, die Balkenweite 0,70 m und die Belastung pr. qm 700 kg.

Auflösung. Die obigen Werte in die Gleichung $\frac{1}{8}\ h^3 = \frac{100\ 1^2\ B\ p}{8\ S}$ eingesetzt, ergeben $\frac{1}{8}\ h^3 = \frac{100 \times 8 \times 8 \times 0{,}70 \times 700}{8 \times 70}$ oder $h^3 = 44800$ und $h = \sqrt[3]{44800} = 35{,}516$ cm und aus $b = \frac{3}{4} h$, ergibt sich die Balkenbreite 26,637 cm.

*) Vergl. Taschenbuch deutscher Baupreise. Verlag von C. Schmidt in Zürich.

2. Die Tabellen dienen nun hauptsächlich dazu, um in jedem einzelnen Falle die Balkenstärke zu bestimmen, und wenn einmal die Balkenhöhe, die für ein Gebälk nicht wohl verändert werden kann, festgestellt ist, die Balkenentfernung (und event. auch Breite) anzugeben, welche für jede im Gebälk vorkommende Spannweite gewählt werden muss, um durchweg eine gleichmässige Inanspruchnahme des Materials zu erzielen.

Stärke der Holzbalken in Wohngebäuden

für eine Belastung von 500 kg pro m² Fussboden — einschl. Selbst- und Nutzlast — und einer Inanspruchnahme von 80 kg pro cm².

Höhe = h	Breite = b	Inhalt	Widerstandsmoment $W = \frac{1}{2} b h^2$	Balkenlänge in cm = 100 l					
				bei einer Weite von Mitte zu Mitte in cm = 100 B					
cm	cm	cm²	cm	50	60	70	80	90	100
20	10	200	667	413	377	349	327	308	292
	11	220	733	433	395	366	343	323	306
	12	240	800	452	413	383	358	337	320
	13	260	867	471	430	398	372	351	333
	14	280	933	489	446	413	387	364	346
	15	300	1000	506	462	428	400	377	358
	16	320	1067	523	477	442	413	389	370
	17	340	1133	539	492	455	426	402	381
	18	360	1200	554	506	468	439	413	392
	19	380	1267	569	520	481	450	424	403
	20	400	1333	584	533	494	462	435	413
21	10	210	735	434	396	367	343	323	307
	11	231	809	455	415	384	360	339	322
	12	252	882	475	434	402	376	354	336
	13	273	956	495	452	418	391	368	350
	14	294	1029	513	469	434	406	383	363
	15	315	1103	531	486	449	420	396	376
	16	336	1176	549	501	464	434	409	388
	17	357	1250	566	516	478	447	422	400
	18	378	1323	582	531	492	460	434	412
	19	399	1397	598	546	505	473	446	423
	20	420	1470	614	560	518	485	457	434
	21	441	1544	629	574	531	497	469	444
22	10	220	807	454	415	384	360	339	322
	11	242	887	476	435	403	376	355	337
	12	264	968	498	454	421	393	371	352
	13	286	1049	518	473	438	409	386	367
	14	308	1129	538	491	454	425	401	380
	15	330	1210	557	509	470	440	415	393
	16	352	1291	575	525	486	454	429	407
	17	374	1371	593	541	501	468	442	419
	18	396	1452	610	557	515	483	454	431
	19	418	1533	626	572	529	495	467	443
	20	440	1613	642	587	543	508	479	454
	21	462	1694	658	601	557	521	491	466
	22	484	1775	674	615	570	533	502	477

Höhe cm	Breite cm	Inhalt cm²	Widerstands-moment cm	Balkenlänge in cm bei einer Weite von Mitte zu Mitte in cm 50	60	70	80	90	100
23	10	230	882	475	434	402	376	354	336
	11	253	970	498	455	421	394	371	352
	12	276	1058	520	475	440	411	388	368
	13	299	1146	542	494	458	428	404	383
	14	322	1234	562	513	475	444	419	397
	15	345	1323	582	531	492	460	434	411
	16	368	1411	601	549	508	475	448	425
	17	391	1499	619	566	524	490	462	438
	18	414	1587	637	582	539	504	475	451
	19	437	1675	655	598	553	518	488	463
	20	460	1763	672	613	568	531	501	475
	21	483	1852	689	628	582	544	513	487
	22	506	1940	705	633	596	557	525	498
	23	529	2028	720	658	609	570	537	509
24	10	240	960	496	452	419	392	370	350
	11	264	1056	520	475	439	411	388	368
	12	288	1152	543	496	459	429	405	384
	13	312	1248	565	516	478	447	421	400
	14	336	1344	586	535	496	464	437	415
	15	360	1440	607	554	513	480	453	429
	16	384	1536	627	572	530	496	467	443
	17	408	1632	646	590	546	511	482	457
	18	432	1728	665	607	562	526	496	470
	19	456	1824	683	624	578	540	509	483
	20	480	1920	701	640	593	554	522	496
	21	504	2016	718	656	607	568	535	508
	22	528	2112	735	671	621	581	548	520
	23	552	2208	752	686	635	594	560	532
	24	567	2304	768	701	649	607	572	543
25	10	250	1042	516	471	436	408	385	365
	11	275	1146	542	494	458	428	403	383
	12	300	1250	566	516	478	447	422	400
	13	325	1354	589	537	498	465	439	416
	14	350	1458	611	558	516	483	456	432
	15	375	1563	632	577	355	500	471	447
	16	400	1667	653	596	552	516	487	462
	17	425	1771	673	615	569	532	502	476
	18	450	1875	693	633	586	548	516	490
	19	475	1979	712	650	602	563	531	503
	20	500	2083	730	667	617	577	544	516
	21	525	2188	748	683	633	592	558	523
	22	550	2292	766	699	647	605	571	542
	23	575	2396	783	715	662	619	584	554
	24	600	2500	800	730	676	633	596	566
	25	625	2604	817	745	690	646	609	577

Höhe	Breite	Inhalt	Widerstandsmoment	Balkenlänge in cm bei einer Weite von Mitte zu Mitte in cm					
cm	cm	cm²	cm	50	60	70	80	90	100
26	10	260	1127	537	490	454	425	400	380
	11	286	1239	563	514	476	445	420	398
	12	312	1352	588	537	497	465	438	416
	13	338	1465	612	559	518	484	456	433
	14	364	1577	635	580	537	502	474	449
	15	390	1690	658	600	556	520	490	465
	16	416	1803	679	620	574	537	506	480
	17	442	1915	700	639	592	554	522	495
	18	468	2028	721	658	609	570	537	510
	19	494	2141	740	676	626	585	552	524
	20	520	2253	759	694	642	601	566	537
	21	546	2366	778	710	658	615	580	550
	22	572	2479	797	727	673	630	594	563
	23	598	2591	816	744	688	644	607	576
	24	624	2704	832	760	703	658	620	588
	25	650	2817	849	775	717	671	633	600
27	10	270	1215	558	509	471	441	416	394
	11	297	1337	585	534	494	462	436	414
	12	324	1458	611	558	516	483	455	432
	13	351	1580	636	580	537	503	474	450
	14	378	1701	660	602	558	522	492	467
	15	405	1823	683	624	577	540	509	483
	16	432	1944	705	644	596	558	526	499
	17	459	2066	727	664	615	575	542	514
	18	486	2187	748	683	632	592	558	529
	19	513	2309	769	702	650	608	573	544
	20	540	2430	789	720	667	624	588	558
	21	567	2552	808	738	683	639	602	571
	22	594	2673	827	755	699	654	617	585
	23	621	2795	846	772	715	669	631	598
	24	648	2916	864	789	730	683	644	611
	25	675	3038	882	805	745	697	657	624
28	10	280	1307	578	528	489	457	431	409
	11	308	1437	606	554	513	479	452	429
	12	336	1568	634	579	535	501	472	448
	13	364	1699	660	602	557	521	492	466
	14	392	1829	684	625	578	541	510	484
	15	420	1960	708	647	599	560	528	501
	16	448	2091	732	668	618	578	545	517
	17	476	2221	754	688	637	596	562	533
	18	504	2352	776	708	656	613	578	549
	19	532	2483	797	728	674	630	594	564
	20	560	2613	818	747	691	647	610	578
	21	588	2744	838	765	708	663	625	593
	22	616	2875	858	783	725	678	639	606
	23	644	3005	877	801	741	693	654	620
	24	672	3136	896	818	757	708	668	634
	25	700	3267	915	835	773	723	681	647

Höhe	Breite	Inhalt	Wider-stands-moment	Balkenlänge in cm bei einer Weite von Mitte zu Mitte in cm					
cm	cm	cm²	cm	50	60	70	80	90	100
29	10	290	1402	599	547	506	474	446	424
	11	319	1542	628	574	531	497	468	444
	12	348	1682	656	599	555	519	489	464
	13	377	1822	683	623	577	540	509	483
	14	406	1962	709	647	599	560	528	501
	15	435	2103	734	670	620	580	547	519
	16	464	2243	758	692	640	599	565	536
	17	493	2383	781	713	660	617	582	552
	18	522	2523	804	734	679	635	599	568
	19	551	2663	826	754	698	653	615	584
	20	580	2803	847	774	716	670	631	599
	21	609	2944	868	793	734	686	647	614
	22	638	3084	889	811	751	702	662	628
	23	667	3224	909	829	768	718	677	642
	24	696	3364	928	847	784	733	692	656
	25	725	3504	947	865	800	749	706	670
30	10	300	1500	620	566	524	490	462	438
	11	330	1650	650	593	549	514	484	460
	12	360	1800	679	620	574	537	506	480
	13	390	1950	706	645	597	559	527	500
	14	420	2100	733	669	620	580	546	518
	15	450	2250	759	693	642	600	566	537
	16	480	2400	784	716	662	620	584	554
	17	510	2550	808	738	683	639	602	571
	18	540	2700	831	759	703	657	620	588
	19	570	2850	854	780	722	675	637	604
	20	600	3000	876	800	741	693	653	620
	21	630	3150	898	820	759	710	669	635
	22	660	3300	919	839	777	727	685	650
	23	690	3450	940	858	794	743	700	665
	24	720	3600	960	876	801	759	716	679
	25	750	3750	980	894	828	775	730	693
31	10	310	1602	641	585	541	506	477	453
	11	341	1762	671	613	568	531	500	475
	12	372	1922	701	640	593	555	523	496
	13	403	2082	731	666	617	577	544	516
	14	434	2242	758	692	640	599	565	536
	15	465	2403	784	716	663	620	584	555
	16	496	2563	810	739	685	640	604	573
	17	527	2723	835	762	706	660	622	590
	18	558	2883	859	784	726	679	640	608
	19	589	3043	883	806	746	698	658	624
	20	620	3203	906	827	765	716	675	640
	21	651	3364	928	847	784	733	692	656
	22	682	3524	950	867	803	751	708	672
	23	713	3684	971	887	821	768	724	687
	24	744	3844	992	906	838	784	739	701
	25	775	4004	1012	925	856	800	755	716

Höhe cm	Breite cm	Inhalt cm²	Widerstandsmoment cm	Balkenlänge in cm bei einer Weite von Mitte zu Mitte in cm: 50	60	70	80	90	100
32	10	320	1707	661	603	559	523	493	467
	11	352	1877	693	633	586	548	517	490
	12	384	2048	724	661	612	572	540	512
	13	416	2219	754	688	637	596	562	533
	14	448	2389	782	722	661	618	583	553
	15	480	2560	809	739	684	640	603	572
	16	512	2731	836	763	707	661	623	591
	17	544	2902	862	787	728	681	642	609
	18	576	2073	887	809	749	701	661	627
	19	608	3243	911	832	770	720	679	644
	20	640	3414	935	853	790	739	697	661
	21	672	3585	958	874	810	757	714	677
	22	704	3755	980	895	829	775	731	698
	23	736	3926	1002	915	847	792	747	709
	24	768	4096	1024	935	865	810	763	724
	25	800	4267	1045	954	883	826	779	739
33	10	330	1815	682	622	576	539	508	482
	11	363	1997	715	653	604	565	533	505
	12	396	2178	747	682	631	590	557	528
	13	429	2360	778	710	657	614	579	550
	14	462	2541	807	736	682	638	601	570
	15	495	2723	835	762	706	660	622	591
	16	528	2904	862	787	729	682	643	610
	17	561	3086	889	811	751	703	662	628
	18	594	3267	915	835	773	723	682	647
	19	627	3449	940	858	794	743	700	664
	20	660	3630	964	880	815	762	719	682
	21	693	3812	988	902	835	781	736	695
	22	726	3993	1011	923	854	799	754	711
	23	759	4175	1034	944	874	817	771	736
	24	792	4356	1056	964	893	835	787	742
	25	825	4538	1078	984	911	852	803	766
34	10	340	1927	703	641	594	555	524	497
	11	374	2119	737	672	623	582	549	521
	12	408	2312	769	702	650	608	573	544
	13	442	2505	801	731	677	633	597	566
	14	476	2697	831	759	702	657	619	588
	15	510	2890	860	785	727	680	641	608
	16	544	3083	888	811	751	702	662	628
	17	578	3275	916	836	774	724	683	648
	18	612	3468	942	860	796	745	702	666
	19	646	3661	967	884	818	765	722	684
	20	680	3853	992	907	839	785	741	702
	21	714	4046	1017	929	860	804	759	720
	22	748	4239	1042	951	880	823	776	736
	23	782	4431	1065	972	900	842	794	753
	24	816	4624	1088	993	920	860	811	769
	25	850	4817	1111	1014	938	878	828	785

Höhe	Breite	Inhalt	Wider-stands-moment	Balkenlänge in cm bei einer Weite von Mitte zu Mitte in cm					
cm	cm	cm²	cm	50	60	70	80	90	100
35	10	350	2042	723	660	611	572	539	511
	11	385	2246	758	692	641	599	565	536
	12	420	2450	792	723	670	626	590	560
	13	455	2654	824	752	697	652	614	583
	14	490	2858	855	781	723	676	638	605
	15	525	3063	885	808	748	700	660	626
	16	560	3267	915	835	772	723	682	647
	17	595	3471	943	861	796	745	703	667
	18	630	3675	970	886	820	767	723	686
	19	665	3879	997	910	842	788	743	705
	20	700	4083	1023	933	864	808	762	723
	21	735	4288	1048	956	885	828	781	741
	22	770	4492	1072	979	906	848	799	758
	23	805	4696	1096	1001	926	867	817	775
	24	840	4900	1120	1023	947	885	835	792
	25	875	5104	1143	1044	966	904	852	808

11. Die nationalökonomische Bedeutung des Holzbaues.

Das einfache Fachwerkgebäude stellt sich im allgemeinen wesentlich billiger als ein Massivbau von gleichem Nutzwerte. Von besonderem Einfluss auf die Baukosten können allerdings örtliche Preisverhältnisse werden, durch die sich die Beziehungen zwischen Stein- und Holzmaterial zu gunsten des einen oder des anderen ausserordentlich verschieben.

Einen Hauptnachteil hat ja das Fachwerkgebäude immer gegenüber dem Massivbau, nämlich die weit geringere Dauer. Es ist aber in der That manchmal recht fraglich, ob eine übermässige Dauerhaftigkeit unserer Wohngebäude anzustreben ist. Bei allen Monumentalgebäuden ist das natürlich ganz etwas anderes; diese nehmen in bauökonomischer Beziehung eine Ausnahmestellung ein. Wenn aber (vergl. W. Roscher, Grundlagen der Nationalökonomie) ein Gebäude, das 60 Jahre lange Bestanddauer hat, 30000 Mark kostet, so ist es immer billiger als ein Haus für 60000 Mark, das jedoch 400 Jahre hält. Denn schon in 60 Jahren betragen die Zinsen der gesparten 30000 Mark so viel, dass der Besitzer drei solche Häuser davon bauen könnte. Dies bezieht sich besonders auf solche Bauwerke, die bei wachsender Benutzung erneuert werden müssen, also auf industrielle und Nützlichkeits-Bauten, die starken Veränderungen unterworfen sind.

Aber auch für gewöhnliche Wohnhäuser lässt sich hieraus eine Nutzanwendung ziehen. Es können sehr wohl Verhältnisse, besonders in unseren Städten, die starker Entwickelung unterliegen, eintreten, die es gar nicht wünschenswert erscheinen lassen, Jahrhunderte dauernde Bauten auf Baustellen auszuführen, die in absehbarer Zeit zu anderen Zwecken, z. B. öffentlichen Plätzen, öffentlichen Bauten, Kirchen, Schulen etc., herangezogen werden müssen.

Im allgemeinen werden für die Wahl zwischen Holzbau oder Massivbau vom nationalökonomischen Standpunkte aus folgende Leitsätze zu beachten sein*):

1. Die laufenden Kosten werden um so geringer, je kleiner die Anfangsbaukosten sind.

2. Die laufenden Kosten werden um so geringer, je weniger Reparatur- und Unterhaltungskosten erforderlich sind, je solider also die Ausführung ist. Ein gewisses Mass an Solidität darf aber nicht überschritten werden, weil hierdurch die Baukosten steigen und die Zinsen derselben den erreichten Vorteil wieder aufheben.

3. Die laufenden Kosten werden um so geringer, je weniger Brandwahrscheinlichkeit dem Objekte selbst anhaftet. Die Brandwahrscheinlichkeit ist bei dem Holzobjekte allerdings grösser als beim Massivbau; sie lässt sich jedoch auch bei diesem auf ein Mindestmass einschränken.

4. Die laufenden Kosten werden um so geringer, je geringer die Prämiensätze für die Feuerversicherung des Gebäudes sind. Diese lassen sich beim Holzbau durch passende Massnahmen in der Konstruktion und durch entsprechende Betriebsordnungen bedeutend herabsetzen.

5. Bei Gebäuden, bei denen weder die Brandstiftung von aussen, noch die Brenngefahr von innen eine nennenswerte ist, wird dem Holzbau wegen des geringeren Versicherungswertes der Vorzug gebühren.

6. Bei Gebäuden, die nur einer Brandstiftung von aussen unterliegen, wird möglicherweise ein feuersicher gedeckter Holzbau die geringsten laufenden Kosten verursachen.

7. Bei Grundstücken, die im Werte rasch wachsen, kann der Holzbau aus dem Grunde dem Massivbaue weit überlegen sein, weil er leicht nach der ersten und jeder folgenden Vernichtung verschoben werden kann. Eine Verschiebung während der Bestanddauer des Holzbaues ist mit geringeren Verlusten verbunden als dies beim Massivbau der Fall ist.

Für Industriebauten aus Fachwerk kommen dann noch die folgenden Leitsätze in Betracht:

8. Die Notwendigkeit einer verschärften Nachtwache kann unter Umständen die Ersparnis an laufenden Kosten, die der Holzbau im Gefolge hat, vollständig aufheben, ja sogar überwiegen.

9. Die Notwendigkeit der Anlage besonderer Löscheinrichtungen verteuert unter Umständen den Holzbau so sehr, dass die durch ihn verursachten laufenden Kosten jene des Massivbaues übersteigen.

10. Die zur Isolierung eines Holzobjektes notwendigen Grundstücke können unter Umständen die laufenden Kosten des Holzobjektes dermassen erhöhen, dass sie die laufenden Kosten eines gleichen Anforderungen genügenden nicht isolierten Massivbaues übersteigen.

11. Es ist nicht ausgeschlossen, dass bei Grundstücken, die rasch im Werte steigen, der Gewinn an diesen selbst die event. höheren laufenden Kosten wieder einbringt. Diese unfreiwillige Grundspekulation darf jedoch dem Holzbau nicht

---

*) Die folgenden Leitsätze sind einer hervorragenden und ausführlichen Bearbeitung vom Ingenieur Josef Röttinger entnommen: „Massivbau und Holzbau, eine Studie über die nationalökonomische Bedeutung der beiden Bauweisen im Hochbau".

zum Vorzuge angerechnet werden, wenn sie auch in die Kalkulation mit hineingezogen wird.

12. Die laufenden Kosten für Inventarversicherung wachsen und fallen mit den laufenden Kosten der Objektsversicherung selber. Sie sind wesentlich abhängig von der Art des Betriebes.

13. Die laufenden Kosten für Warenversicherung werden um so grösser, je grösser die Brandgefahr des Objektes von aussen oder innen ist.

14. Die laufenden Kosten für Warenversicherung werden um so grösser, je grösser die Brandgefahr der Waren an sich ist und werden dadurch häufig unabhängig von der Bauart des Objektes.

15. Hochwertige Waren verursachen oft solche Versicherungskosten, dass die Verminderung des Prämiensatzes ganz besondere bauliche Massnahmen als ökonomisch erscheinen lässt und die Anwendung des Holzbaues ganz ausgeschlossen erscheint.

Derselbe Verfasser stellt dann die folgenden „allgemeinen Leitsätze“ auf:

1. Der sinkende Zinsfuss verringert den Unterschied zwischen den laufenden Kosten des Massivbaues und Holzbaues bedeutend.

2. Der steigende Zinsfuss erhöht den Unterschied zwischen den laufenden Kosten des Massivbaues und des Holzbaues bedeutend.

3. Steigende Prämiensätze beeinflussen die laufenden Kosten des Massivbaues stärker als jene des Holzbaues.

4. Der Holzbau ist dem Massivbau dadurch weit überlegen, dass er nach Vernichtung den mittlerweile geänderten Betriebsverhältnissen und Methoden vollständig angepasst werden kann.

5. Ein wesentlicher Vorteil des Holzbaues ist seine Freizügigkeit, d. h. er kann nach seiner bald eintretenden ersten und jeder folgenden Vernichtung verschoben werden und hat bei einer Verschiebung während seiner Bestanddauer geringere Wertvernichtungen im Gefolge als der Massivbau.

6. Die Preise der für die verschiedenen Bauweisen erforderlichen Baumaterialien können unter Umständen solche Baukosten-Differenzen erzeugen, dass die eine oder die andere Bauweise absolut vorzuziehen ist.

Alle diese Leitsätze zusammen führen zu folgender Erkenntnis:

„Die Entscheidung, welcher Bauweise aus nationalökonomischen Gründen der Vorrang gebührt, kann nur von Fall zu Fall erfolgen und nach Erhebung aller erforderlichen Daten durch Aufstellung und Vergleichung der laufenden Kosten, beziehentlich der durch Zinseszins der laufenden Kosten erzielten Endwerte, getroffen werden.

Die Behauptung vieler Nationalökonomen, dass der Massivbau, sofern es sich um Nutzbauten handelt, Luxus sei und dass dem billigeren Holzbau unter allen Umständen der Vorzug gebühre — ist in ihrer Allgemeinheit nicht zutreffend“.

Zweiter Abschnitt.

Der Fachwerksbau.

Das Alte studier'!
Hast's erfasst, — dann Neues probier'!
Prüfe das Neue und Alte!
Lerne am Guten!
Das Beste behalte!

1. Die Wiederbelebung der Holzbaukunst.

Unser heutiger Wohnhausbau, soweit er nicht im Palaststile gehalten ist, wird durchaus beherrscht von dem Streben nach dem „rein Malerischen". Diesem Streben muss sich alles unterordnen, selbst die sonst befolgten Grundsätze der Wohlfeilheit und Dauerhaftigkeit.

Schon die Grundrissgestaltung des Hauses mit ihren mannigfaltigen Aus- und Einbauten, mit den Erkern, Loggien, den äusseren und inneren Sitzplätzen, mit den stark betonten Dächern und luftigen Erkertürmchen folgt rein dem Prinzipe der malerischen Gestaltung. Im Aeussern wird eine solche aber noch deutlicher angestrebt durch die Farbenwirkung des verwendeten Baumateriales und durch unmittelbare malerische Behandlung der Wände, der Fenster- und Thürumrahmungen. Aus demselben Streben ist auch die Vorliebe erklärlich, die seit einiger Zeit für die Wiederbelebung des Holzbaues zu tage tritt. Schon seit drei Jahrzehnten, mit der erwachenden Vorliebe für die Formen der sogen. deutschen Renaissanceperiode, waren auch die immer noch zahlreichen Holzbauten in Niedersachsen und Westfalen, in Hessen und am Rhein, in Thüringen, Franken und Schwaben durch musterhafte Veröffentlichungen aus der Vergessenheit hervorgehoben. Sie fanden neue Bewunderung, Erhaltung und Pflege und oftmals malerische Neubelebung durch den erwachenden Kunstsinn im Bürgertume. Trotzdem aber fiel nur selten Jemandem ein, für die moderne Wohnhausgestaltung diese Architekturformen heranzuziehen; sie galten eben nur für den Gebildeten als interessante Zeugen vergangener heimatlicher Kunstherrlichkeit. Man hatte wohl hier und da eine Art von Holzbaukunst, aber ihre Kunstformen waren ganz anderer Art. Sie waren nicht, wie die alten, aus der Konstruktion hervorgegangen, sondern sie entstammten der „Laubsäge-Architektur". Ihre Stilrichtung war oft höchst zweifelhaft und ihre allgemeine Anwendung scheiterte an der geringen Haltbarkeit ihrer krausen Tischlerarbeit. Mit Vorliebe wurden griechische Akroterien und italienische Akanthusranken in allen möglichen und unmöglichen Verschlingungen aus den Holzbrettern herausgeschnitten, wobei man sich nicht scheute, die Struktur des Holzes in der gröblichsten Art zu verletzen und die Wetterbeständigkeit auf das geringste Mass zu beschränken.

Diese Nipp-Holzarchitekturen gehören heute zu einem überwundenen Standpunkte. Mit grosser Energie greift die neueste Kunstrichtung auf jenen solideren Holzbaustil zurück, der in seinen besten Erzeugnissen und ohne Pflege Jahrhunderte überdauert hat, der, auf fachgemässer Konstruktion beruhend, die Arbeit des Zimmermanns am Wohnhause wieder mit einem künstlerischen Schimmer umgibt.

Die alten, braven Holzarchitekturen des 15. und 16. Jahrhunderts sind es, die als Vorbilder für neue künstlerische Gestaltung hervorgeholt worden. Und wenn wir auch nicht in unseren Städten ganze Fachwerkhäuser in alter Art von Grund auf errichten können, so sehen wir doch, wie für das freistehende bürgerliche Wohnhaus in der Vorstadt und auf dem Lande die Hauptzierden des alten Holzbaues, die Giebel und Erker und Chörlein, sowie die Auskragung der Stockwerke mit all ihren farbigen und formenreichen Zuthaten mit grossem Geschick wieder herangezogen werden.

Am häufigsten folgen die neueren Holzbauten dem System des Fachwerks- oder Riegelbaues, wenn auch naturgemäss in einzelnen Gegenden der noch heute übliche Blockbau oder beide Arten miteinander vermischt, die Holzbaukunst beeinflussen. Diese verschiedenen Arten der Holzarchitektur werden wir an späterer Stelle jede für sich betrachten.

Zunächst wenden wir uns dem Fachwerksbau zu, wobei von vornherein der Grundsatz festzuhalten ist, dass vor allen Dingen die althergebrachte Verkragung der Stockwerke es ist, die dieser Bauweise ihren malerischen Reiz und zugleich das Schmuckbedürfnis verleihen. Wir empfehlen an dieser Stelle das ausgezeichnete Werk: O. Christiansen, Der Holzbau. 30 Tafeln in Mappe. Preis 9 Mark. Verlag von Bernh. Friedr. Voigt in Leipzig.

2. Die Fachwerks- oder Riegelwand.

a) Die frühere Konstruktionsweise.

Alle Konstruktionen im Holzbau der früheren Zeit zeigen zwar die zweckdienliche Anordnung und Darstellung der einzelnen Teile, auf der anderen Seite aber oft so kolossale Holzstärken, dass sie sich hierdurch schon wesentlich von den neueren Bauwerken unterscheiden. Man hatte starke Hölzer und verwendete sie ohne Besinnen und ohne darauf etwas zu geben, dass die einzelnen Konstruktionsteile der Wand des Aussehens halber gleiche Stärken erhielten. Eichenholzbalken von 40 bis 45 cm Stärke, wie wir sie häufiger an den Bauwerken des 14. und 15. Jahrhunderts bemerken können, stehen uns kaum noch zur Verfügung. Dieser Umstand hat natürlich auch viel zur Dauerhaftigkeit der alten Bauwerke beigetragen. Wir, die wir mit weit schwächerem Material arbeiten müssen, haben dafür aber viele Mittel, um seine Tragfähigkeit sowohl als auch seine Dauerhaftigkeit zu vermehren.

Im allgemeinen bestand die Fachwerkswand der alten Bauweise genau aus denselben Konstruktionsteilen wie noch heutigen Tages. Es sind dies die

Grundschwelle und in oberen Stockwerken die Saumschwelle, die Stiele oder Ständer, die Riegel, die Streben und das obere Rahmholz.

Die Grundschwelle. An den älteren Häusern in Niedersachsen und Hessen finden wir durchgängig, dass bei Anordnung von mehreren Stockwerken die zwei untersten unmittelbar zusammengezogen sind, mithin in der Konstruktion nach aussen hin nur ein einziges Stockwerk darstellen. Die Stiele wurden also ziemlich lang und sind deshalb in eine mächtige Grundschwelle aus Eichenholz eingezapft, die auf dem niedrigen steinernen Gebäudesockel ruht (Fig. 12 und 13 [nach C. Schäfer, Holzarchitektur Deutschlands]).

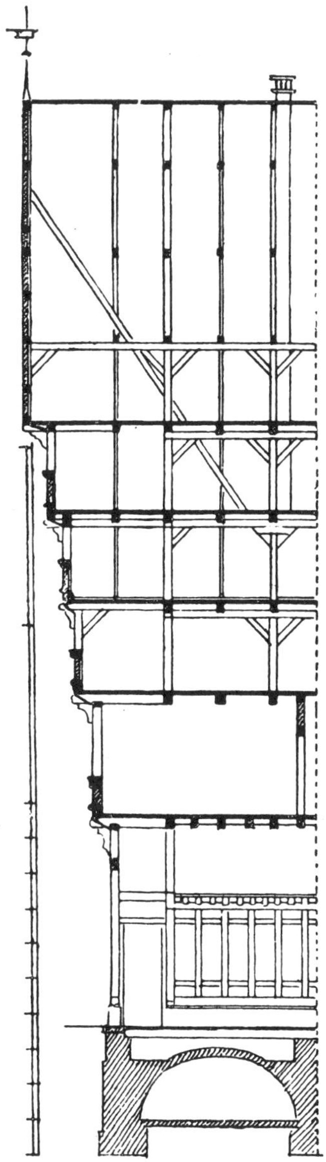

Fig. 12.

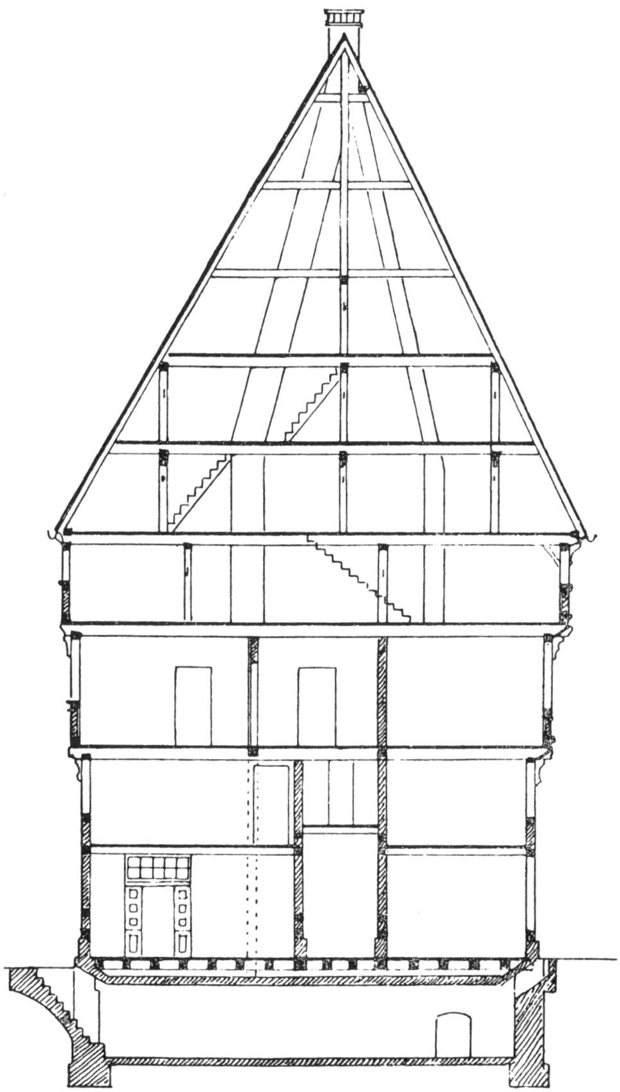

Fig. 13.

Die Stiele oder Ständer. Entsprechend der Stärke der Grundschwelle sind auch die Stiele verhältnismässig stark, um so mehr, als sie über ihrer oberen Hälfte die eingezapfte Balkenlage des Zwischengeschosses aufzunehmen haben. Letzteres hat meist nur eine geringe Höhe, etwa 1,75 bis 2 m, so dass es mehr für untergeordnete Zwecke geeignet erscheint (Fig. 13).

Die Brustzapfen der Balken gingen zuerst durch die Stiele hindurch und wurden mit durchgesteckten Keilen gehalten; später endigten sie im Stiele selber und erhielten durch seitlich eingetriebene Nägel ihre weitere Befestigung. Am oberen Ende waren die Wandstiele unmittelbar in einen aufliegenden Balken eingezapft, der über den Stiel noch hinausragte. Ist hier wirklich ein Rahmholz angeordnet, so hat es so geringe Stärke, dass der Zapfen des Stieles hindurchging und in den aufliegenden Balken eingriff (Fig. 13).

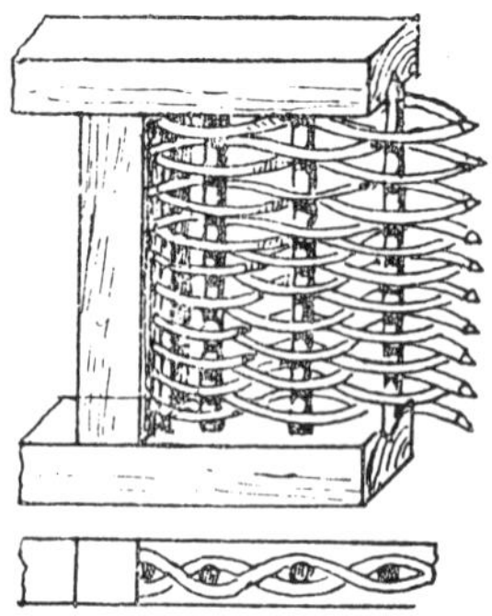

Fig. 14.

Die Ständerreihe des oberen Stockes ruht auf einer Schwelle, die bündig mit den unteren Balkenköpfen verlegt ist. Ueber jedem unteren Ständer steht dabei senkrecht der obere. Diese Anordnung setzte sich durch alle weiteren Stockwerke fort.

In Süddeutschland, am Rhein, in Frankreich nahm die Fachwerkskonstruktion der Wand andere Formen an. Einmal stehen hier die Ständer der einzelnen Stockwerke nicht senkrecht übereinander, sodann fallen auch die untersten durch zwei Stockwerke reichenden Stiele fort und jede Stockwerkswand wird am unteren Ende durch eine Grundschwelle bezw. Saumschwelle und am oberen durch ein Rähm begrenzt. Auch die Anordnung der Fensteröffnungen wurde hierdurch eine ungebundenere, so dass die ganze Hausfront ein mehr lebhaftes, aber auch zugleich ein weniger streng konstruktives Aussehen gewann (Fig. 34 und 35).

Die Streben. In der norddeutschen Holzbaukunst spielt die Anordnung von Eckstreben oder der Streben zwischen Ständern überhaupt nur eine geringe Rolle. Das konstruktive Gerüst der Ständer, Riegel und Rahmhölzer genügte, besonders wenn es erst ausgemauert war, vollständig, um eine Unverschiebbarkeit der Wand herbeizuführen. Verstrebungen fehlen mithin fast gänzlich.

Anders ist dies an den rheinischen, linksrheinischen und süddeutschen Bauwerken. Hier werden die Ständer durch Riegel und Streben gegenseitig abgesteift.

Auch geschweifte und mit allerhand Zierformen versehene Riegelkreuze nehmen besonders die kleineren Gefache unter den Fenstern ein. Ferner vermittelt den Uebergang vom Ständer zum Rähm sehr oft ein knaggenartiges Holzstück, das gleichsam eine Verstärkung der Träger an ihren Enden bedeutet. Besonders an den Fachwerkbauten des 16. Jahrhunderts in der Rheingegend ist dies häufig zu bemerken (Fig. 34 bis 36).

Die Ausfüllung der Gefache wurde ebenfalls in den verschiedenen Gegenden verschieden behandelt. Während der streng konstruktiv errichtete norddeutsche Fachwerkbau ausgemauerte Gefachfelder erhielt, finden wir an den rheinländischen Holzbauten häufig eine Ausstakung von Weidenflechtwerk mit Lehmschlag und Mörtelbewurf verwendet (Fig. 14). Bei der Ausmauerung schuf man mit Vorliebe rechteckige und nicht zu kleine Felder. Bei der Ausstakung hingegen suchte man die Grösse der Felder möglichst einzuschränken. Somit findet sich hier an der Wand eine Anhäufung von kleinen geraden und geschweiften Riegelstücken, die allerdings sehr zur Belebung der Wand beitragen

Fig. 15.

und je nach der Bauweise auch ihre konstruktive Berechtigung haben (Fig. 35, 36, 63, 84, 85 u. s. w.).

b) Die heutige Konstruktionsweise.

Bei der Anwendung des Fachwerkbaues für ländliche Wohnhäuser, Villen in Badeorten, Sommer-Restaurants, Turnhallen, überhaupt für Gebäude, die feineren Lebensverhältnissen dienen sollen, kommt es uns in erster Linie auf eine malerische Wirkung an. Diese ist, auch schon in der blossen Wandbehandlung, mehr mit den Mitteln zu erreichen, die der Fachwerkbau in Süddeutschland und in der Rheingegend hinzunahm und deshalb sehen wir, wie beide Bauweisen, die norddeutsche und die süddeutsche, in Vermischung heute auftreten.

Die Regeln des einfachen Aufbaues der Fachwerkswand sind allerdings im Grunde dieselben, wie wir sie früher schon kennen gelernt haben. An eine Einteilung der Wandstiele, die der Anordnung der Balkenlage entspricht, binden wir uns jedoch nicht, wenn wir sie auch hin und wieder anwenden.

Jede Fachwerkswand besteht aus den vier üblichen Hauptkonstruktionsteilen: Grund- bezw. Saumschwelle a, Rahmholz b, Ständer oder Stiele c und Riegel d; hierzu treten noch die Streben e und allerhand kleine Riegelkreuze und Schubriegel, die zumeist in der Fensterbrüstung

Fig. 16.

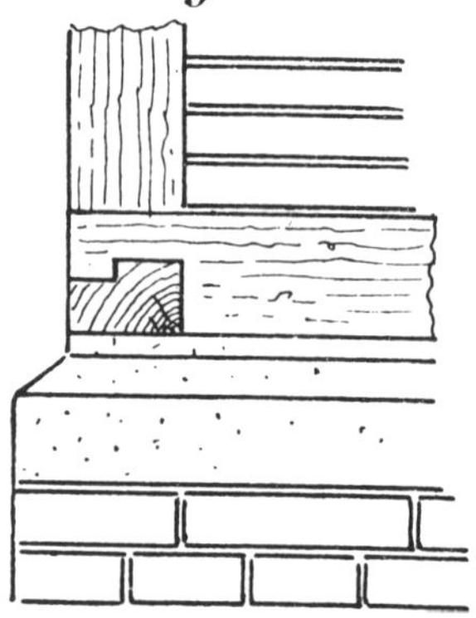

Fig. 17.

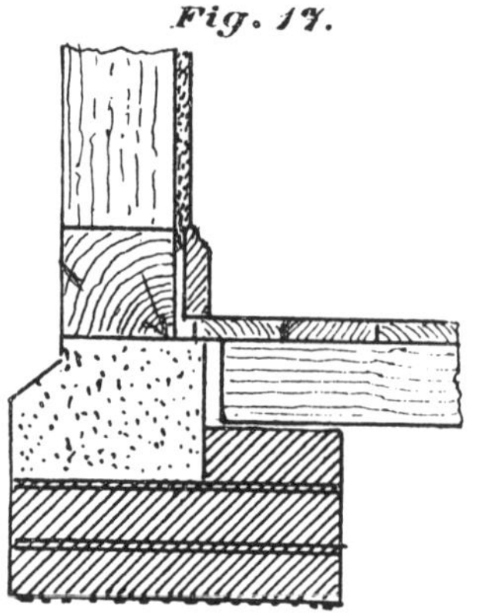

Fig. 18.

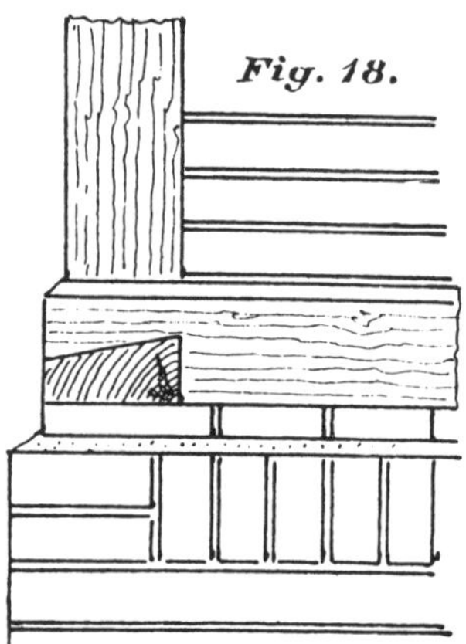

Fig. 19.

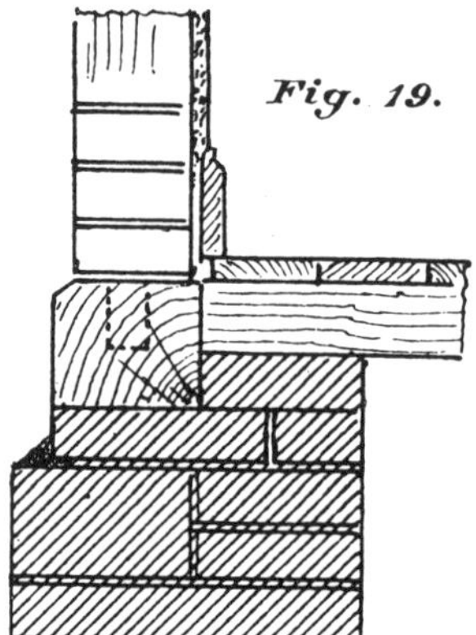

ihren Platz finden und den konstruktiven Zweck haben, die Ständer gegen seitliche Verschiebung zu schützen (Fig. 15, 32, 34, 35 und 36).

Die Grundschwelle besteht am besten aus Eichenholz oder aus kernigem Kiefernholz und liegt mit ihrer Kernseite auf dem gemauerten Gebäudesockel. Diese Schwelle soll möglichst trocken liegen, deshalb gibt man zunächst der Untermauerung eine Höhe von nicht unter 45 bis 50 cm und deckt auch das Mauerwerk so ab, dass Feuchtigkeit aus demselben der Schwelle nicht schaden kann. Dies bewirkt man entweder durch eine auf das Mauerwerk aufgebrachte Asphaltschicht oder auch wohl durch eine Zementschicht oder eine Dachpappenlage.

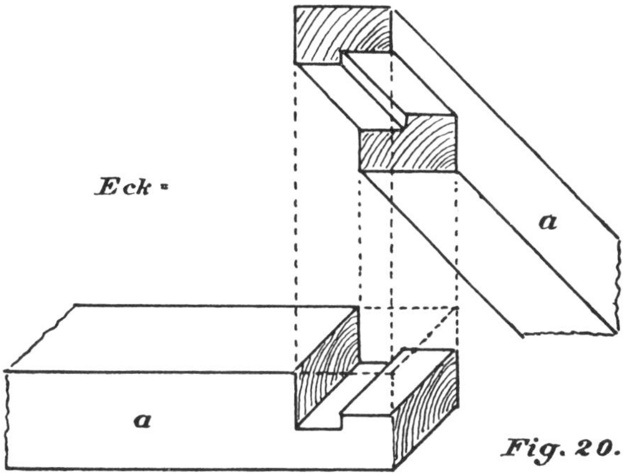

Fig. 20.

Für alle feineren Gebäude wolle man aber von vornherein den Grundsatz festhalten, dass das Haus um so besser wirkt, je höher sein Sockel aufgeführt worden ist. Natürlich hat die Sockelhöhe ihre Grenzen. Aber Gebäude von $1^1/_2$ Stockwerkshöhen, wie wir sie im Fachwerksbau gern ausführen, sollten einen mindestens 1 m hohen Sockel erhalten. Man erhält sonst den Eindruck, als ob das Gebäude „versackt“ wäre.

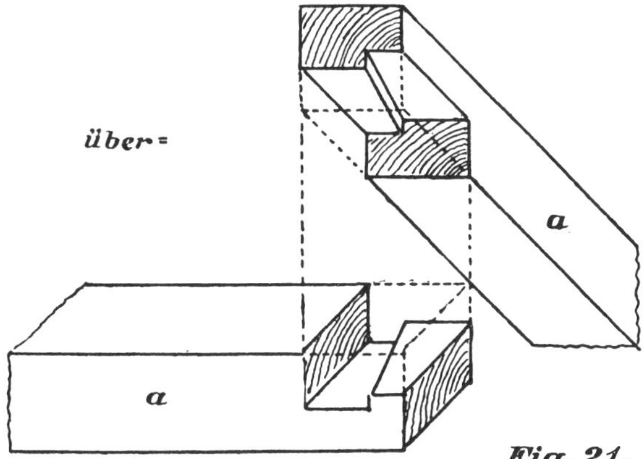

Fig. 21.

Eck-über-blattungen der Schwellen.

Besteht das Sockelmauerwerk aus Bruchsteinen, so muss es mit einer Backstein-Rollschicht, besser mit Sandsteinplatten abgedeckt werden. Hierbei ist die Anordnung so zu treffen, dass in die Fuge zwischen Sockel und Grundschwelle kein Wasser eindringen kann. Die Rollschicht des Sockels deckt man deshalb mit einer zurückgesetzten Flachschicht ab und bildet eine Wasserschräge aus Zement (Fig. 18 und 19); dem Sandsteinsockel arbeitet man einen sogen. Ansatz an (Fig. 16 und 17). An den Gebäudeecken verbindet man die zusammen-

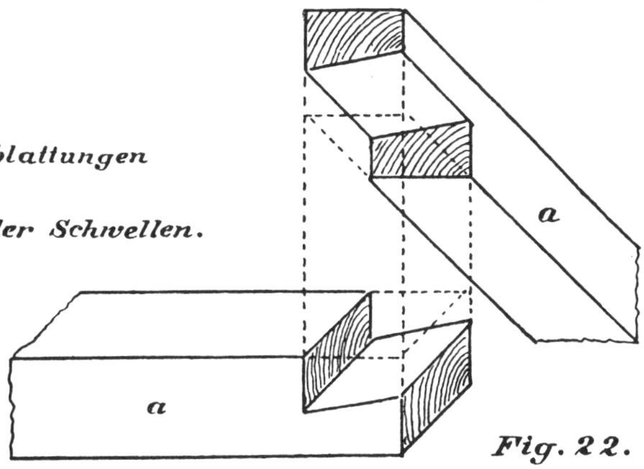

Fig. 22.

stossenden Schwellen zweier Aussenwände mittels Verblattung (Fig. 20) und zwar meist durch ein schwalbenschwanzförmiges Hakenblatt (Fig. 21). Man nennt diese Eckverbindung auch ein „Schwellenschloss". Muss die Schwelle gestossen werden, so wendet man in der Regel das schräge Hakenblatt und zwar immer unter einem Ständer an. Weitere Eckverbindungen sind in den Fig. 20, 21 und 22 dargestellt. Das verdeckte Hakenblatt (Fig. 23) wendet man zumeist nur bei kleineren Zierbauten, z. B. Veranden, Pavillons u. s. w., an.

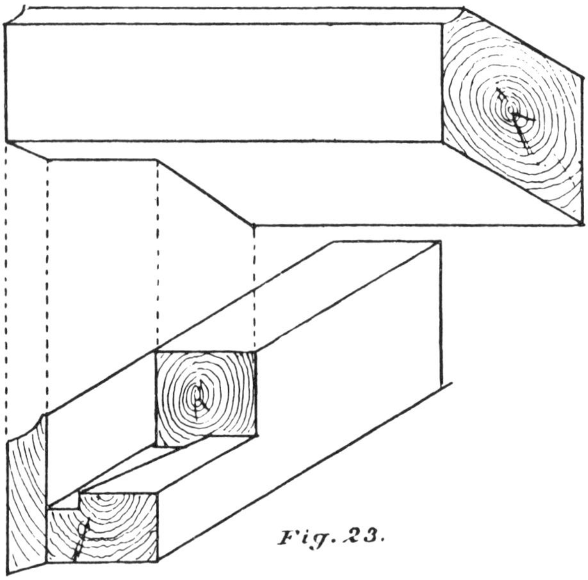

Fig. 23.

Die Ständer oder Stiele. Auf der wagerecht liegenden Schwelle stehen lotrecht die Ständer oder Stiele. Ihre Stärke richtet sich nach der Stärke der Ausmauerung, wonach ihr Mindestmass 12 × 12 cm betragen würde. Sollen aber die gemauerten Fache auch von aussen geputzt werden, so müssen die Ständer etwa 15 × 15 cm stark sein. Im allgemeinen werden verputzte Gefache heute bevorzugt. Sollen sie aber gefugtes Mauerwerk enthalten, so müssen die Ständer 2 bis 3 cm nach aussen vor die Wandfläche vortreten. Sie erhalten dann zumeist eine Abfasung (Fig. 15), die bei geputzten Wandflächen lieber fortfällt. Die Entfernung der einzelnen Wandstiele voneinander beträgt gewöhnlich nicht mehr als 1 m, damit das gemauerte Fach nicht an Haltbarkeit einbüsst. Die Stiele werden mit der Schwelle durch 5 cm hohe Zapfen verbunden.

Die Eckstiele macht man meist stärker als die übrigen, etwa 18 × 18 oder 21 × 21 cm. An der Innenseite werden sie dann entsprechend der Wandecke ausgeschnitten oder ausgeklinkt, damit sie mit den beiden Innenwänden bündig liegen (Fig. 27a). Der Eckstiel fasst mit einem geeckselten Zapfen in die Grundschwelle resp. Saumschwelle, um einem seitlichen Ausweichen vorzubeugen (Fig. 24 und 25).

Bundstiele treten in der Fachwerkswand da auf, wo eine innere Scheidewand in die Umfassungswand einbindet. Der Stiel wird in diesem Falle nur nach der Richtung der einbindenden Wand verstärkt (Fig. 27b).

Wenn aber durch einen solchen Bundstiel die äussere Erscheinung des Fachwerkes gestört wird, so lässt man die Scheidewand mit einem sogen. Klebstiel stumpf gegen die Aussenwand stossen (Fig. 27c).

Die Thürstiele. Wo in der Wand Thüröffnungen angeordnet sind, wird die durchlaufende Grundschwelle unterbrochen. Man führt hier die Thürpfosten bis zur Schwelle herunter und verstärkt die Verbindung durch Fussbänder (Fig. 28) oder man gibt dem Thürpfosten einen geeckselten Zapfen und ver-

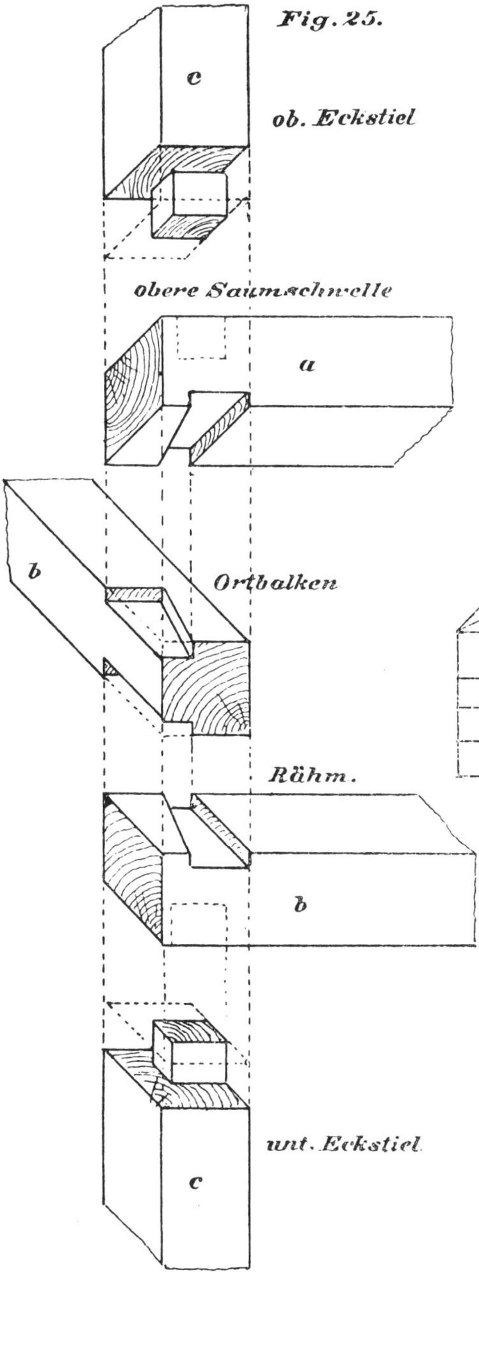

Fig. 25.

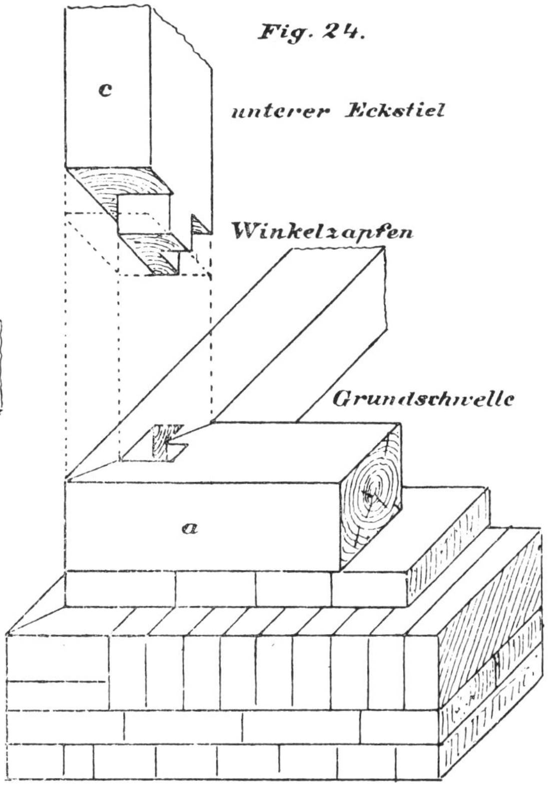

Fig. 24.

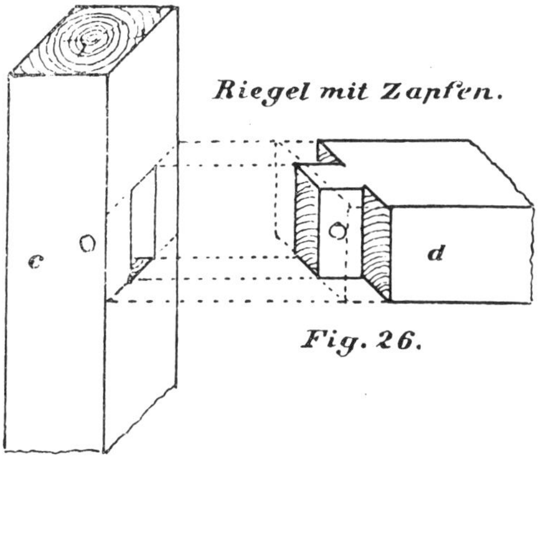

Fig. 26.

dübelt die Schwelle mit der Sockelabdeckung (Fig. 28 links). Bei Innenwänden schneidet man, um den Längenverband nicht zu unterbrechen, die Schwelle der Fachwerkswand unter den Thüren nur so weit heraus, als eben notwendig ist (Fig. 15 und 28).

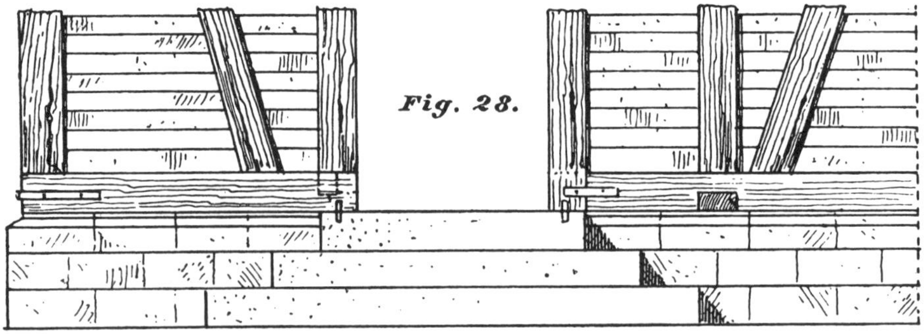

Fig. 28.

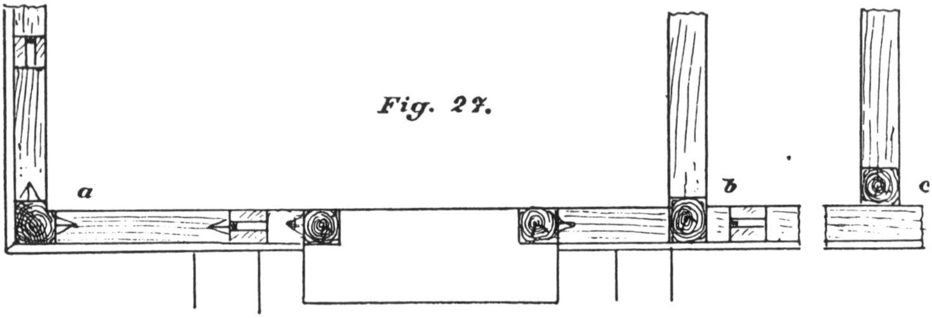

Fig. 27.

Die Riegel. Die Wandstiele werden gegen Durchbiegen geschützt durch die Verriegelung. Die Anzahl der einzuhängenden Riegel richtet sich nach der Höhe der Wand. Gewöhnlich rechnet man die Abstände zwischen zwei Riegeln gleich etwa 1 m. Es ist aber hierbei auf die Ausmauerung besondere Rücksicht zu nehmen, ganz besonders, wenn sie sichtbar gefugt sein soll. Es muss dann die Höhe der Fache in dem Schichtenmass der Backsteine aufgehen. Auf 1 m rechnet man 13 Schichten und auf eine Backsteinschicht plus Fuge 7,7 cm. Gewöhnlich nimmt man für eine Wandhöhe von 2,50 m Höhe eine einmalige Verriegelung an, für 3,50 m Höhe eine zweimalige und für 4,25 m Höhe eine dreimalige (Fig. 15).

Die Stärke der Riegelhölzer wird gleich derjenigen der Stiele bemessen. Sie werden durch einen kurzen Zapfen mit den Stielen verbunden. Sind die Stiele also sehr schwach, so ist es nicht ratsam, zwei Riegel von zwei Seiten in derselben Höhe eingreifen zu lassen, weil dann zwischen den beiden Zapfenlöchern gar kein oder zu wenig Holz stehen bleiben würde. Man müsste in diesem Falle die Riegel der Höhe nach versetzen, was bei einfachen Gebäuden auch ohne Nachteil geschieht. Ein Verbohren der Riegelzapfen und Vernageln mit einem Holznagel hat mithin gar keinen Zweck, da hierzu der Zapfen etwa 8 bis 10 cm lang sein müsste. Bei Stielen von 12 bis 13 cm Stärke, wie sie den billigsten Ausführungen zu Grunde gelegt werden, ist das Verbohren mithin unausführbar. Es gehören dazu Stiele von 21 und mehr cm Stärke, so dass zwischen den verbohrten Zapfen noch 3 cm Holz stehen bleiben können (Fig. 26).

Anders liegt der Fall bei den Riegeln, die lichte Oeffnungen abzuschliessen haben, also bei den Thür- und Fensterriegeln.

Diese werden verbohrt, was um so besser auszuführen ist, als sie meist nur einseitig an einen Stiel angreifen. Besser gibt man denselben ausserdem noch eine Versatzung zu, damit nicht die Zapfen allein die Last des aufliegenden Mauerwerkes oder des Entlastungsbogens zu tragen haben (Fig. 15).

Das Rahmholz oder Rähm. Auf den Stielen liegt als die oberste Begrenzung der Wand das Rähm. Es erhält meist keinen quadratischen Querschnitt, sondern ist, gerade wie die Grundschwelle, höher als breit, also etwa 15 bis 18 cm breit und 21 cm hoch, da es ebenfalls von zwei Seiten, nämlich von unten und von oben, angegriffen wird. Von unten hat es die einzelnen Stiele mit je einem 6 cm langen Zapfen, der ausserdem verbohrt und mit Holznagel festgehalten wird, aufzunehmen und von oben werden die Kämme für die darauf liegende Balkenlage herausgeschnitten. Müssen die Rahmhölzer gestossen werden, so geschieht dies über einem Stiele mittels eines schrägen Hakenblattes.

Die Streben. Der ursprüngliche Zweck der Wind- oder Sturmstreben war, wie auch schon der Name sagt, der, das Gebäude vor Verschiebung bei Sturm zu schützen. Zu diesem Zwecke fanden sie besonders an den Ecken des Gebäudes ihren Platz, konnten aber auch zwischen anderen Stielfeldern noch ausserdem aufgestellt werden. Die süddeutsche und rheinländische Holzbaukunst bevorzugte sie ganz besonders und heute wenden wir sie in reichem Masse an, um die Wand zu beleben und Abwechselung in die Felder des Fachwerkes zu bringen (Fig. 31 bis 36).

Wenn wir nicht annehmen wollen, dass die Ausmauerung der Gefache und die öftere Verriegelung zusammen schon eine genügende Versteifung der tragenden

Fig. 29. Fig. 30.

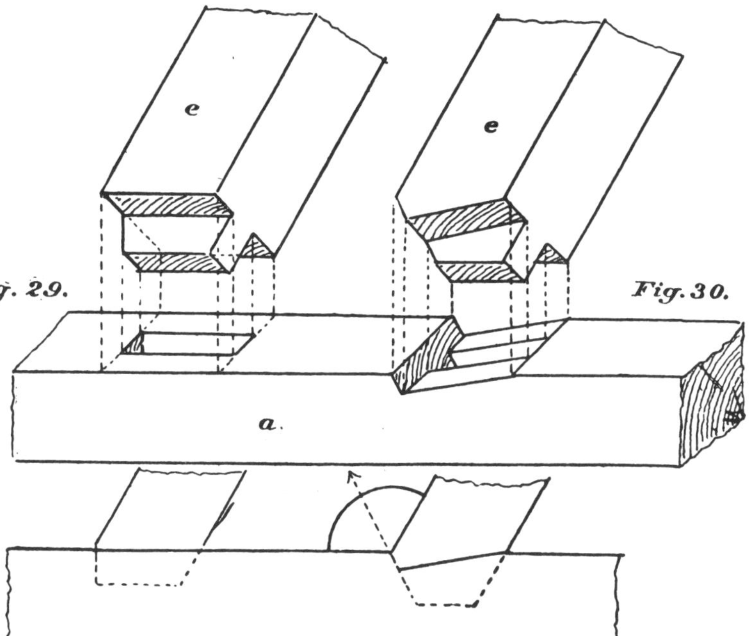

Schräger Zapfen. mit Versatzung.

Fig. 31.

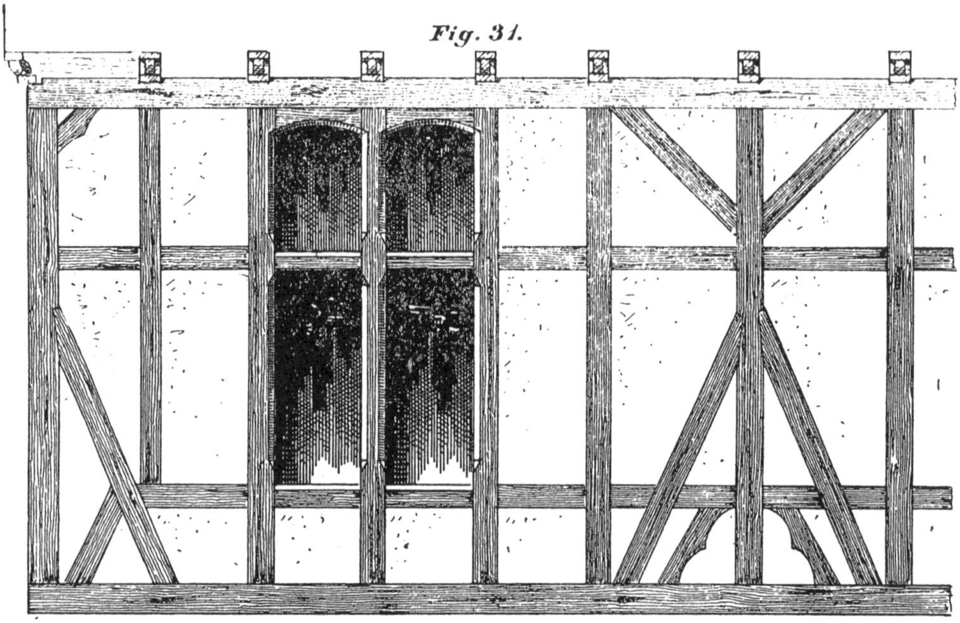

Fig. 32.

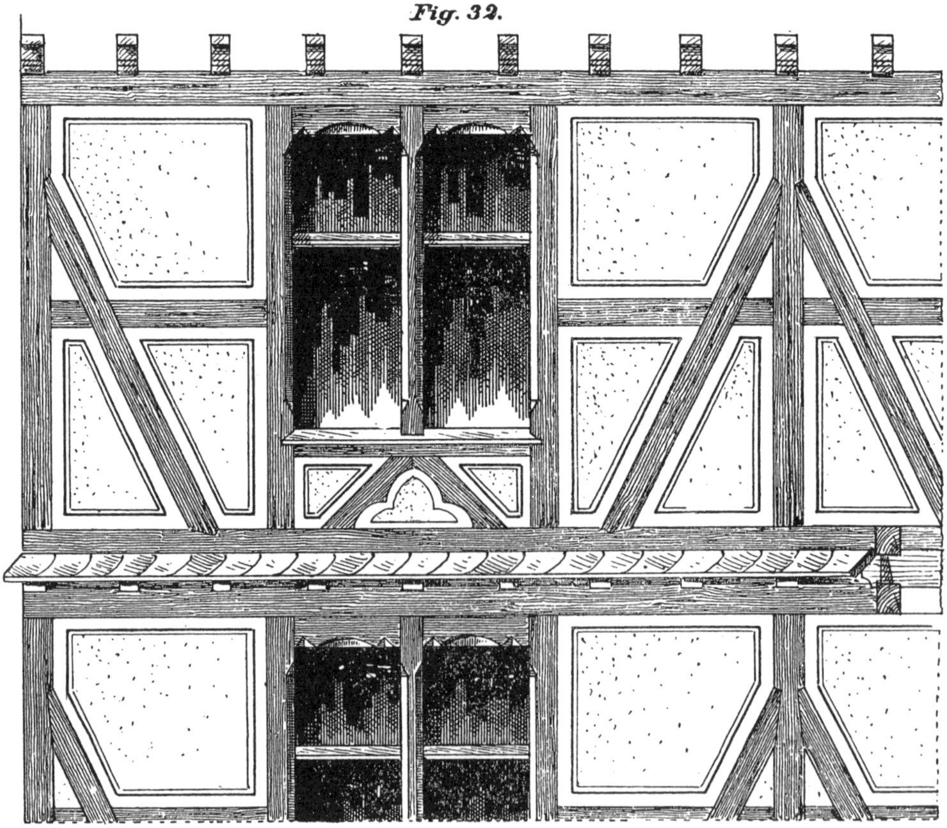

Fig. 33.

Fig. 34.

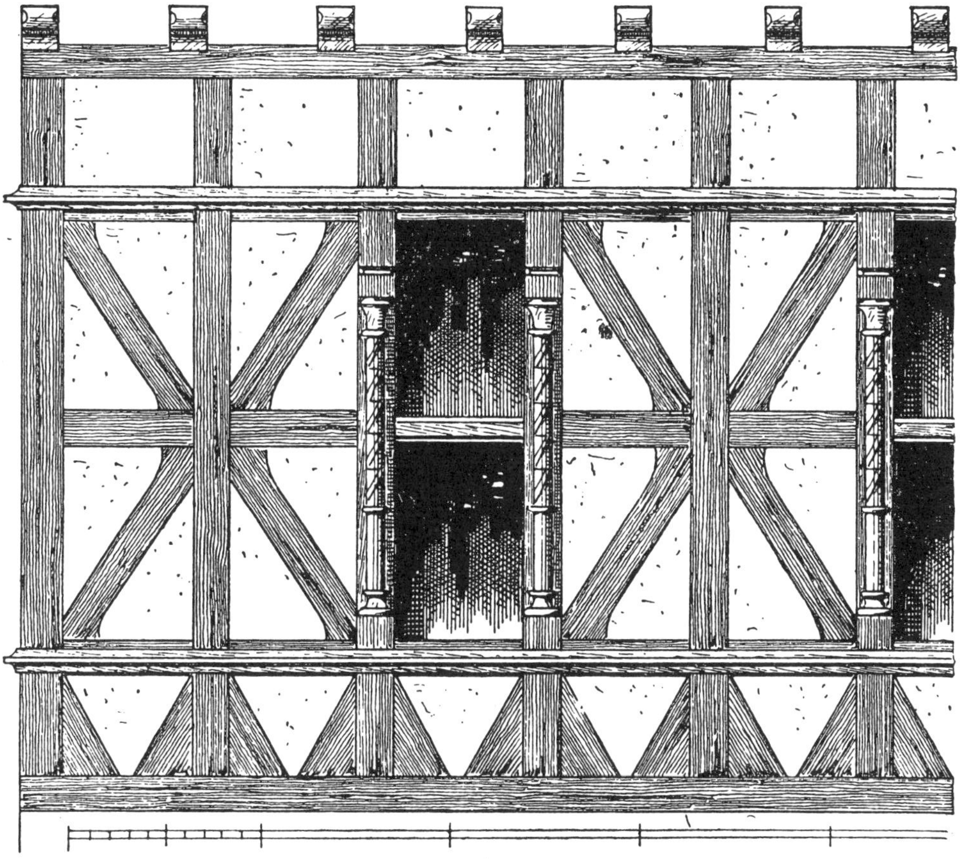

Wandstiele herbeiführen, so müssen wir die Streben als wichtige Konstruktionsteile betrachten. Ihre Neigung wird daher unter 45° nicht herunter- und über 60° nicht viel hinausgehen, wenn sie ihren Zweck erfüllen sollen. Sie erhalten den Querschnitt der Stiele und setzen sich mit einem schrägen Zapfen und oft noch mit Versatzung in die Grund- resp. Saumschwelle und ebenso in das Rähm ein (Fig. 29 und 30).

Ihre Richtung soll dabei, wie die meisten Lehrbücher sagen, so angeordnet werden, dass der Strebenkopf sich nach aussen wendet. Diesem Gesetze wird aber in der Praxis durchaus nicht entsprochen, denn wir sehen, besonders auf dem Lande, wo der Fachwerksbau niemals ausgestorben ist (Hessen, Thüringen), dass die Eckstreben meistens nach innen gerichtet sind (Fig. 15). Und an neueren Fachwerksbauten feinerer Art behandelt man auch diese Eckstreben rein dekorativ und zwar in der Art, wie sie besonders in Thüringen, Hessen und am Rhein üblich war. Ja sogar die alte rheinische Sitte, die Eckstreben in die Eckstiele zu verzapfen, finden wir heutzutage vielfach nachgeahmt (Fig. 31 u. 32). Es ist dies eben ein Beweis dafür, dass man unter Umständen die Verstrebungen nicht für so wichtige Konstruktionsteile hält.

Die Hauptsache bei der Versteifung dürfte immer in der Dreiecksbildung der Gefache liegen und diese kann, wie aus den Fig. 34 und 35 zu ersehen ist, auf gar mannigfache Art und Weise erreicht werden.

Das aber ist immer festzuhalten, dass die Zapfenlöcher der konstruktiven Streben vom nächsten Stiele etwas entfernt bleiben, damit das dazwischen liegende Holz nicht abgesprengt wird. Sogenannte verdoppelte Streben, wobei die beiden Hölzer sich in der Mitte kreuzen (Andreaskreuze), haben ebenfalls nur dekorativen Zweck. Die eine Strebe muss hierbei in Wirklichkeit durchgehen und die andere besteht aus zwei Stücken, die stumpf gegen die Hauptstrebe genagelt werden (Fig. 33). Eine Ueberblattung könnte man hier ausführen, sie ist aber konstruktiv insofern falsch, als nun keine der beiden Streben mit ihrer vollen Holzstärke versteifend wirken kann und alle beide geschwächt sind. Trotzdem werden zu rein dekorativem Zwecke überblattete Verstrebungen heute vielfach angewendet (vergl. die Fig. 35).

Riegelkreuze (Fig. 35 und 36), Schubriegel (Fig. 32) und die dreieckigen Riegelbänder (Fig. 34) in den Fensterbrüstungen dienen ebenfalls nur als Zierat und sollen an späterer Stelle besprochen werden.

Die Ausmauerung und innere Verkleidung der Fachwerkswand.

Das unvermeidliche Schwinden des Holzes könnte leicht dazu führen, dass zwischen dem Holzwerk der Gefache und der Ausmauerung Fugen entstehen. Ein solches Fach fällt dann, wie es schon oft vorgekommen ist, thatsächlich heraus. Man begegnet diesem Uebelstande dadurch, dass man entweder dreikantige Leisten an die Stiele und Streben nagelt und mit entsprechend geformten Ziegeln anschliesst (Fig. 27) oder dass man dünne Holzkeile zwischen Mauerwerk und Holz zur verbesserten Verspannung eintreibt.

Zum Ausfugen nimmt man guten Zementmörtel.

Im Innern stehen die Stiele mit der Wandfläche gewöhnlich bündig. Die Holzteile werden mit Rohr überzogen und verputzt. Solche Aussenwände können

Fig. 35.

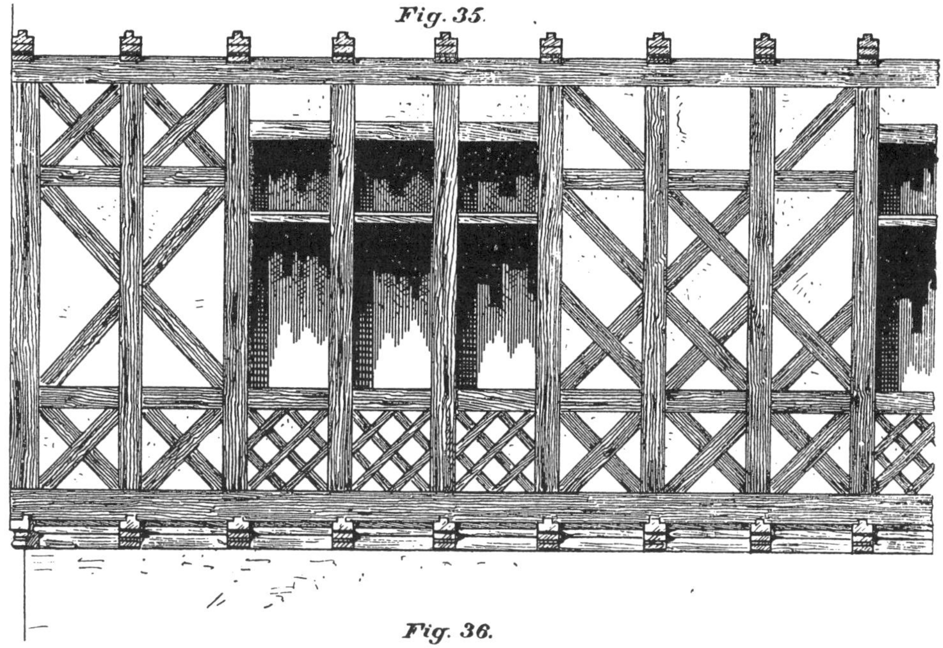

Fig. 36.

aber, weil sie ziemlich dünn sind, sehr kalt werden. Man wird daher gut thun, mindestens an der Wetterseite des Hauses, die innere Wand zu verstärken. Dieses kann man auf zweierlei Art erreichen. Es werden an die Stiele $2\frac{1}{2}$ cm starke Gipsdielen genagelt, die später mit Verputz von 1 cm Stärke versehen werden. Sind die Stiele stärker als 13 cm, so erhält man leicht zwischen Gipsdielen und Fachausmauerung eine Isolierschicht von einigen Zentimetern (Fig. 38).

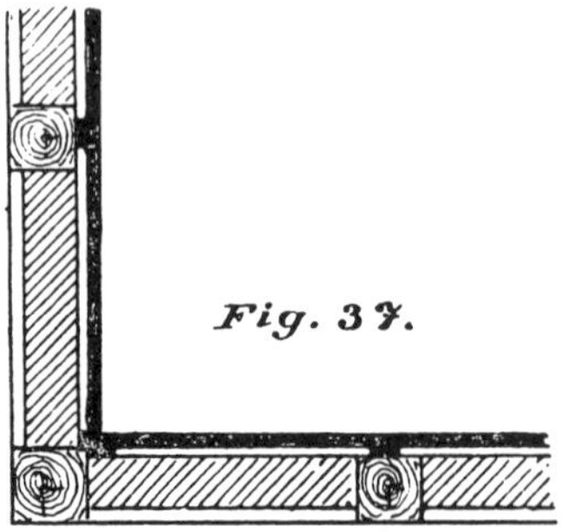

Fig. 37.

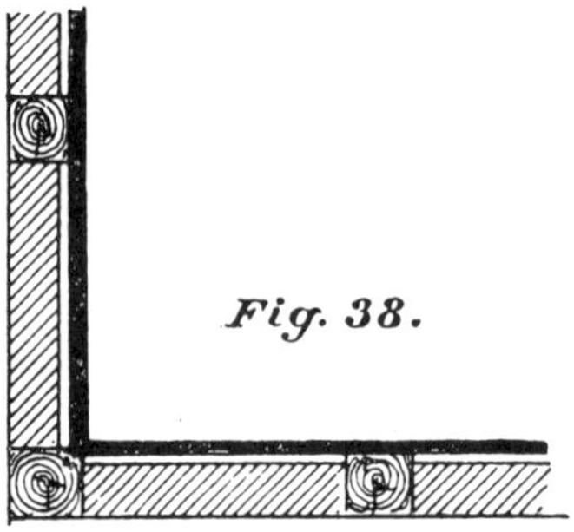

Fig. 38.

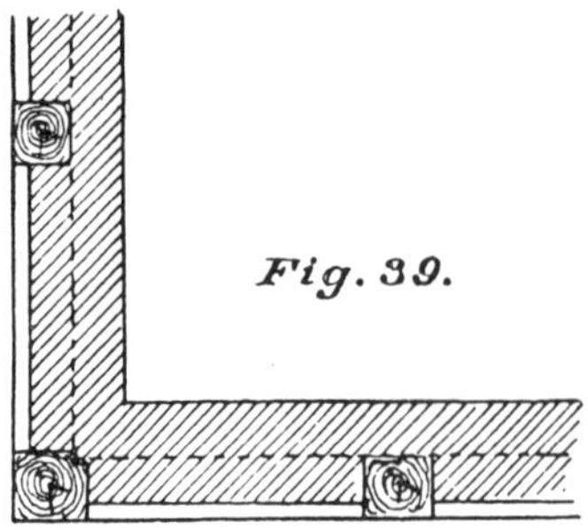

Fig. 39.

Liegen die Stiele im Innern bündig mit der Ausmauerung, so kann man schwache Latten aufnageln und darauf erst zur Erzielung einer Isolierschicht die Gipsdielen bringen (Fig. 37). Schliesslich kann man auch an den Wetterseiten die Fachwerkwände im Innern $\frac{1}{2}$ Stein stark hintermauern. Hierfür würde sich die Verwendung von Hohlsteinen oder von Schwemmsteinen besonders empfehlen (Fig. 39).

3. Die Balkenlage und die Vorkragung der Stockwerke.

a) Die frühere Konstruktionsweise.

Bei der ältesten Konstruktion des Fachwerkhauses hatte jeder Stiel der zusammengezogenen zwei untersten Stockwerke einen Balken aufgenommen, mit dem er durch einen kräftigen Zapfen verbunden war. Die Anzahl der Balken richtete sich mithin nach derjenigen der Stiele. Diese Balken ragten über die Stiele hinaus und als diese Ausladung im Laufe der Zeit immer mehr anwuchs, da wurden die Balkenköpfe durch Knaggen oder auch durch Kopfbänder unterstützt (Fig. 12 und 13). Auf diese Balkenköpfe legte man die Saumschwelle für das obere Stockwerk und zwar so, dass sie mit den Köpfen bündig erschien.

Wir sehen hier also eine Konstruktion, die durchaus durchdacht und richtig erscheint. Denn es liegt auf der Hand, dass derjenige Balken sicherer auf dem Stiele aufliegt, dessen Kopf übersteht, als ein solcher, bei dem der Kopf glatt weggeschnitten und mithin ein Ausreissen immerhin möglich ist. Dieses System der Vorkragung setzte man von Stockwerk zu Stockwerk fort. So erscheinen in der niedersächsischen Bauweise die Fachwerkshäuser, die mit der langen Seite an der Strasse stehen. Aber auch bei den Fachwerkshäusern in Hessen, am Rhein u. s. w., wo man die Giebel an die Strasse zu stellen pflegte, kragte man die zahlreichen im Giebel liegenden Stockwerke vor (Fig. 12 und 13). Man hat für diese allgemein übliche Vorkragung der Stockwerke verschiedene Erklärungen gesucht. So sagt Prof. Schäfer in seiner Veröffentlichung über den Fachwerkbau: „Wir möchten nicht unterlassen, auf die Beobachtung aufmerksam zu machen, dass gerade die übergebauten Häuser in den alten Städten verhältnismässig am besten Lot und Flucht zu wahren vermocht haben. Auch eine Abstrebung in Rücksicht des Querverbandes, sonst nur durch die Seiten- und Scheidewände hergestellt, gewährt dies System ausserdem noch in dem Dreiecksverband der Kopfbänder und Knaggen zwischen den Ständern und Balken“.

Die inneren Decken der Räume waren in der Art des sogen. halben Windelbodens ausgeführt, der sich zwischen die ausgekragten Balken erstreckte und nach aussen durch ein schräg gestelltes Füllbrett verdeckt wurde (Fig. 73).

Bei den Holzbauten in Süddeutschland, am Rhein und in Frankreich hatte man für die Anordnung des Erdgeschosses andere Grundsätze verfolgt, als wir sie an den niedersächsischen Holzbauten ersehen haben. Hier setzte sich die Fachwerkswand aus Grund- resp. Saumschwelle, Stielen, Riegeln und Streben zusammen und wurde oben durch ein Rahmholz begrenzt. Sehr häufig war das Erdgeschoss überhaupt massiv hergestellt und der ausgekragte Fachwerksbau begann erst über demselben mit dem ersten Stockwerk resp. mit der ersten Balkenlage. Die Balkenköpfe haben dabei meist nur eine geringe Auskragung und die Balken selber ruhen auf dem Rahmholze des darunter liegenden Stockwerkes.

Stand, wie das meist der Fall war, das Haus mit dem Giebel an der Strasse, so liefen die Balken parallel mit der Aussenwand. Im Aeussern zeigen sich mithin gar keine Balkenköpfe, sondern der äusserste Balken ist seiner Länge nach etwas über die Front übergesetzt und wird durch einige Unterzüge und durch die vorgestreckten beiden Wandbalken unterstützt. Rähm, Balken und Schwelle wurden sehr oft durch profilierte Bohlen verkleidet, so dass die Trennung der Stockwerke durch ein hohes durchlaufendes Gesims angedeutet erscheint. Manchmal treten auch einzelne Unterzüge mit ihren Köpfen heraus und nehmen die obere Schwelle auf, ja sogar in bunter Abwechselung sehen wir die erste und die zweite Stockwerkstrennung an ein und demselben Gebäude auftreten (Fig. 84 bis 86 und Tafel 1).

b) Die heutige Konstruktionsweise.

Die modernen Balkenlagen werden im Fachwerkbau nach beiden Arten der früheren Ausführung verlegt, sowohl regelmässig über den Stielen als auch unregelmässig und ohne Rücksicht auf die Stiele (Fig. 49, 50 und 63). Im letzten Falle ist für die Einteilung der Balken nur die Konstruktionsfrage massgebend. Man nimmt im allgemeinen einen Abstand der Balken voneinander mit etwa 70 bis 80 cm an. Der Abstand der Balken von Mitte zu Mitte hängt von ihrer Stärke und also von ihrer freitragenden Länge ab. Immer wird man die Balken beim Fachwerkbau, wo sie sichtbar sind und profilierte Köpfe erhalten, mit gleichmässigem Abstand verteilen. Natürlich kann sich derselbe bei einzelnen selbständigen Gebäudeteilen ändern.

Bei gewöhnlicher Balkenlage im einfachen Fachwerkbau ohne übergekragte Stockwerke sind zuerst die Wandbalken (auch Giebelbalken, Ortbalken genannt) zu berücksichtigen. Sie nehmen ohne Rahmholz die Wandstiele und Streben unmittelbar auf. Es werden natürlich dann die Wandstiele an der Giebelseite im Erdgeschoss um die Höhe des Rahmholzes länger werden müssen. Im oberen Stock bildet der Wandbalken zugleich die Saumschwelle für die weiteren Stiele (Fig. 51). Weiteres über die eigentliche Konstruktion der Balkenlagen selber findet sich in diesem Handbuche im I. Teil der Baukonstruktionslehre: Band I, „Der Zimmermann“.

c) Das Stichgebälk.

Will man bei dem Giebel, wo meist die Balken parallel mit der Aussenwand liegen, trotzdem Balkenköpfe auf Rähm mit vorgekragter Saumschwelle anordnen, so muss man Stichbalken verwenden. Diese werden auf das Rähm aufgekämmt und in den nächsten inneren Längsbalken mit Brustzapfen eingesetzt.

Fig. 40-43. Ueberblattungen.

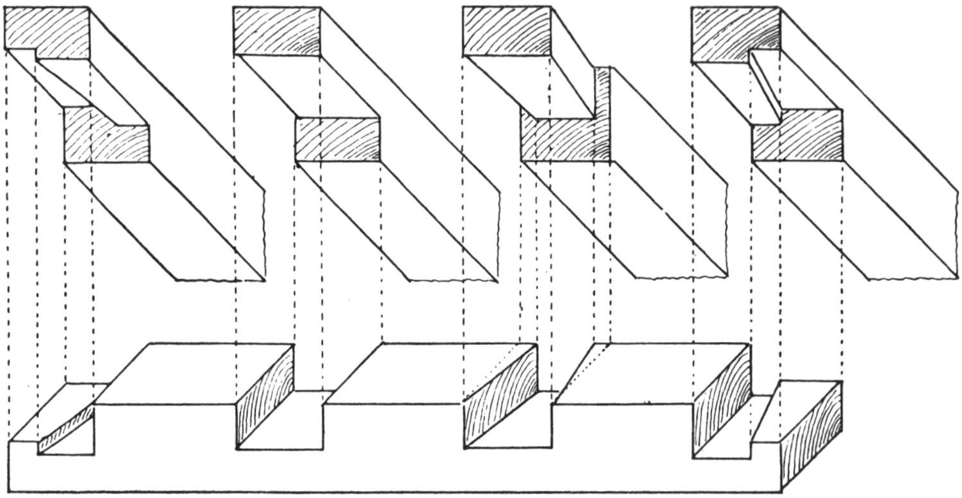

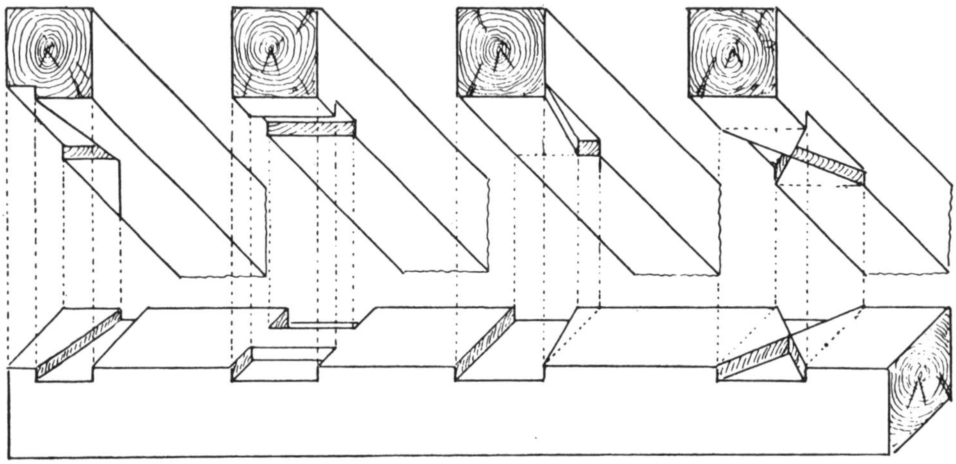

Fig. 44-47. Ueberkämmungen.

Dieselbe Konstruktion muss bei Eckhäusern oder bei ganz freistehenden Gebäuden Anwendung finden, wenn man das obere Stock über das untere vorkragen will.

Bei allen Stichgebälken muss ein Stichbalken diagonal auf die Gebäudeecke verlegt werden. Auch dieser wird in den nächsten Längsbalken verzapft, kann aber auch in einen Wechsel eingreifen (Fig. 48). Sein Kopf wird entweder zweiseitig bearbeitet, so dass jede Hälfte mit der entsprechenden Front parallel gerichtet ist (Fig. 48 und 49) oder er wird einseitig, und zwar rechtwinkelig zur Diagonale, profiliert (Fig. 128, 136 u. a.).

Die üblichsten Verkämmungen sind in den Fig. 44 bis 47 dargestellt, wobei in den Fig. 44, 45 und 46 die Balken nicht überstehen und demnach am Kamme glatt abgeschnitten sind, während die Fig. 47 einen über die Verkämmung noch verlängerten Balken zeigt. Verkämmungen sind im allgemeinen nichts anderes als Ueberblattungen (vergl. Fig. 40 bis 43), die nur geringe Tiefe haben. Sie haben den Zweck, den Balken unverrückbar festzulegen.

d) Die Balkenköpfe.

Schon bei den ältesten Fachwerkbauten der gotischen Zeit, also des 14. und 15. Jahrhunderts, finden wir die vorstehenden Balkenköpfe in allerhand Zierformen behandelt. Immer aber, und das ist für den modernen Fachwerkbau ganz besonders fest zu halten, sind sie so angeordnet, dass sie bündig mit der Schwelle liegen. Hierdurch ist der Balkenkopf gegen den Einfluss der Witterung am besten geschützt. Die vielfach auftretende Sitte, die Balkenköpfe vor die Saumschwelle noch vortreten zu lassen und sie oben abzuschrägen, ist durchaus nicht zu empfehlen und keineswegs im Sinne der soliden Konstruktion entstanden. Zwar will man durch eine Schräge oben das Wasser abführen, oder durch aufgenagelte Bretter oder durch Zink den Kopf schützen (Fig. 60, 61 und 62), aber besser ist es immer und konstruktiver, diesen Ueberstand der Köpfe hier ganz zu vermeiden. Wir haben diese Beispiele hier auch nur deshalb aufgeführt, um auf ihre konstruktiven Mängel hinzuweisen. Die übrige Behandlung dieser Köpfe ist durchaus richtig und entspricht modernen Gestaltungen.

Der einfachste Schmuck eines Balkenkopfes besteht darin, dass seine Ecken abgestossen oder gefast werden, während die Stirnfläche noch glatt bleibt (Fig. 52, 58 und 71). Reicher wird die Form und lebhafter die Wirkung im Spiel von Licht und Schatten, wenn scharf ausgeprägte Hohlkehlen und Rundstäbe aus der Vorderfläche herausgestochen sind (Fig. 53, 54, 55, 57, 67, 79, 70, 73 u. 74). Noch reicher wirken ausgestochene Rosetten (Fig. 70) oder Masken, Wappenschilder und dergl., wie sie besonders die Fachwerkbauten des 15. und 16. Jahrhunderts aufweisen. Es ist aber hierbei wohl zu beachten, dass man nicht überflüssige Zierformen anordnet, die schliesslich am Gebäude nicht zur Wirkung kommen. Hierher gehören alle kleinlichen Zuthaten an den an und für sich schon kleinen Balkenköpfen, allerhand Knöpfchen, Zähnchen und dergl., die nur Geld und Arbeit kosten und vollständig verloren gehen.

Wird das Fachwerk, wie das heutzutage wieder zur Sitte wird, bei heller Behandlung der geputzten Wandfelder dunkelbraun gefärbt, so müssen die Balkenköpfe sehr kräftig und einfach behandelt werden, wenn sie überhaupt zur

Geltung kommen sollen. Alle Abfasungen oder Abkantungen oder Nuten (vergl. Fig. 52, 54, 56, 58, 59, 61, 62, 71, 73 u. 74) sind durch lebhafte Farbengebung hervorzuheben, damit sie sichtbar werden. Wird das Holzwerk aber in hellen gelblichen Farben behandelt, so können die einzelnen Zierformen, auch die der Balkenköpfe, schon feiner behandelt werden, wobei dann ausserdem noch die Farbe zur Unterstützung der guten Wirkung herangezogen zu werden pflegt.

e) Knaggen und Kopfbänder.

Wenn die Auskragung der Stockwerke auf ein geringes Mass beschränkt wird, so genügt eine schlichte Behandlung des Balkens, wie sie in den Fig. 52 bis 62 dargestellt ist. Für grössere Ausladungen aber gab man schon in früherer

Fig. 49.

Fig. 50.

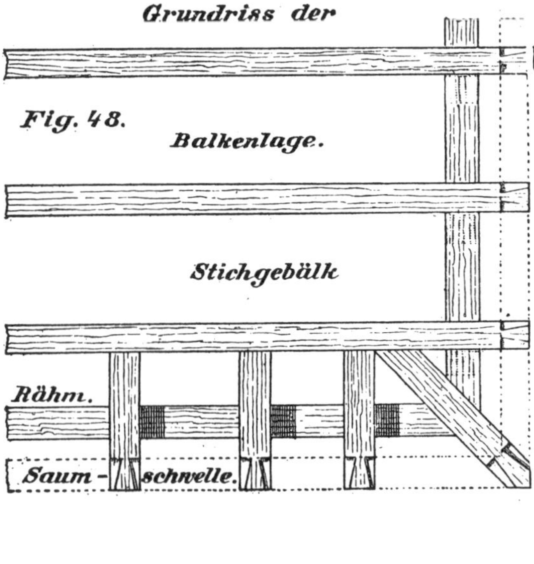

Fig. 48.

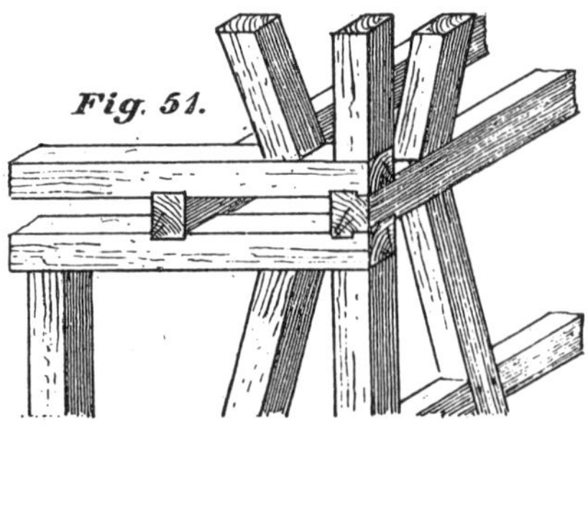

Fig. 51.

Fig. 52.

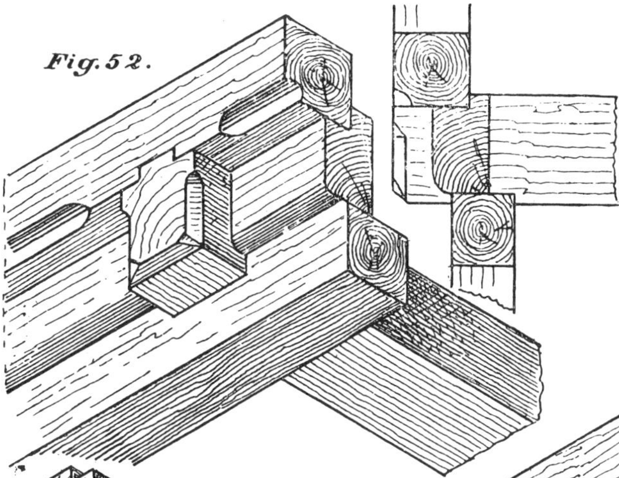

Fig. 53.

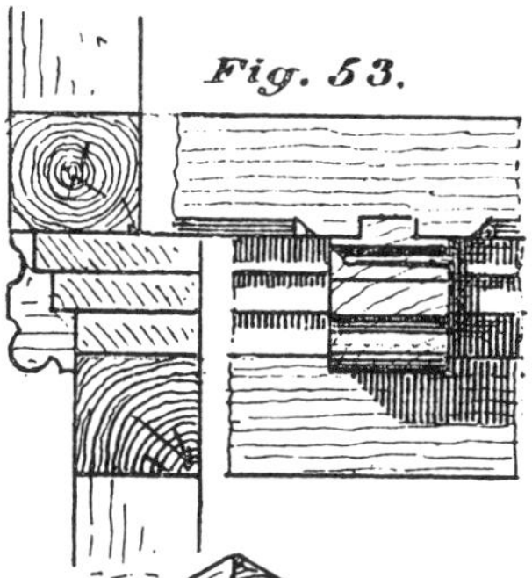

Fig. 54.

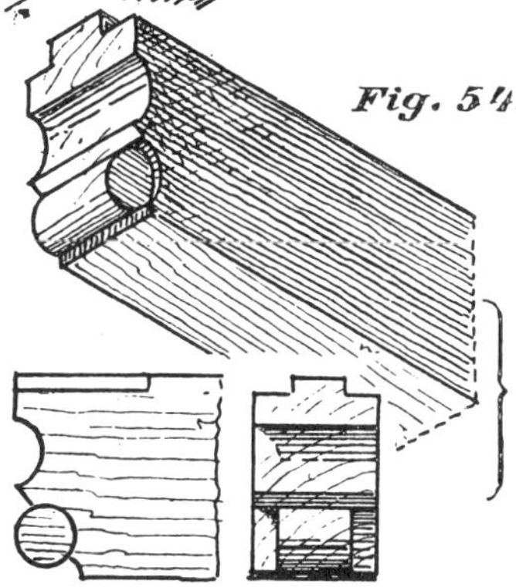

Fig. 55.

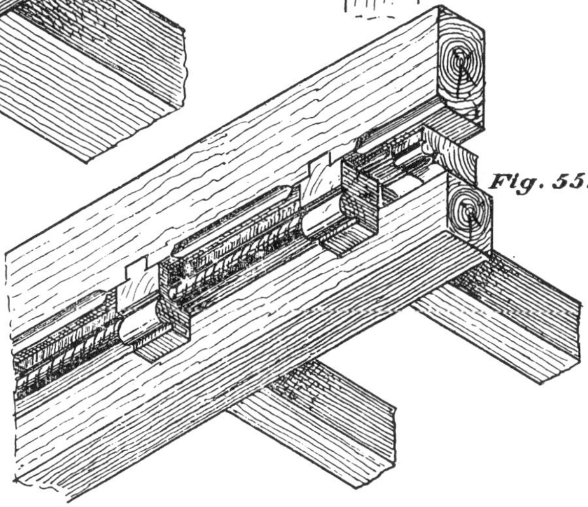

Fig. 56.

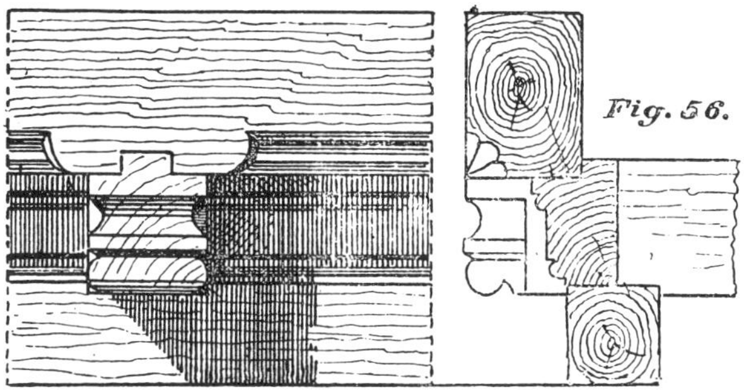

Fig. 58.

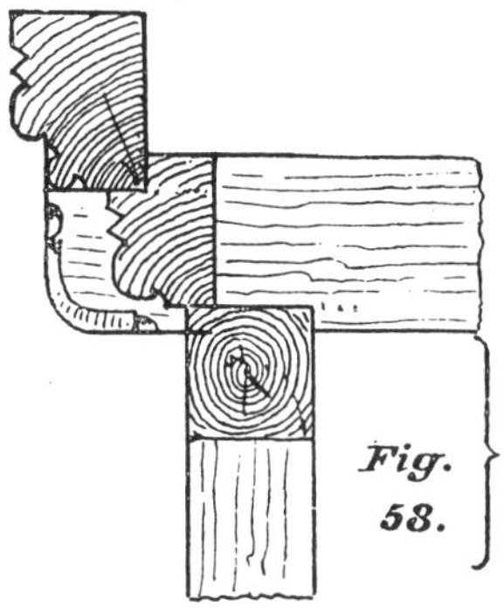

Fig. 57.

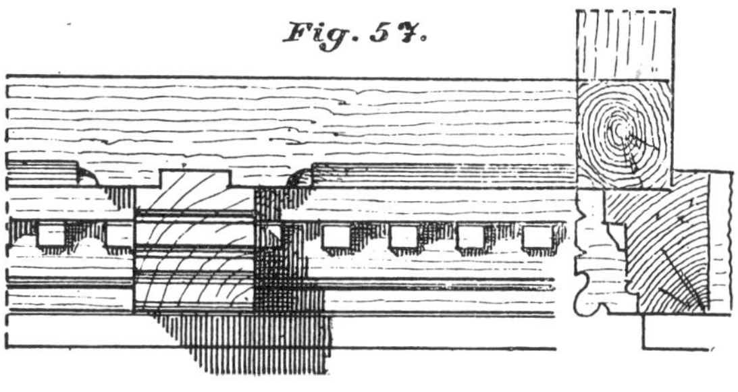

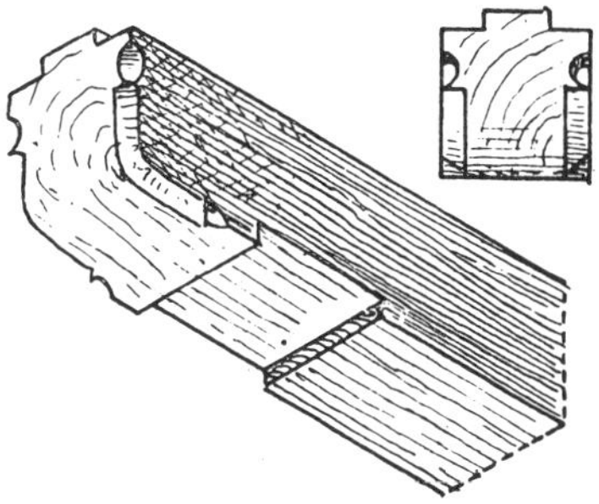

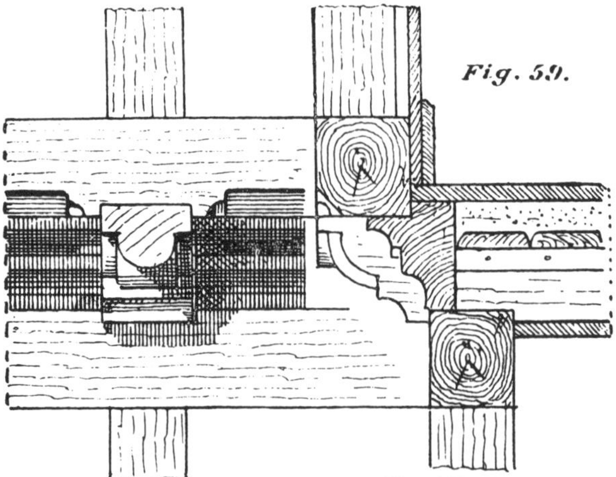

Fig. 59.

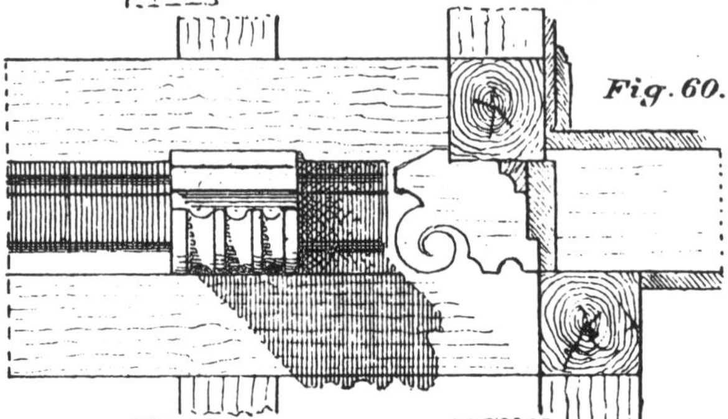

Fig. 60.

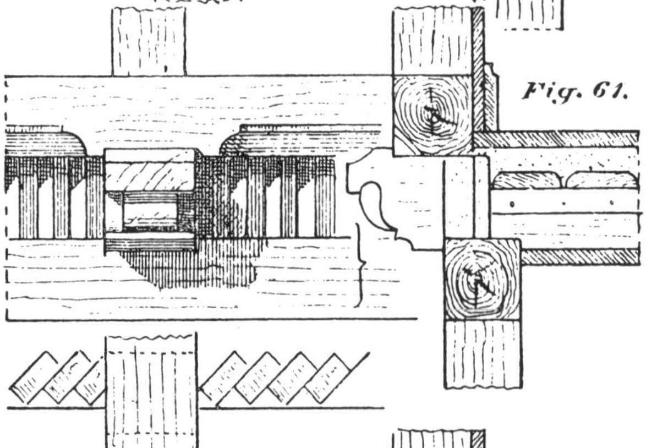

Fig. 61.

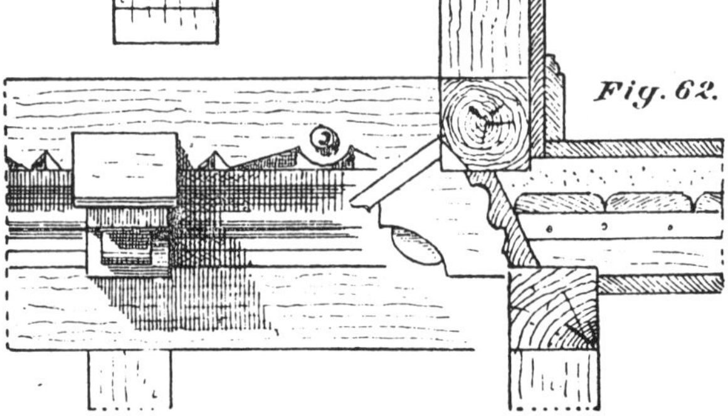

Fig. 62.

Zeit dem Balkenkopfe noch eine Unterstützung in Gestalt einer Knagge oder Konsole, manchmal auch in Form eines Kopfbandes hinzu (Fig. 70 nach Viollet le Duc).

An diesen Knaggen können wir zweierlei Gestaltungen unterscheiden. Die älteren Formen tragen durchaus den Ausdruck der stützenden Kraft und lassen die Knagge selbstständig entwickelt als Bauglied für sich erscheinen (Fig. 67 bis 73), während die späteren Gestaltungen den Balkenkopf mit der Knagge verschmelzen, als ob beide aus einem Stück geformt wären (Fig. 74).

Knaggen in Form von Voluten, wie sie an Fachwerkshäusern aus dem Ende des 16. Jahrhunderts unter dem Einflusse der Renaissance häufig vorkommen, sind der Steinarchitektur entnommen und entsprechen der Natur des Holzes so wenig, dass von ihrer Verwendung gänzlich abgesehen werden müsste (vergl. Fig. 69 [aus Cassel]).

Die brauchbarsten Formen sind die mittelalterlichen, die aus einer Zusammensetzung von scharf unterschnittenen Kehlen mit oft überhöhten, birnenförmigen Rundstäben bestehen.

Die Fig. 67, mit kleinen Konsolen unter ganz gleichmässig profilierten Balkenköpfen, ist nach Professor Schäfer (Holzarchitektur Deutschlands) einem Hause in Wernigerode vom Jahre 1588 entnommen; Fig. 68 ent-

Fig. 63.

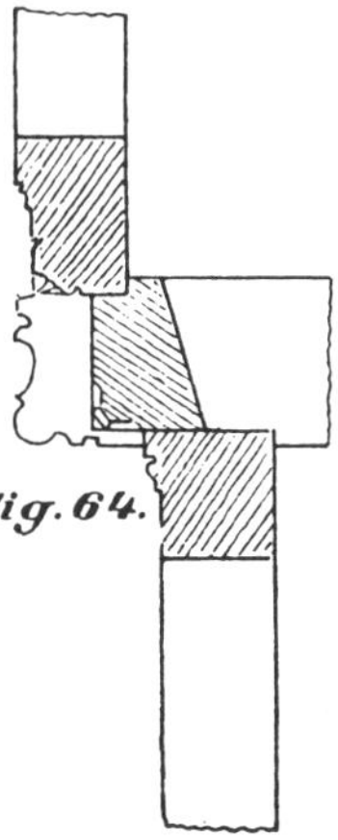

Fig. 64.

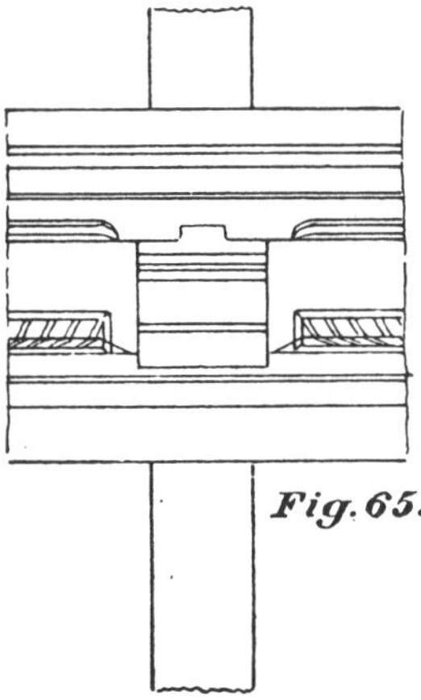

Fig. 65.

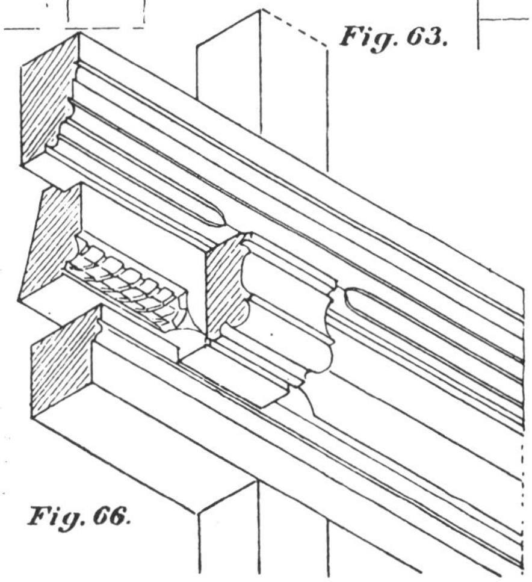

Fig. 66.

Fig. 67.

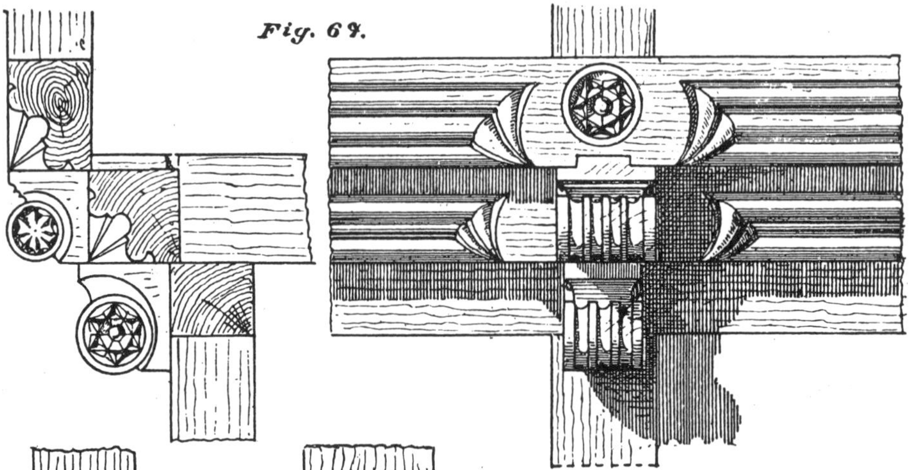

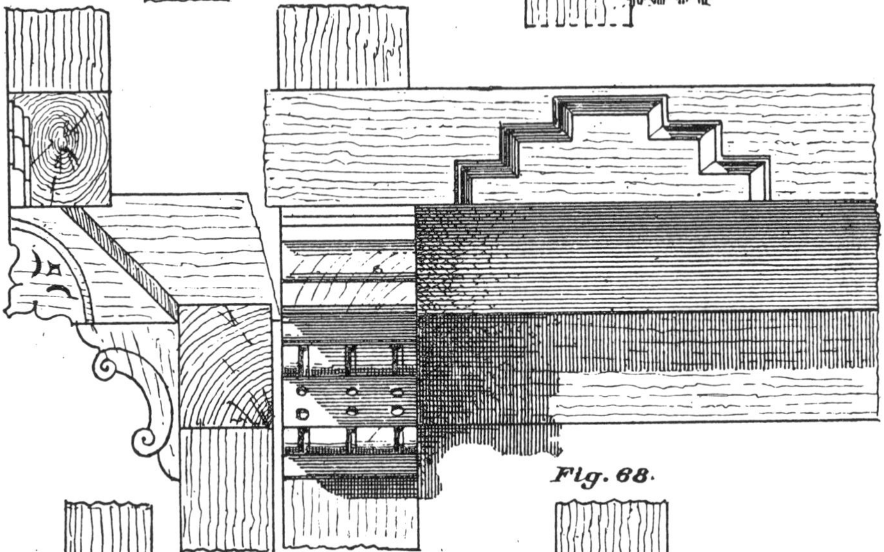

Fig. 68.

Fig. 69.

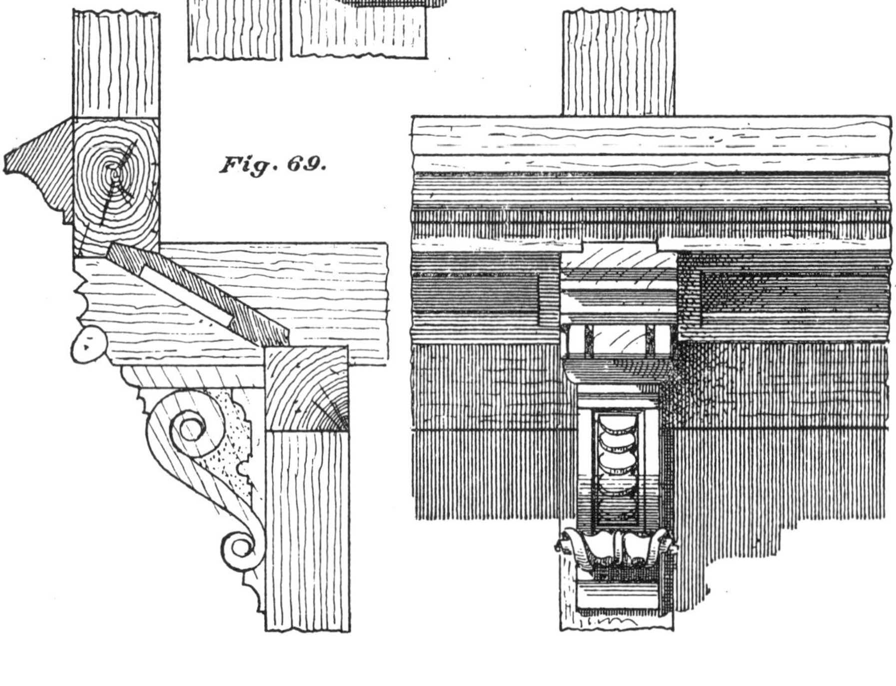

stammt einem Hause in Braunschweig (nach Ortwein); Fig. 69 einem solchen in Cassel.

Fig. 70.

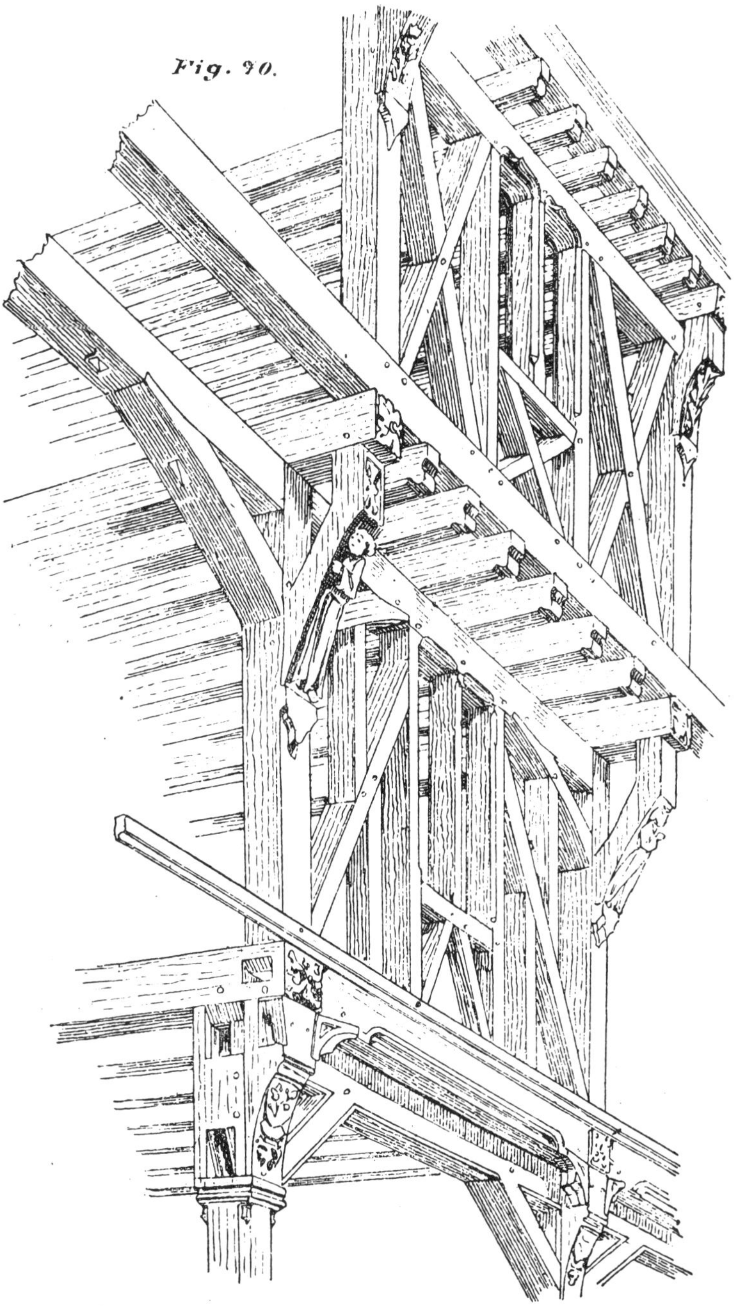

Die Fig. 71 bis 74 geben längere Knaggen in Verbindung mit Balkenköpfen wieder. Fig. 71 entstammt aus Hersfeld (nach Schäfer), Fig. 72 der „Holzbaukunst von Dr. Paul Lehfeld“; Fig. 74 ist von einem Hause in Halberstadt aus dem Ende des 16. Jahrhunderts.

4. Die Verkleidung der Zwischendecke.

a) Die Füllbretter.

Die zwischen den einzelnen Balken angeordnete Zwischendecke bestand in alter Zeit aus einem sogen. halben Windelboden (Fig. 73), während wir heutzutage fast durchgängig die Einschub- oder Stülpdecke verwenden (Fig. 59, 61 und 62). Nach der Strassen- resp. Hofseite musste diese verdeckt werden und man benutzte hierzu schräg liegende Bretter, sogen. Füllbretter, die gegen das unten liegende Rahmholz, gegen die oben befindliche Schwelle und seitlich gegen die Balkenvorsprünge genagelt wurden. Sie erhielten meist aufgemalten ornamentalen Schmuck, und, wo sie bei sehr weit vorgekragten Balken beträchtlich breit wurden, auch vollständige abgeschlossene Gemälde, die durch ihre schräge Lage dem Auge gut sichtbar wurden, besonders aber in den höher gelegenen Stockwerken immer noch ihre Wirkung beibehielten. Die überstehende Saumschwelle gab ihnen ausserdem Schutz vor dem Einflusse der Witterung.

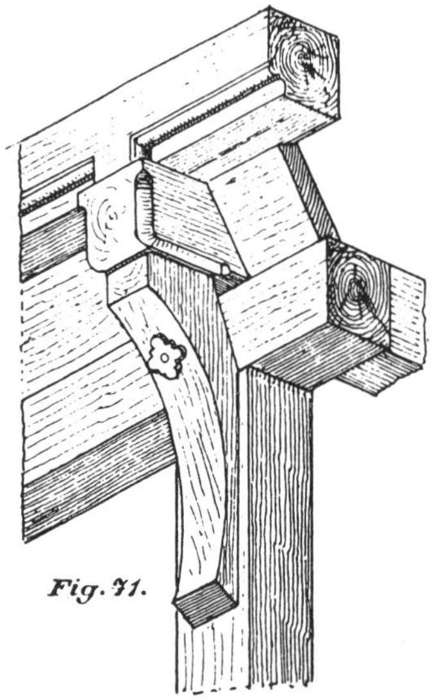

Fig. 71.

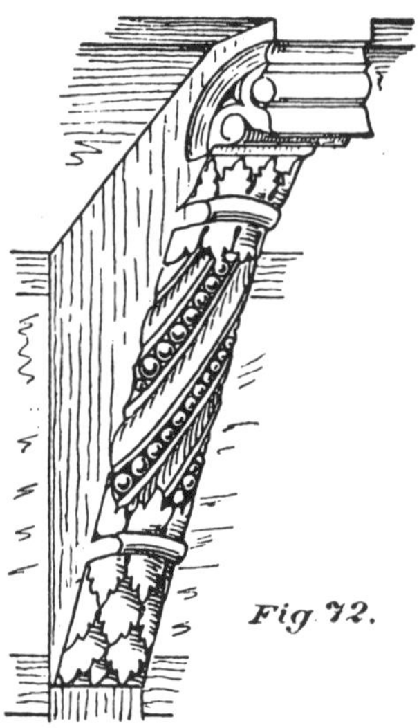

Fig. 72.

Dies erläutern sehr deutlich die Fig. 68 u. 69. An Mustern finden sich an alten Häusern an dieser Stelle entweder Blattornamente, die manchmal ganz flach aus dem Grunde heraus geschnitzt erscheinen, ferner Brustbilder

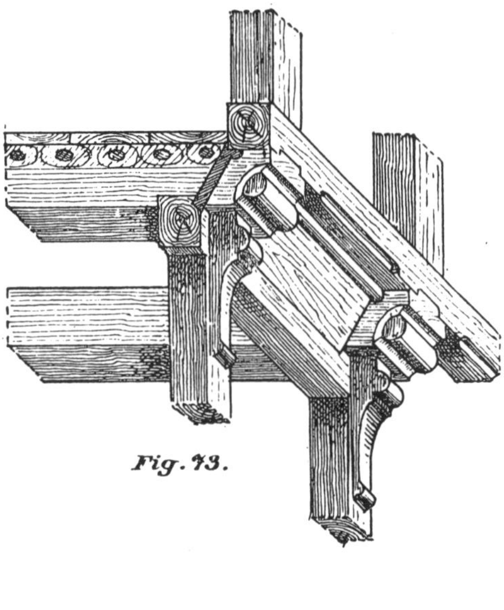

Fig. 73.

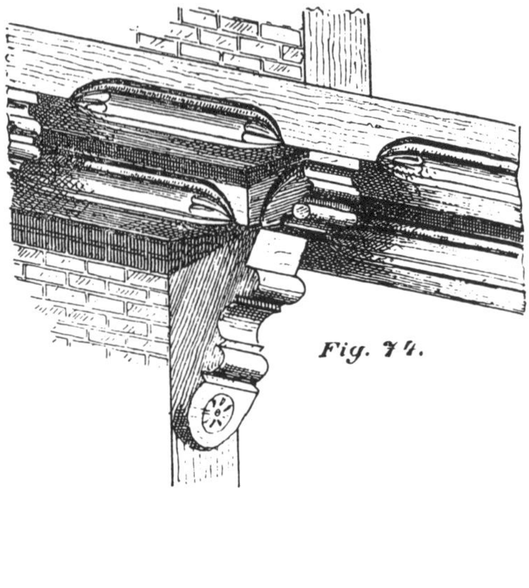

Fig. 74.

und in einzelnen Fällen sogar grosse Bildertafeln mit biblischen Szenen, mit Passionsbildern u. s. w.

Die dahinter liegende Schwelle wurde in kräftiger Weise von dem Füllbrette durch eine lebhaft behandelte Abfasung abgetrennt, die in dem Wechsel von Kehlen und Rundstäben, letztere gern in Form gedrehter Taue behandelt, eine ungemein günstige Wirkung erzielen (Fig. 56, 67 und 74). Flacher plastischer Schmuck in Gestalt von Laubbändern u. s. w. ersetzte später an den Füllbrettern die Malerei; auch ausgestochene Ornamentierung mit farbiger Behandlung des Grundes kam zur Verwendung, eine Schmuckgebung, die sich auch heute noch mit Vorteil gebrauchen lässt, besonders da ihre Herstellung durch zwei aufeinander gelegte Brettlagen eine sehr einfache ist. Die Ornamente werden hierbei aus dem oberen Brette herausgesägt, während das untere den Grund bildet. Durch Hinzugabe von Farbe ist eine kräftige Wirkung hierbei leicht zu erreichen.

Alle diese Arten der Behandlungsweise von Füllbrettern verwendet auch der moderne Holzbau, wenn wir auch dabei meist mit einfachen Mitteln zu arbeiten pflegen.

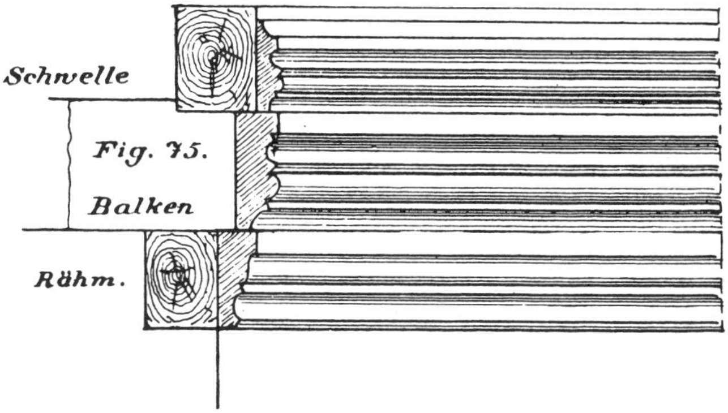

Fig. 75.

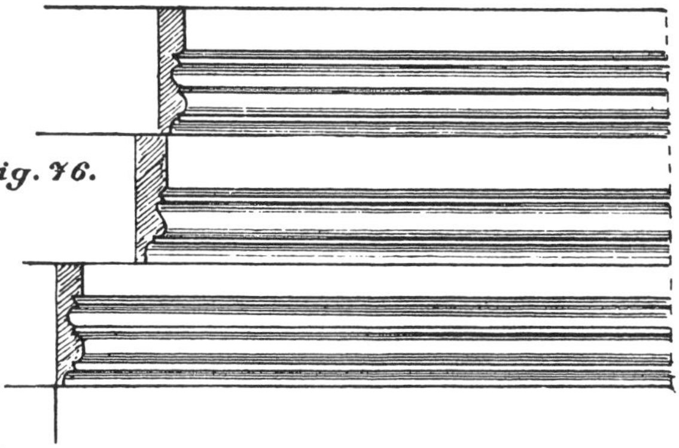
Fig. 76.

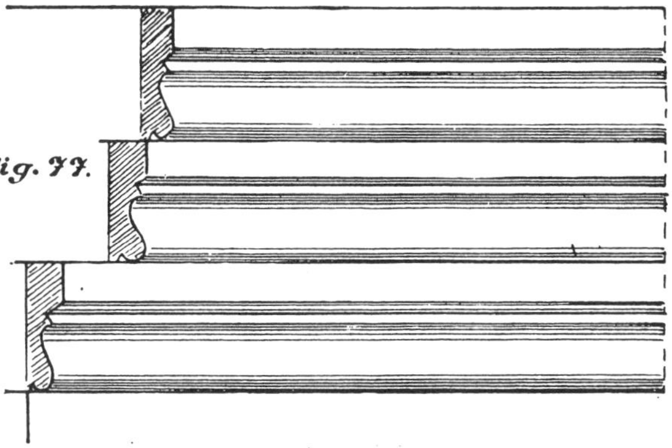
Fig. 77.

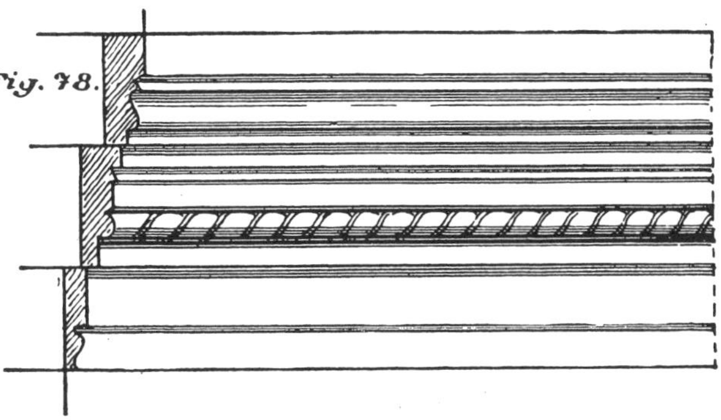
Fig. 78.

b) Die Füllhölzer.

Gegen das 17. Jahrhundert hin sehen wir die schräg gestellten Füllbretter an den Fachwerkbauten durch Füllhölzer verdrängt, die senkrecht zwischen Rahmholz und Saumschwelle gesetzt sind. Es ist dies die Zeit, die an der Fassade die plastische Wirkung von Ornamenten und architektonischen Gliederungen bis zum Aeussersten zu treiben liebte.

Solche stärkere Füllhölzer konnten tief ausgefast und ausgestochen werden und vertrugen ausserdem eine Profilierung in der Art von zwischen gesetzten Gesimsen, die sich gegen die einzelnen vorgekragten Balken totliefen. Auch diese Behandlungsart an den Geschossübergängen wird heute gepflegt (Fig. 56, 57, 58 und 67).

Vielfach ersetzt man das starke Füllholz an modernen Fachwerksbauten wieder durch eine Bohle, die senkrecht gestellt und mit profilierten Leisten versehen ist (Fig. 60).

c) Die Brettergesimse.

Wie bereits weiter unten gesagt wurde, entwickelte sich der Fachwerksbau in Rheinhessen und Süddeutschland aus anderen Grundsätzen wie in Norddeutschland. So hatte das mit dem Giebel an die Strasse gestellte Haus zumeist kein Stichgebälk, sondern der Giebelbalken selber bildete die Verkleidung der Zwischendecke. Füllbretter oder Füllhölzer wurden infolgedessen nicht nötig. Musste man aber die Balkenköpfe überkragen und die freiliegende Zwischendecke nach aussen abschliessen, so erreichte man dies in einfachster Weise so, dass man den platten Balkenköpfen eine Bohle vornagelte, die nun beiden Zwecken genügte. Sie wurde nach aussen mit Kehlen und Rundstäben profiliert. Dieselbe Verzierung gab man meist der darüber liegenden Saumschwelle und ebenso dem darunter befindlichen Rahmholz und vereinigte diese drei Bretter zu einem einzigen durchlaufenden Gesimse, das mit seinen kleinen, flachen und gleichmässigen Gliederungen keine besondere Wirkung erzielt (Fig. 75 bis 78 nach R a s c h d o r f). Eine moderne Verkleidung der Balkenköpfe in dieser Art ist in Fig. 79 dargestellt.

Fig. 79.

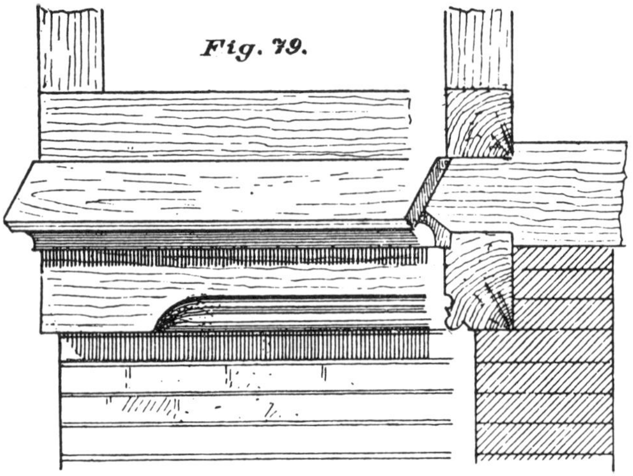

So häufig wir auch, gerade am Rheine und an der Mosel, an sonst äusserst reizvollen Fachwerksbauten dieser Art der Stockwerks-Trennung begegnen, so ist doch nicht zu leugnen, dass hier ein langweiliges Motiv vorliegt, das mit der lebendigen Wirkung selbst eines bescheiden vorgekragten Stichgebälkes nicht im entferntesten verglichen werden kann. Deshalb ist für den modernen Holzbau diese Art des Stockwerk-Ueberganges wohl billig, aber trotzdem wenig empfehlenswert zu nennen.

d) Ausgemauerte Zwischenfüllungen.

An modernen Fachwerkbauten hat man hier und da die Füllbretter oder die Füllhölzer auch durch Ausmauerung mit Backsteinen ersetzt, die hier den Zweck haben, die Zwischendecke zu verhüllen. In den Fig. 53 und 61 sind derartige Anordnungen dargestellt. Sie empfehlen sich zumeist da, wo die Fachwerkfelder ebenfalls mit Backsteinen ausgemauert sind.

Die Fig. 53 gibt eine einfache abgetreppte Ausmauerung, in Fig. 61 sind die Backsteine stromschichtartig und hochkantig eingefügt. Man hätte auch eine gerade Verzahnung anwenden können. Wo die Balkenköpfe der Erdgeschoss-Balkenlage nicht auf Fachwerk, sondern auf massivem Unterbau unmittelbar aufliegen, empfiehlt sich eine derartige Behandlung der Zwischenfelder immer (vergl. Fig. 80).

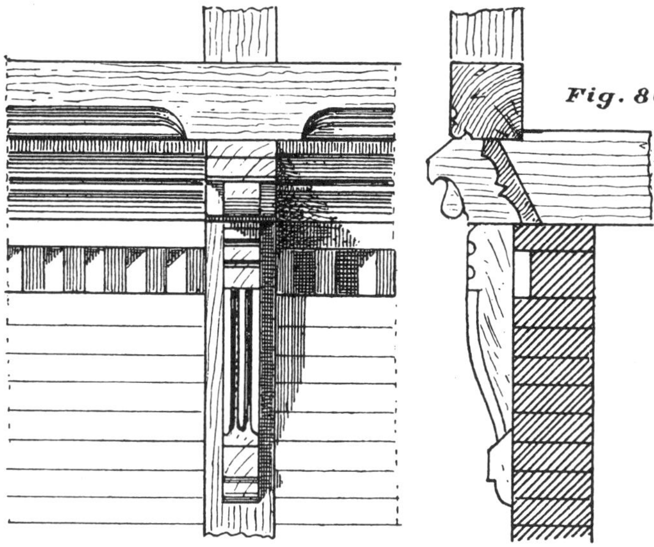

Fig. 80.

5. Die Giebelausbildung.

In der Blütezeit des alten Fachwerkbaues waren die Dächer der Häuser verhältnismässig sehr steil, ein Umstand, der mit dem Bestreben einer möglichst schnellen Wasserabführung bei mangelhaftem Dachdeckungsmaterial zusammenhing. So erhielt das sogen. altgotische Dach (Fig. 81) eine Höhe, die grösser war als seine gesamte Spannweite; bei dem sogen. altdeutschen

Dache (Fig. 82) regelte man die Dachhöhe genau nach ihrer Spannweite; etwas niedriger wurde das sogen. „altfränkische Dach“, wo die Sparrenlängen und die Spannweite zusammen ein gleichseitiges Dreieck bilden (Fig. 83).

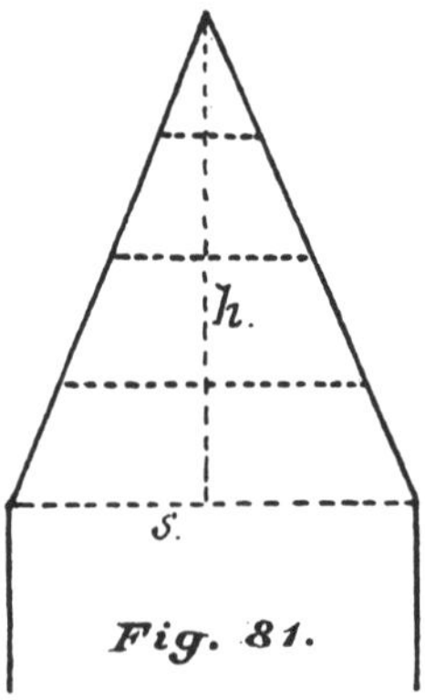

Fig. 81.

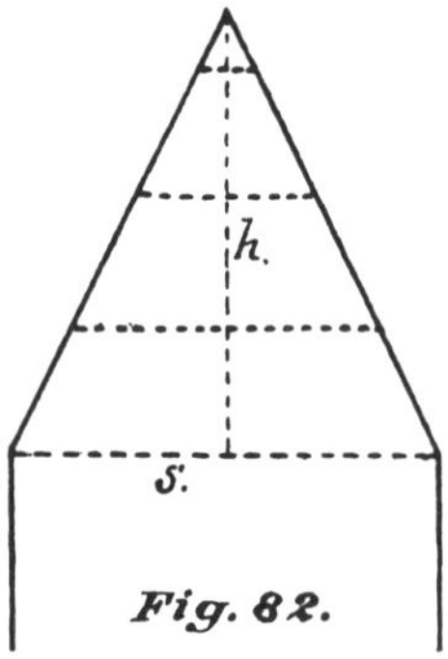

Fig. 82.

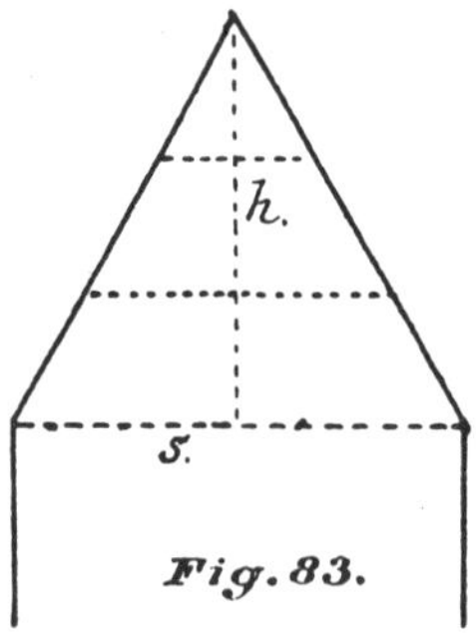

Fig. 83.

In Süddeutschland, in Hessen und in der Rheingegend, wo man die Häuser mit dem Giebel an die Strasse stellte, musste selbstverständlich die Holzarchitektur sich auch mit dem Dachdreiecke beschäftigen. Dasselbe wurde, entsprechend seiner inneren Einteilung, auch im Aeusseren als Stockwerksbau dargestellt, der die übliche Behandlungsweise der Fachwerkswand, höchstens mit etwas mehr Zuthaten von Schmuckmitteln, aufweist (Fig. 85).

Das Dreieck des Daches selber wurde dann mit dem Beginne der Renaissance, also im 16. Jahrhundert, in der Weise beschränkt, dass man es durch einen kleinen Krüppelwalm beschnitt. Dieser Krüppelwalm trat dann in sechseckiger oder achteckiger Grundrissform frei vor die Giebelspitze vor und bildete eine überhängende Haube oder Nase, die bei den alten Kaufhäusern, deren zahlreiche Dachböden als Lagerräume benutzt wurden, jedenfalls zunächst die frei heraushängende Aufzugswinde zu schützen hatte (Fig. 84 von einem Hause in Linz a. Rh.).

In der Rhein- und Moselgegend gestaltete man diese Haube als sechsseitige Pyramide. Aber gerade hier verschwand dieser Giebelschmuck mit dem sich entwickelnden Barockstile am vollständigsten mit dem Ende des 16. Jahrhunderts. Dafür griff man zu der heute noch verbreiteten Giebelgestaltung, die es liebt, das Giebeldreieck durch geschweifte und geschnitzte Bretter zu umsäumen. Dieselben ragen natürlich über das eigentliche Dachdreieck hinaus und geben, ähnlich wie das mit steinernen Voluten im Massivbau erreicht wurde, dem Giebelfelde einen phantastischen Abschluss (vergl. Taf. 1 und Fig. 86).

Wie schlecht derselbe aber den Bedingungen einer guten und soliden Holzkonstruktion entspricht, das können wir an den verwitterten Resten ersehen, die allenthalben an den sonst gut erhaltenen Bauwerken auftreten, wenn sie nicht längst schon einer vorgenagelten Schieferbekleidung gewichen sind. Trotzdem verwenden wir diese dekorative Giebelbehandlung auch heute wieder gern, denn es ist nicht zu leugnen, dass sie auch ihre malerischen Reize besitzt, die wir ja ausserdem durch eine aufgebrachte Zinkabdeckung leicht schützen können (Fig. 86 und Tafel 1).

Die weitaus am meisten heute verbreitete Behandlung des Fachwerkgiebels entstammt dem Elsass und Moselthal, im weiteren Sinne jedenfalls der Schweiz. Hierbei wird das Dach mehr oder weniger weit über das Giebeldreieck selber

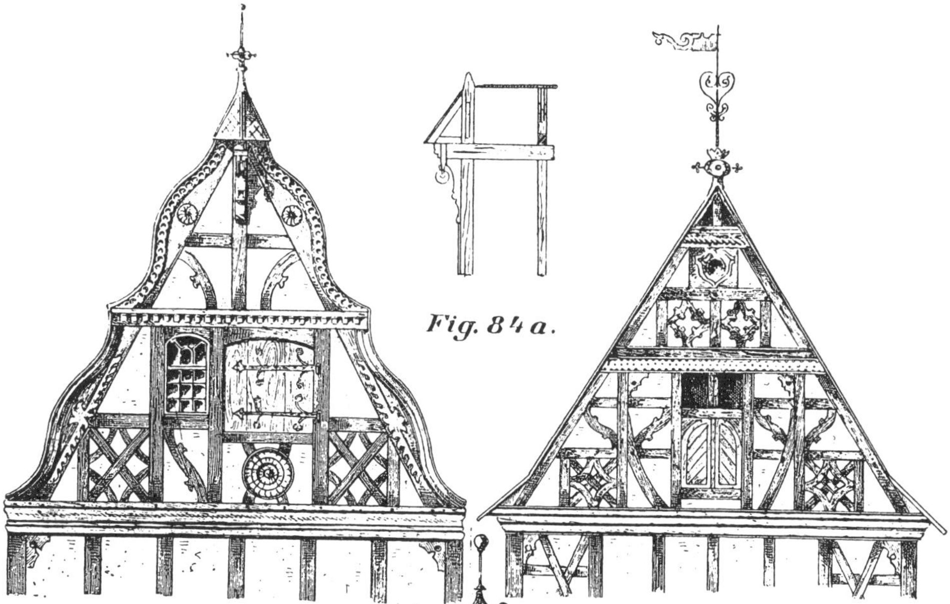

Fig. 84a.

Fig. 84. aus Linz a. Rhein. (1604.)

Fig. 85. aus Traben a. Mosel. (1606.)

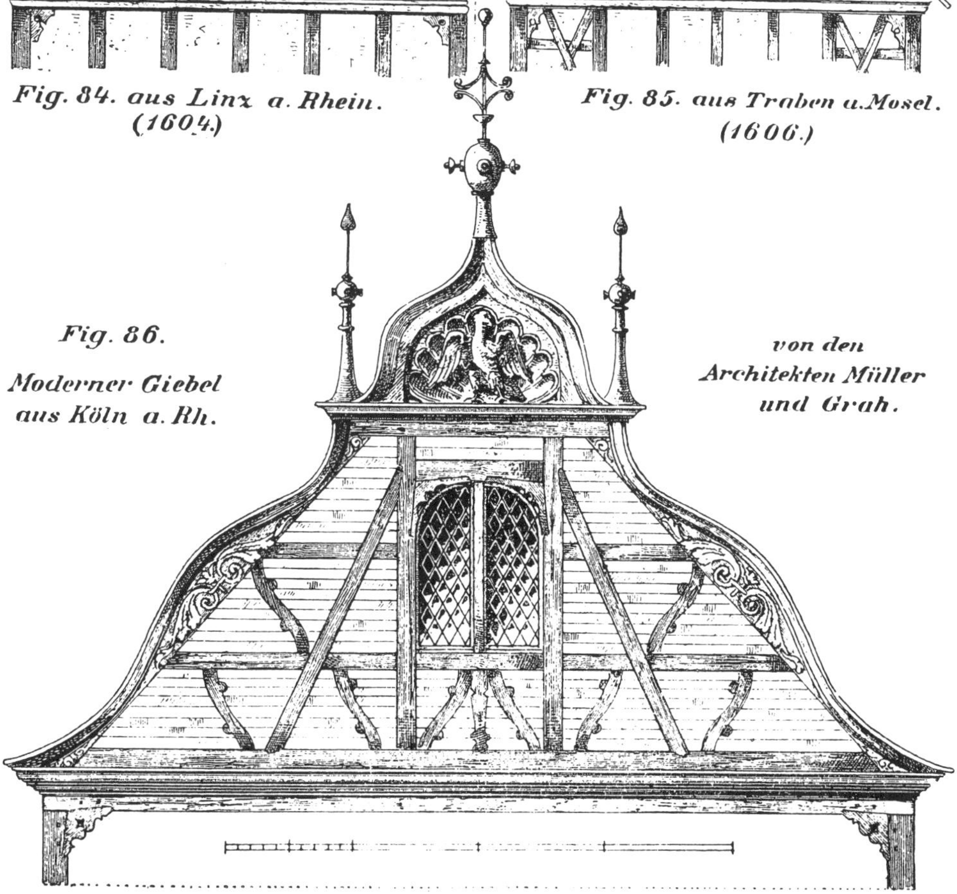

Fig. 86. Moderner Giebel aus Köln a. Rh. von den Architekten Müller und Grah.

vorgeschoben und sein überhängender Teil durch freischwebende Konstruktionshölzer, durch ein sogen. Freigebinde, unterstützt. In Verbindung hiermit kann dann noch ausserdem der Krüppelwalm treten, der nun sowohl mit dreieckig als auch polygonal vorspringendem Grundriss in pyramidaler Entwickelung oder sogar mit geschweiften Flächen den Giebel wirkungsvoll abschliesst (vergl. Taf. 1).

Sämtliche vorgenannte Giebelausbildungen sind auch heute im Gebrauch, selbstredend mit dem Unterschiede, dass wir nur selten die früher stark hervortretenden stilistischen Eigentümlichkeiten einzelner Gegenden oder Zeiten streng auseinander halten. Da es uns eben in der Hauptsache nur auf die malerische Gesamtwirkung ankommt, so nehmen wir die einzelnen Motive, wie wir sie gerade finden, und verknüpfen sie zu neuen, oft recht wirkungsvollen Zusammenstellungen.

Immerhin sollte man an dem Grundsatze festhalten, nur solide Konstruktionsweisen zu übernehmen, und, wenn man in einer Gegend baut, die eine ausgesprochen interessante Holzbaukunst bis heute weitergeführt hat, deren Eigenart studieren und sich ihr mit Sachkenntnis anschliessen. Dies trifft in vielen hessischen, thüringischen und rheinischen Orten zu. Hier heisst es, sich in die einheimische Holzbaukunst zu vertiefen und den trefflichen Spruch zu beherzigen, den wir dieser Abhandlung vorangeschickt haben:

„Das Alte studier'!
Hast's erfasst, — dann Neues probier'!
Prüfe das Neue und Alte!
Lerne am Guten! das Beste behalte!"

Fig. 87.

Giebel aus Marburg *von Prof. Schäfer.*

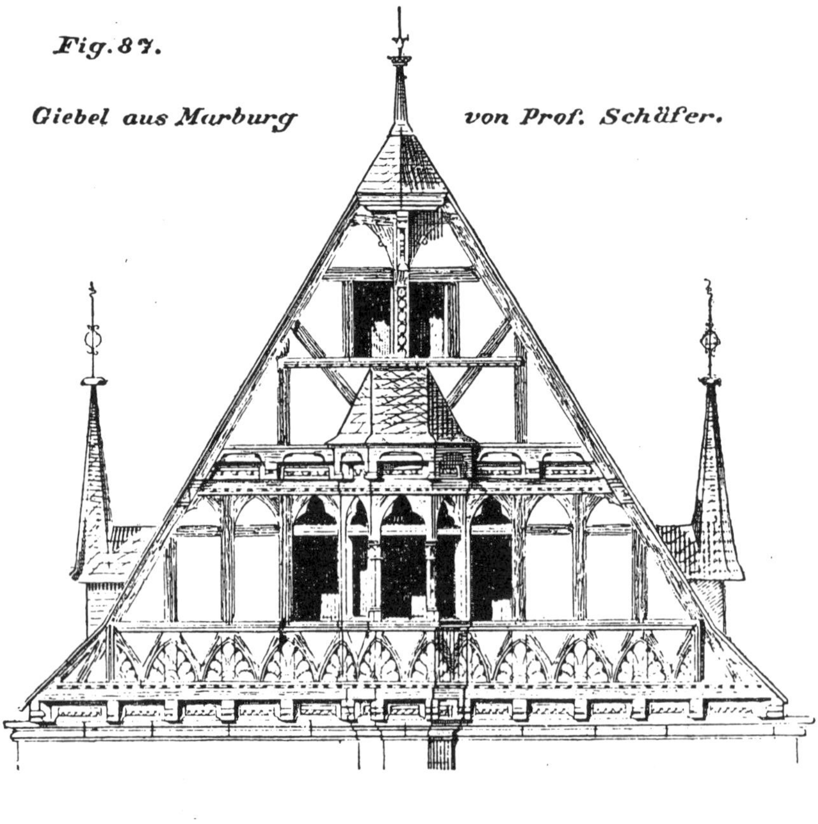

a) Schlichte Giebelbildungen.

In den Fig. 87 bis 95, sowie auf den Tafeln 1, 2 und 3, sind moderne Giebelbildungen dargestellt, die sich den verschiedenartigsten Bauweisen anschliessen. Fig. 87 gibt den Giebel eines städtischen Hauses in Marburg von Prof. Schäfer. Ein kleiner Krüppelwalm tritt an der Spitze mit dreieckiger Grundrissform aus der Fläche heraus. Unterstützt ist er durch ein Kopfband. Die Art der Fachwerksbehandlung erinnert an die norddeutsche Bauweise.

Ein Giebel von einer Villa im Grunewald (Berlin) von den Architekten Crämer und Wolffenstein ist in Fig. 88 dargestellt. Die Anhäufung der geschweiften Streben im oberen Giebelfelde erinnert an englisch-amerikanische Holzarchitekturen. Die einzelnen Fachwerksfelder sind bei 60 cm lichter Breite über 2 m hoch und entbehren der zwischengefügten Verriegelung, an deren Stelle hier die geschweifte Strebe getreten ist. Diese Vorliebe für lange und dabei schmale Fachwerksfelder sehen wir noch deutlicher an Fig. 100, einer englischen Villenanlage hervortreten. Hier ist von jeder Querversteifung abgesehen worden und die etwas steif und nüchtern wirkende Stielstellung ist in der Fensterbrüstung, in der Hauptwand und in dem Giebeldreieck durchgeführt. Eigenartig ist ferner die Anordnung des verstärkten Rahmholzes über der Fenstergruppe in Fig. 88, 99 und 100.

Fig. 88. Giebel aus Grunewald (Berlin) Arch. Cramer & Wolffenstein

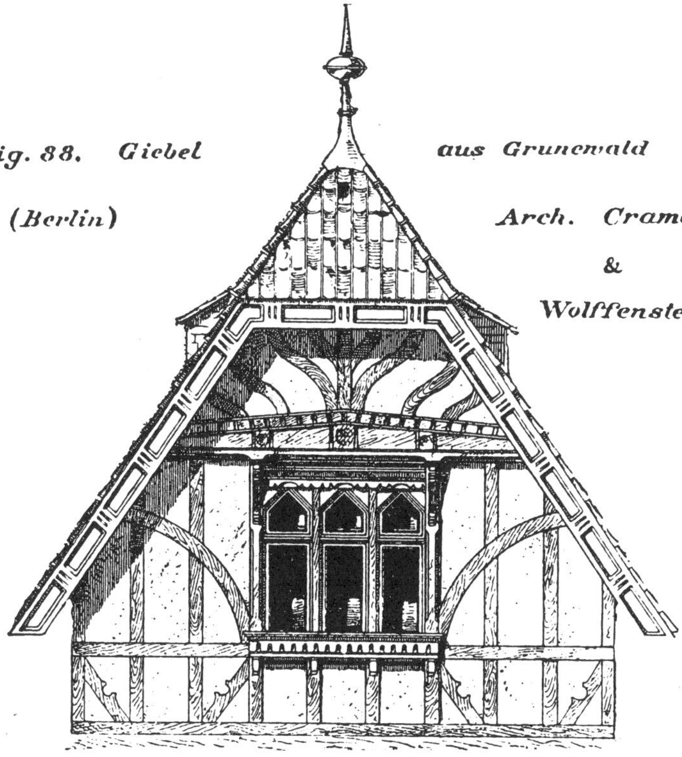

Eine reiche und vorzügliche Giebellösung ist in Fig. 89 vorgeführt. Sie entstammt einer Villa in Königstein im Taunus und ist vom Frankfurter Architekten v. Hoven entworfen. Hier vermischen sich rheinländische mit thüringischen Motiven.

Die eigenartige thüringische Behandlungsweise des Fachwerkgiebels mit vielen gekreuzten Streben zeigen die Fig. 90 und 93, von Prof. Neumeister in Liebenstein und Heldburg in Thüringen ausgeführt.

Fig. 89.

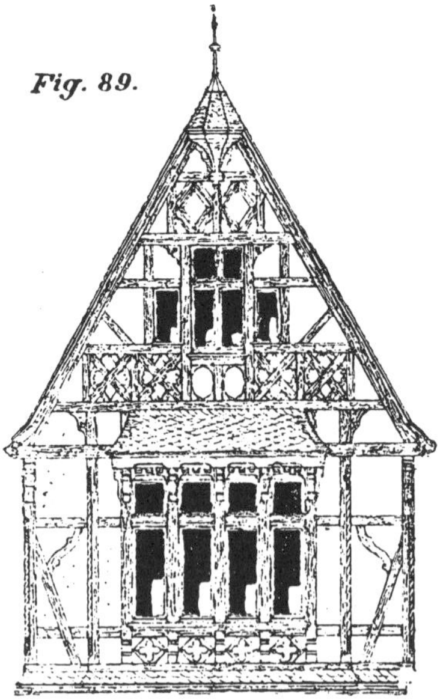

Fig. 90.

Fig. 91.

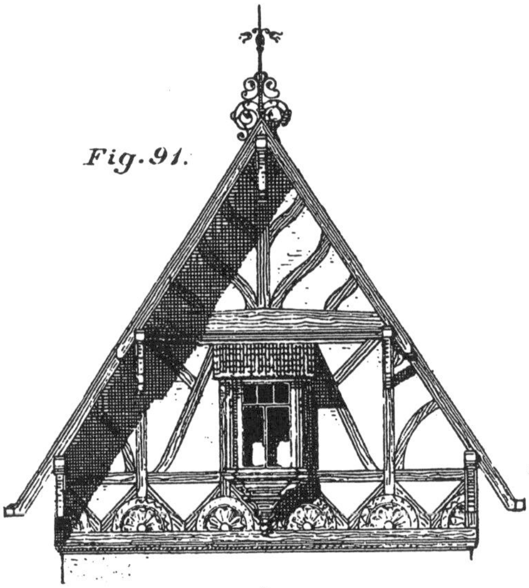

Fig. 92.

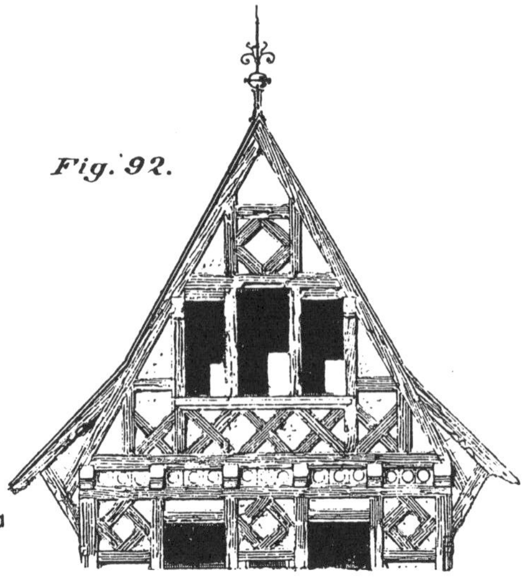

Fig. 93.

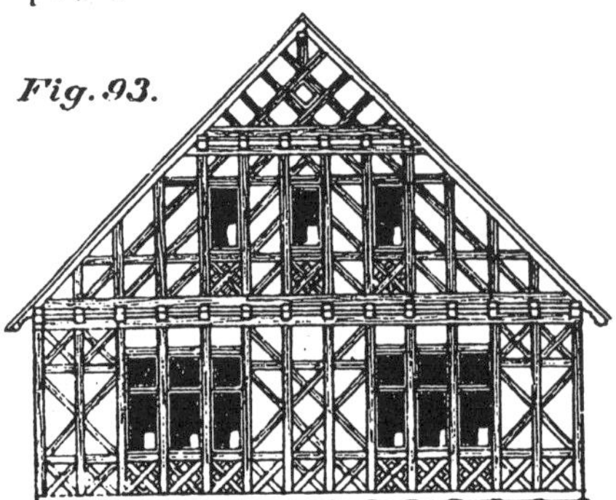

Fig. 94.

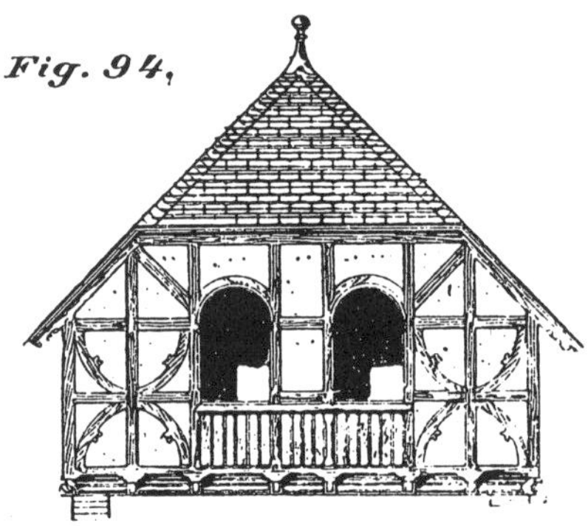

Fig. 95.

Fig. 91, von einer Villa in Eisenach (Baurat March), erinnert wieder an englische Holzarchitektur, während die Fig. 92 und 94 moderne Giebelbildungen vorführen; desgleichen Fig. 95 und 96 mit hessischen und thüringischen Motiven.

Fig. 98, vom Architekten Wolff-Frankfurt, erinnert in seiner strengen Durchbildung mehr an die norddeutsche Giebelbehandlung.

Wie durch die Schraffur in den einzelnen Giebelfiguren angedeutet worden, nahmen alle diese Holzarchitekturen zur besseren Wirkung noch die Farbe als Hülfsmittel hinzu. Näheres darüber wolle man unter Absatz 8 „Die Schmuckmittel des Fachwerkbaues" nachlesen.

Fig. 96.

Eine weitere Beachtung verdient dann die Behandlung der Fachwerkfelder selber, die unter dem eben genannten Absatze ebenfalls des näheren besprochen wird.

Weniger von Bedeutung ist die Art der Dachdeckung, die in ihrer mannigfaltigen Behandlung in den einzelnen Figuren bereits angedeutet worden ist. Bei unserem heute so vervollkommneten Deckmateriale finden ebensowohl Schiefer als auch die verschiedensten Thonfabrikate, vom einfachsten Dachstein bis zum vollkommensten Falzziegel, Verwendung.

Während die meisten der bisher besprochenen Giebelbildungen für einzelne aus dem Grundrisse vorspringende Bauteile (Risalite) als Abschluss dienen und somit als ein besonderer Schmuck der Fassade auftreten, ist der in Fig. 97 dargestellte breite und niedrige Giebel für die wirkliche, an jedem Hause auftretende Giebelseite, wie sie der Tiefe des Gebäudes entspricht, berechnet. Er ist vom Baurat Fritze für Meiningen entworfen. Die reiche thüringische Fachwerksbehandlung zeigt, wie man auch bei flacher Dachneigung der Giebelwand in Fachwerk einen grossen malerischen Reiz verleihen kann.

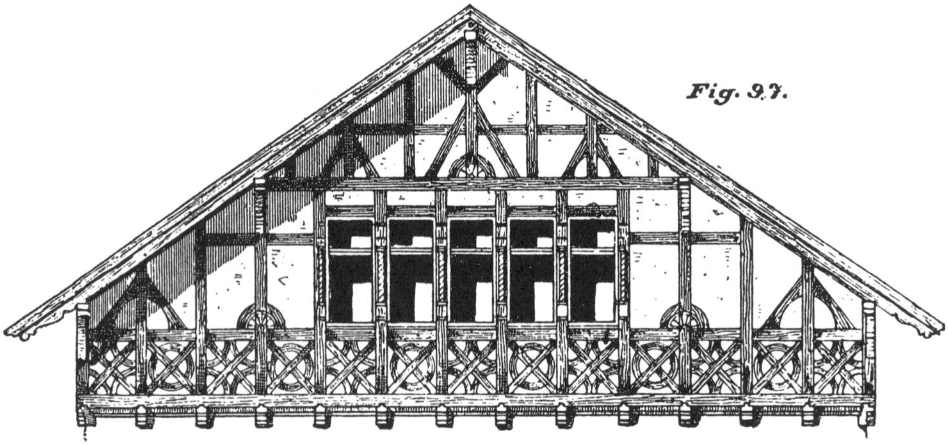

Fig. 97.

Bei freistehenden Wohnhäusern erreicht man für die Giebelausbildung eine kräftigere Wirkung dadurch, dass man die Dachschalung etwa 30 bis 50 cm über den Giebel hinausschiebt und sie vorn mit einem Schutzbrette abschliesst.

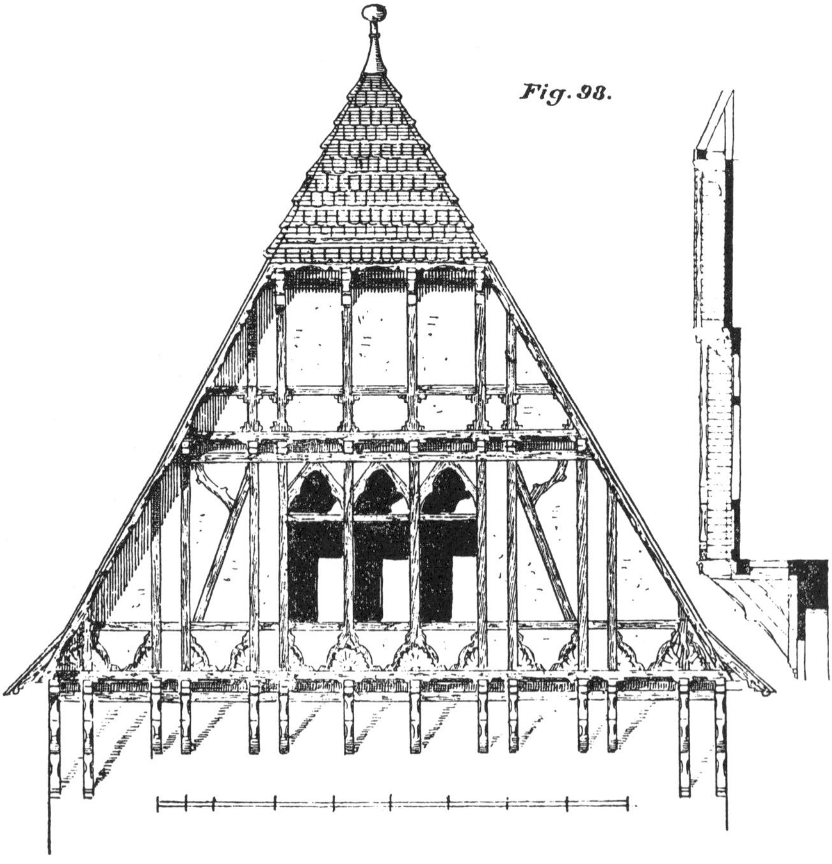

Fig. 98.

Noch besser kommt dieses vorgestreckte Dach zur Geltung, wenn ein vollständiges Leergebinde vor die Giebelwand vorgelegt wird. Die freistehenden Sparren finden dabei ihre Unterstützung durch die herausgestreckten Pfetten, die wiederum durch Kopfbänder oder durch Knaggen abgefangen werden können (Fig. 90, 91, 95, 97 und 98).

Wird der Ueberstand dieser freischwebenden Sparren ein grosser und wird das schwebende Giebeldreieck durch allerhand eingeschobene Konstruktions- und Zierhölzer versteift, so entsteht eine äusserst reizvolle Giebelform, die besonders

Fig. 99.

Fig. 100.

dem freistehenden Wohnhause zur grossen Zierde gereicht und die wir mit dem Namen „Freigebinde“ bezeichnen.

Eine ganz eigentümliche Art der Giebelausbildung für Fachwerkbauten zeigen die Fig. 99 und 100, die den englischen Holzbau kennzeichnen. Beeinflusst ist diese Bauweise durch amerikanische Vorbilder. Auch bei uns findet diese Art der Fachwerksbehandlung hier und da Nachahmung. Eigentümlich ist ihr die Betonung der Ständerstellung und die Vermeidung aller für die Konstruktion entbehrlichen Hölzer, also aller jener Zierstreben und Riegelkreuze, die das rheinische und süddeutsche Fachwerkshaus so malerisch beleben.

Fig. 99 nach „Academy Architekture“, Fig. 100 nach „The Building News“.

b) Giebel mit vorgelegten Freigebinden.

Beim Holzbau sowohl als auch beim Massivbau werden in Verbindung mit steilen Dachformen zur Verzierung von Giebeln vorspringender Bauteile sogen. Freigebinde verwendet, die dem Gebäude zum Schutze gegen die Witterung und zugleich zur belebenden Zierde gereichen. Ihr Vorsprung bewegt sich zwischen 50 bis 100 cm. Bei grossem Dachüberstand muss dem massiven Giebel aussen ein Wandsparrendreieck vorgelegt werden, das als einfaches Leergebinde behandelt wird, während das äusserste Sparrenpaar als Freigebinde allerhand Unterstützungen und Versteifungen erforderlich macht. Ist der eigentliche Giebel aber in Fachwerk aufgeführt, so liegt das nächste Sparrenpaar hinter dem Freigebinde selbstverständlich auf der Giebelwand. Die Entfernung dieser beiden äussersten Sparrendreiecke ist von der Einteilung der übrigen Dachsparren im Holzbau und im Massivbau ganz unabhängig; sie hängt eben nur von dem Vorsprunge des Freigebindes ab.

Ausnahmsweise streckt man auch wohl das Dach so weit heraus, dass mehrere Leergebinde zu seiner Konstruktion notwendig werden. In solchem Falle werden die Pfetten 1,50 bis 2 m herausgestreckt. Die beiden Fusspfetten unterstützt man dann am sichersten durch freistehende Säulen mit Kopfbändern.

Zierformen am Freigebinde gibt man zunächst den Pfettenköpfen, die ähnliche Profile wie die Balkenköpfe erhalten, sodann den Kopfbändern, ebenso den Sparrenenden oder Sparrenköpfen. Dazu kommen ferner allerhand Verspannungen und Versteifungen durch Hängesäulen, Spannriegel, gerade und gebogene Verstrebungen, Füllbretter und durchbrochene Füllungen. Auch die von unten sichtbare Verschalung wird meist mit Brettern ausgeführt, die angehobelte Profile aufweisen.

Eine weitere Belebung erhält solch ein Freigebinde durch einen Krüppelwalm, wobei ein Rahmholz eingezogen werden muss (Fig. 132, 139, 141, 145 und Tafel 4 und 5). Oder es wird das rheinländische Motiv der dreieckigen, sechs- oder achteckigen Nase der Giebelspitze vorgelegt, wie dies in Fig. 146 bei Freigebinde und in Fig. 87 und Tafel 1 bei schlichtem Giebel dargestellt ist.

In den Fig. 101 bis 112 sind Freigebinde für steile Dachformen und in den Spannweiten von 3,50 bis 11 m im Skelett wiedergegeben. Immer sehen wir dabei die Architektur des Freigebindes an ihrem Fussende unterstützt durch je eine Pfette und ein dieser entsprechend angeordnetes Rahmholz, die herausgestreckt und durch Kopfbänder abgefangen sind.

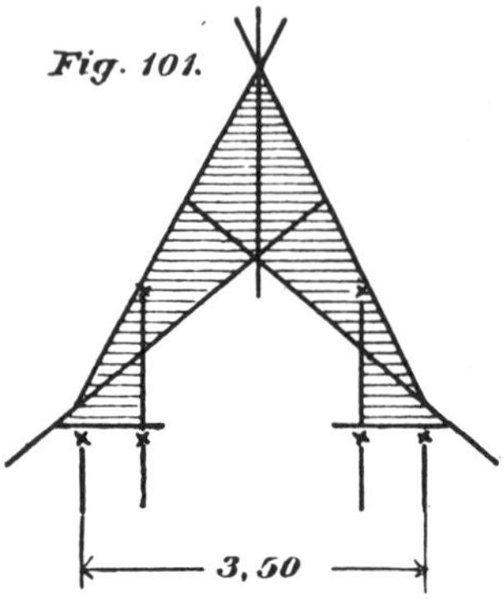

Fig. 101.

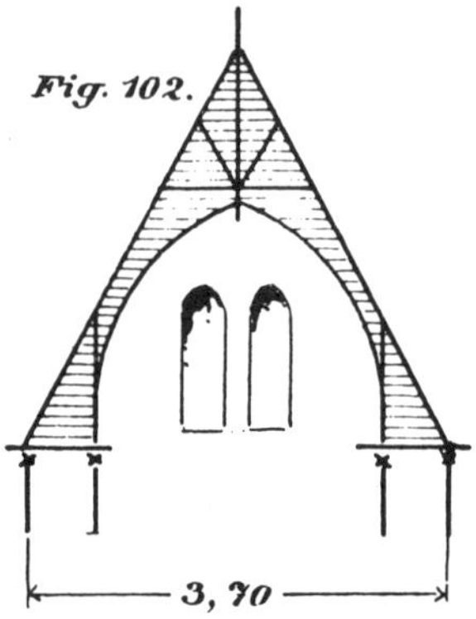

Fig. 102.

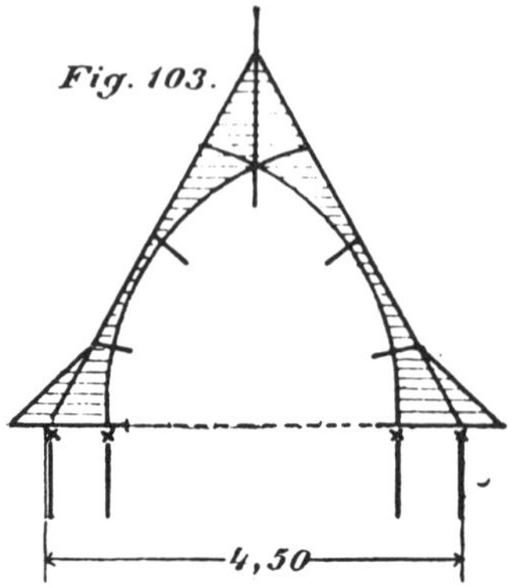

Fig. 103.

Allerhand Freigebinde
nach
Spannweiten geordnet

Die nichtquer schraffierte
Fläche bedeutet die
ausnutzbare
Fensterfläche.

Fig. 104.

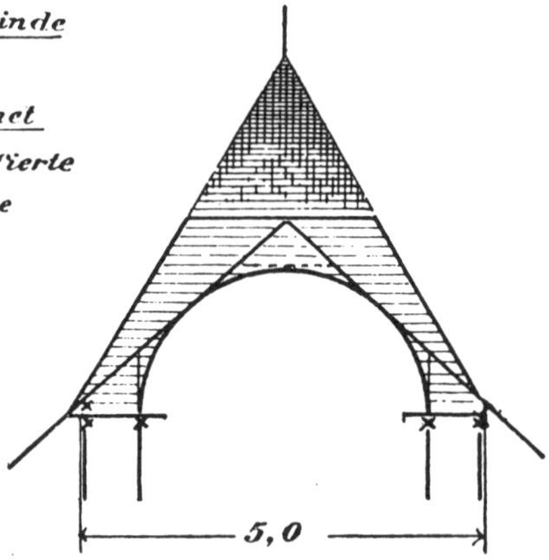

Fig. 105.

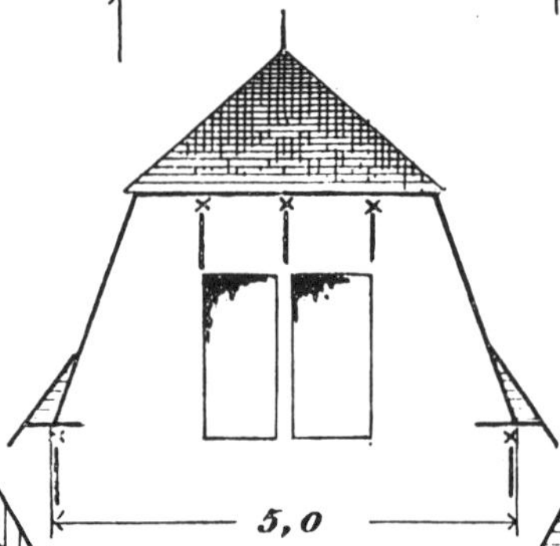

Fig. 106 a.

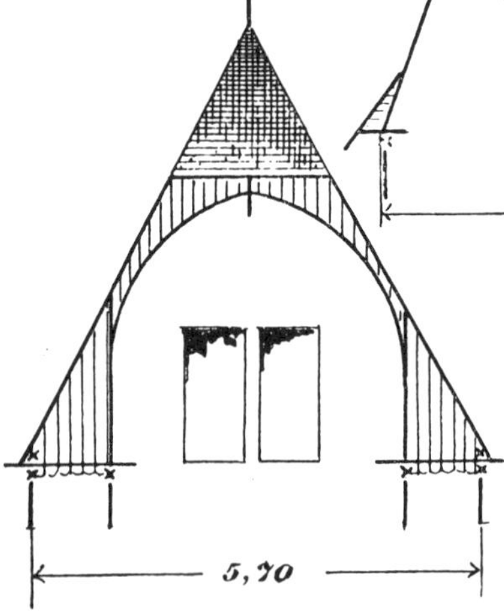

Fig. 106.

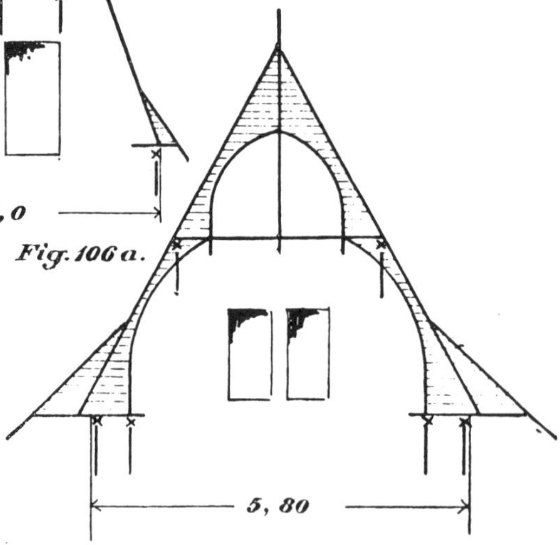

Fig. 107.

Diese Kopfbänder finden beim Fachwerksbau ihre Befestigung mit schrägem Zapfen in einem Wandstiele. Beim Massivbau müssen diese Kopfbänder in kurze, der Wand vorgelegte Stiele greifen, die auf einer kleinen steinernen Konsole oder auf einigen herausgestreckten Backsteinköpfen ruhen (Fig. 145).

Ueber dem eben genannten Pfettenpaare liegt jedesmal ein Sattelholz, das nun die weitere Konstruktion des Freigebindes aufnimmt. Dieselbe kann durchbrochen auftreten oder ganz oder teilweise mit Brettern ausgefüllt sein (Fig. 133,

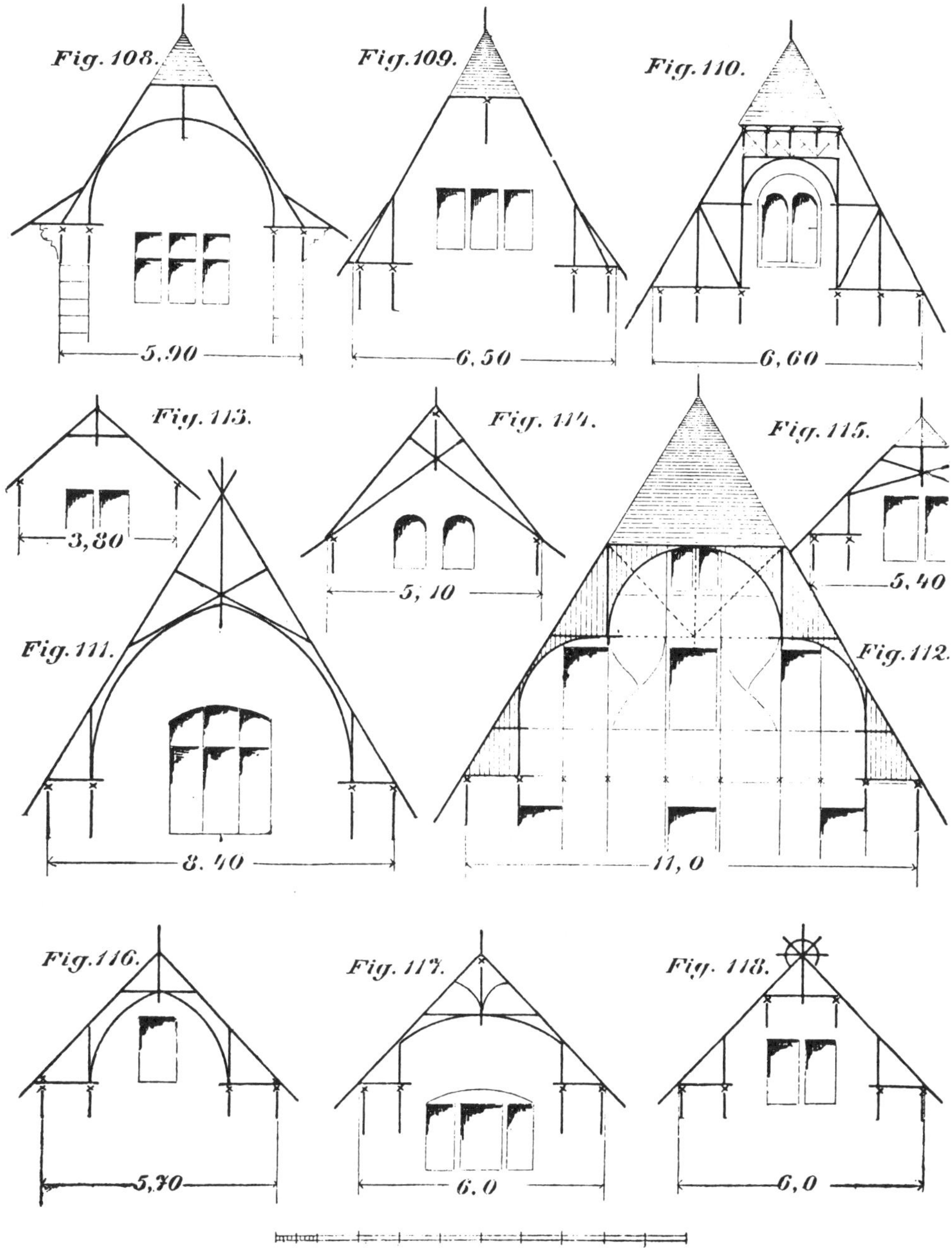

136, 141, 142 und Tafel 6 und 7). Hinter der Bretterfüllung werden dann solche Pfetten, die bei grösseren Sparrenlängen noch zu weiterer Unterstützung notwendig sind, nach aussen hin versteckt.

Die durch die Verschränkung der Freigebindhölzer entstehenden Felder füllte man früher meist mit Laubsägearbeit aus. Derartige Füllungen haben sich aber als äusserst unhaltbar bewiesen. Ihre Ornamente schlossen sich oft höchst unglücklich an den Stil des Hauses an und verfolgten eine Richtung, die der italienischen Renaissance entnommen war und die Akanthusranke mit ihren zierlichen Ausläufern und Verschlingungen aus der plastischen Stein- in die flache Holzornamentik übertragen wollte. Auf die Struktur des Holzes wurde dabei keine Rücksicht genommen und deshalb sah der ganze geschnörkelte Giebelschmuck sehr bald als traurige Ruine einer an sich verfehlten Kunstrichtung auf den Beschauer herab. Als man der besseren Haltbarkeit halber aber dieselben Ornamente aus Zink ausschnitt und an Stelle der Holzfüllungen setzte, konnte die aufgestrichene Oelfarbe die Geschmacklosigkeit nur noch vermehren helfen.

Fig. 119.

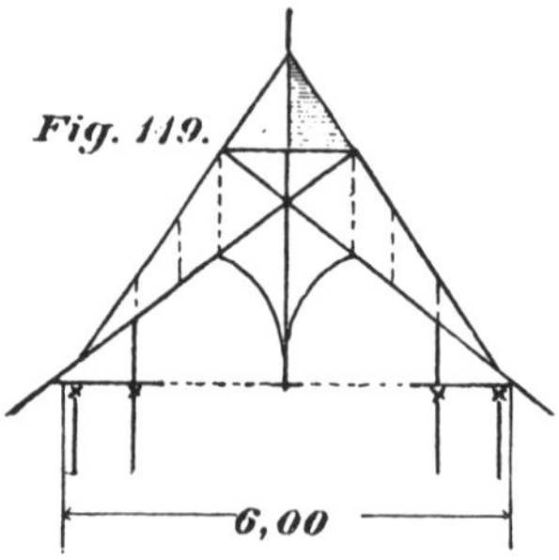

Fig. 120.

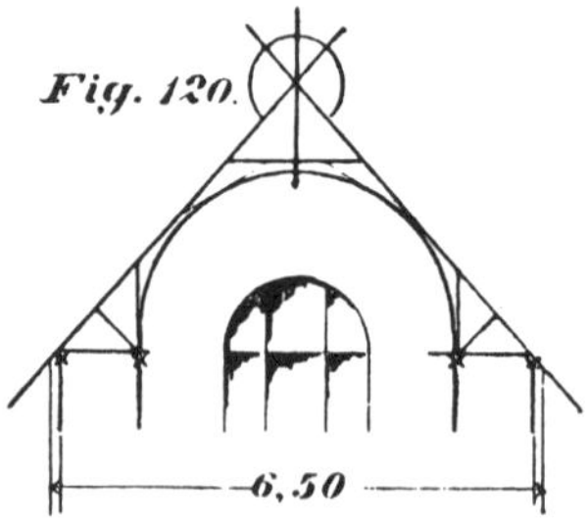

Fig. 121.

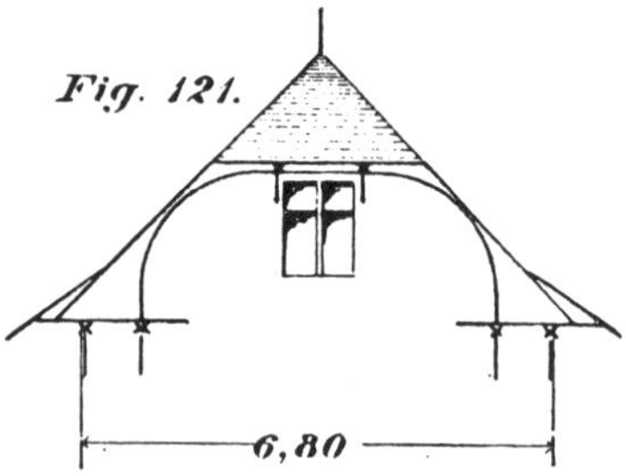

Fig. 122.

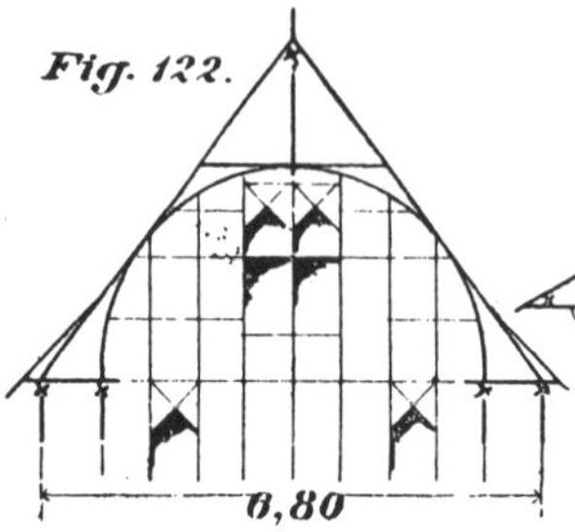

Fig. 123.

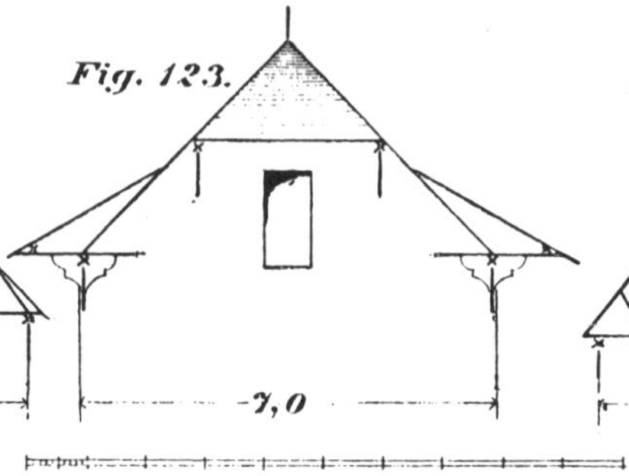

Fig. 124.

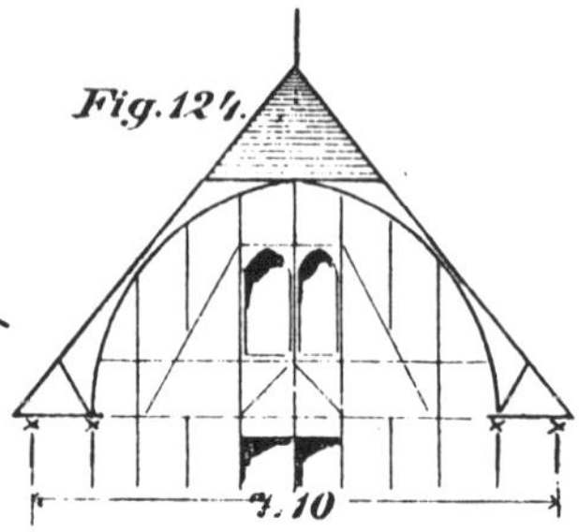

So sind wir denn zu dem einfacheren, aber solideren Motive der schlichten Bretterfüllung zurückgekehrt. Angehobelte Profile, die die Trennung der einzelnen Bretter betonen, oder schlichte Ausschnitte in Kreis- oder Herzform, sind die einzigen Verzierungen, die hier passend zur Verwendung kommen. Ein solcher Hausgiebel muss vor allen Dingen solide erscheinen. Zu grosse Zierlichkeit kann hier nur schädlich wirken. Deshalb soll man sich auch vor zu vieler gedrehter Arbeit an Zugstangen, Knöpfen, Säulchen u. s. w. hüten. Es ist eben immer ein Unterschied, festzuhalten zwischen Garten- oder Luxusarchitekturen und zwischen Wohnhausbauten. Zierpavillons, die nicht für grössere Dauer berechnet sind, kann man mehr phantastisch behandeln.

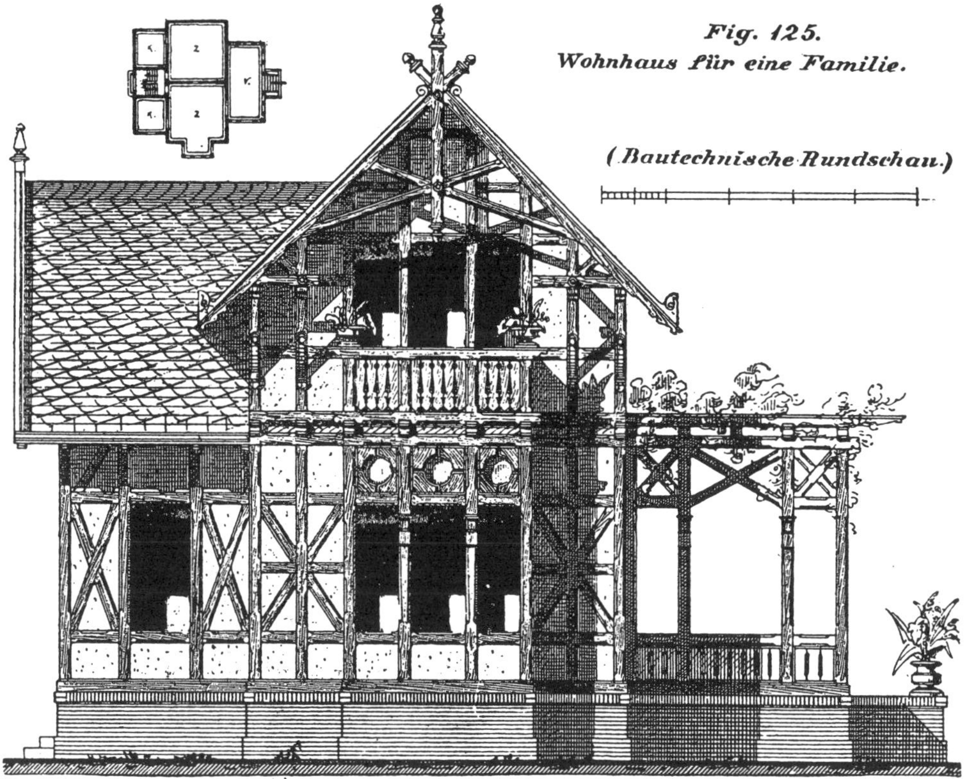

Fig. 125.
Wohnhaus für eine Familie.

(Bautechnische Rundschau.)

Fig. 126.
Parkwächterhaus
von
Fr. v. Hoven
in
Frankfurt.

In den Fig. 125 bis 149 und auf Tafel 6 und 7 sind moderne Freigebinde von freistehenden Wohnhäusern dargestellt.

Fig. 125 zeigt eine der gewöhnlichsten Anordnungen bei einfachen kleinen Fachwerkshäusern (vergl. System Fig. 115). Das Freigebinde ruht auf je zwei Fusspfetten mit korrespondierendem Rahmholz, dazu Sattelholz und kurze Stuhlsäulen und wird versteift durch sich kreuzende Streben nebst Hängesäulen. Die Spannweite beträgt 6 m.

Eine äusserst wirkungsvolle Gestaltung des Freigebindes ist in Fig. 126 wiedergegeben. Die Spannweite beträgt nur etwa 4 m. Das Freigebinde ruht auf herausgestreckten Fuss- und Mittelpfetten, die durch geschwungene Kopfbänder (vergl. Fig. 140) unterstützt werden. Die gebrochene Giebelspitze ist als Krüppelwalm ausgebildet.

Fig. 127.

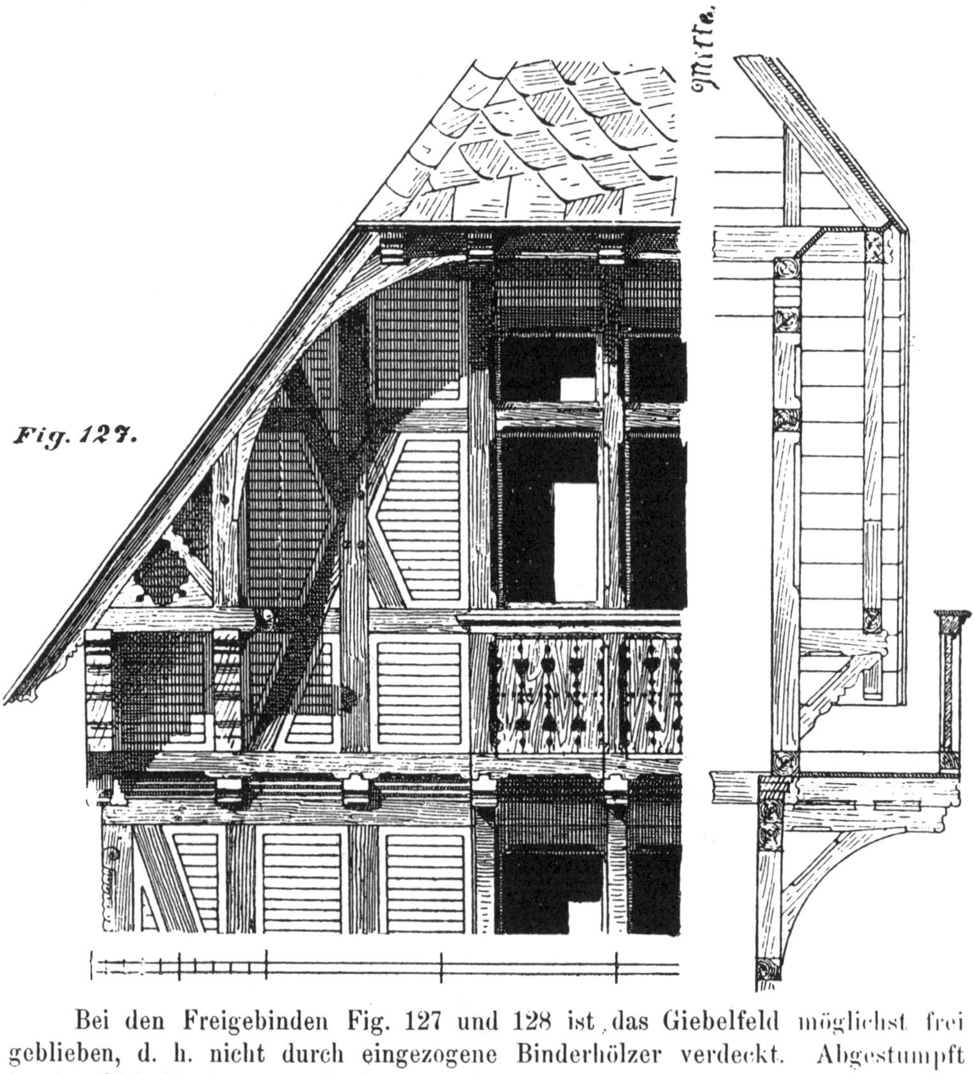

Bei den Freigebinden Fig. 127 und 128 ist das Giebelfeld möglichst frei geblieben, d. h. nicht durch eingezogene Binderhölzer verdeckt. Abgestumpft ist das Giebeldreieck in beiden Fällen durch einen Krüppelwalm. Eine solche Konstruktion entspricht am bequemsten den Spannweiten von 7 m. Das Freigebinde ist nur zum kleinsten Teile ausgebildet und besteht aus je zwei Fusspfetten mit zugehörigem Rahmholz, dem Sattelholz, den Kopfbändern und einem Querrähm, das durch Knaggen unterstützt wird. Ein Stichgebälk trägt den Krüppelwalm.

Fig. 127 ist entnommen einer Villa in Marienthal i. Th. und hat als Urheber den Architekten Neumeister. Zwei geschweifte Holzstücke vermitteln am Freigebinde den Uebergang von der senkrechten Stuhlsäule zum horizontalen Rahmholz (vergl. System Fig. 121).

Fig. 128.

Fig. 129 bringt eine isometrische Ansicht vom Freigebinde Fig. 128.

Eine gerade entgegengesetzte Lösung eines Freigebindes für grosse Spannweite, in diesem Falle 10,50 m, ist in den Fig. 130 und 131 dargestellt. Das

Freigebinde ruht auf zwei Fuss-, auf zwei Mittelpfetten und einer Firstpfette. Letztere ist unsichtbar. Es wird ausserdem verspannt durch eine hölzerne Zugstange, kurze Stuhlsäulen, Hahnebalken und Hängebock unter der Firstpfette. Ein geschweiftes Holzstück verstärkt den Hahnebalken und nimmt den Schub des Hängebockes auf. Im allgemeinen wirken hölzerne Zugstangen nicht gut, besonders wenn sie sehr lang werden. Sie werden besser durch schmiedeeiserne ersetzt, wie dies bei den Figuren 103, 112 und 119 angedeutet worden ist.

Die Fig. 131 dient hier als Teilzeichnung zu Fig. 130. Die Holzarchitektur lehnt sich in der Behandlung der Fensterbrüstungen an die thüringische Bauweise an, die bereits in den Figuren 90, 93, 97 und 127 vorgeführt worden ist. Eine Hauptpflege fand diese Richtung durch die Architekten Baurat Fritze, Professor Neumeister und Baumeister Schubert in Meinigen, deren Ausführungen die vorstehenden Figuren entnommen sind.

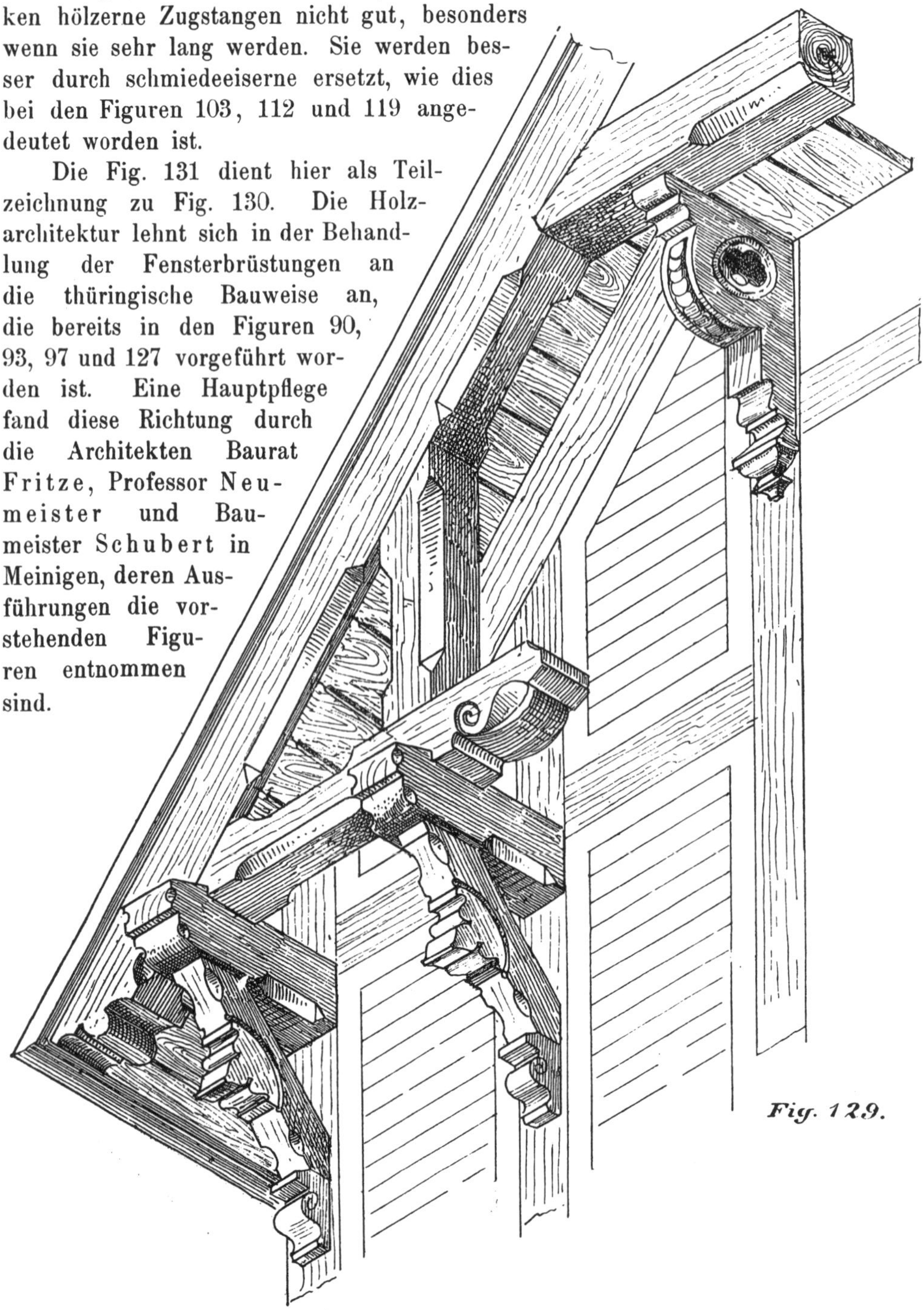

Fig. 129.

Fig. 130.

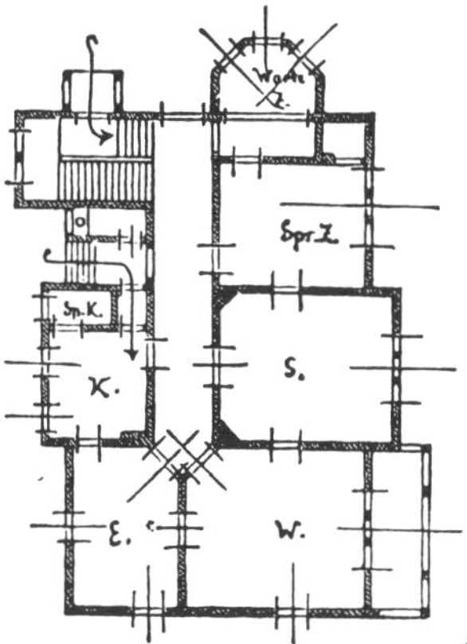

Fig. 131.

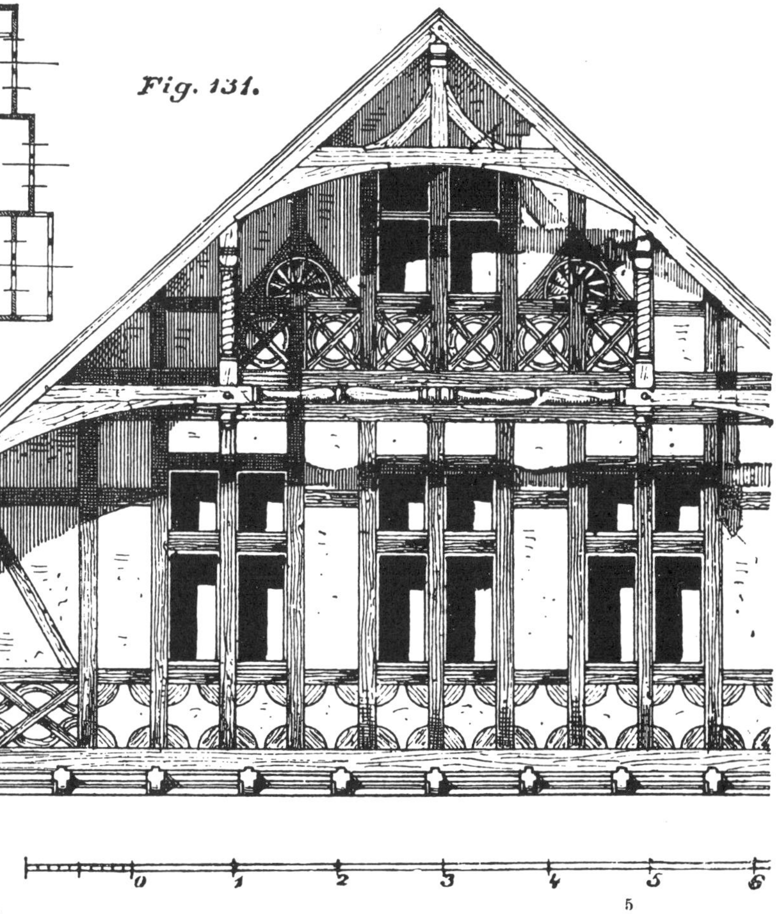

Ein originelles Freigebinde stellt die Fig. 132 dar; erläutert wird dasselbe ausserdem durch die Fig. 134 und 135. Die Spannweite beträgt etwa 5,50 m. Das Gebinde ruht auf zwei Fuss- und zwei Mittelpfetten. Die Fusspfetten haben zugehörige Knaggen. Als Versteifung dient ein Rahmholz am Krüppelwalm und ein geschweiftes Bohlenstück, das durch eine Anzahl von Zierzangen mit Sparren und Rähm verbunden ist. An der Giebelwand selbst sind Zierbretter befestigt. Das Gebinde ist in der Form des Halbkreisbogens ausgeschalt.

Fig. 132.

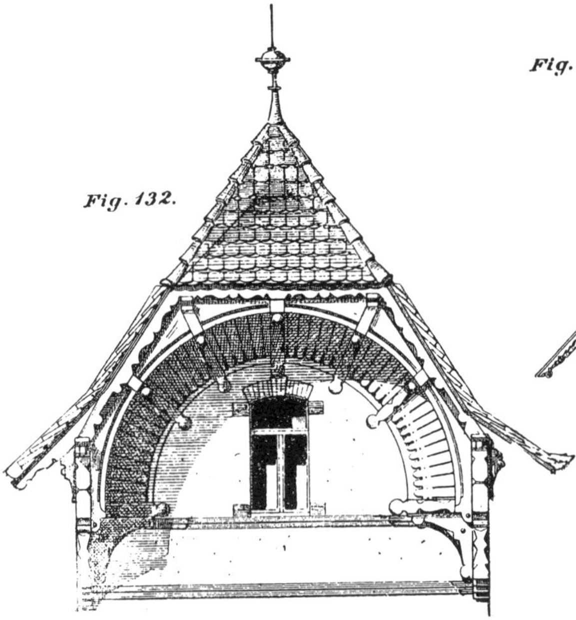

Fig. 133.

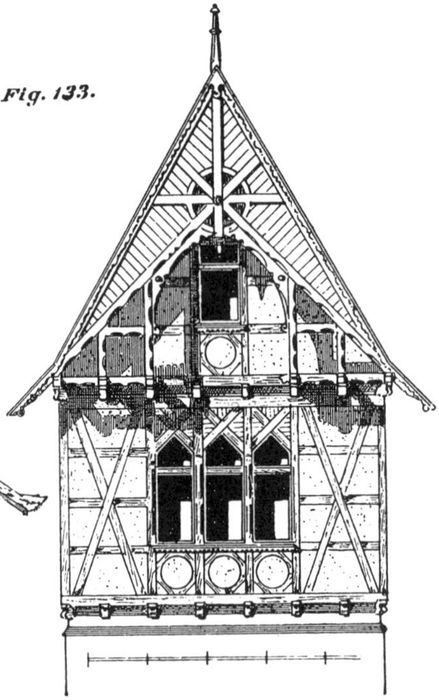

Eine beliebte Form eines Freigebindes geben Fig. 133, sowie die zugehörige Tafel 6. Das Gebinde ruht auf herausgestreckten Fusspfetten und entsprechenden Rahmhölzern, die kurze Stuhlsäulen aufnehmen. Letztere sind unter sich verriegelt und tragen ein Hängestrebenpaar, das in eine Hängesäule eingreift. Diese wird mit einem Spannriegel überblattet, der die Dachsparren versteift. Zwei diagonale kurze Streben dienen zur Vervollkommnung einer Sternfigur, gebildet durch die Hölzer der Binderversteifung und betont und zur Geltung gebracht durch eingezogene geschweifte Verbindungsstücke. Die zahlreichen Dreiecke im Freigebinde ergeben eine günstige Versteifung desselben, die durch die Verschalung der Dreiecksfelder noch vermehrt wird.

Eine ähnliche Lösung ist in Fig. 136 vorgeführt. Das Original dieses Giebels fand sich in Berlin an einer vom Baurat Ende erbauten Villa und hat vielfach Nachahmung gefunden. Auch hier ist durch die kurzen Stuhlsäulen, sowie durch die Anordnung der Hängestreben in Verbindung mit der Hängesäule eine solide Dreiecksbildung erreicht worden. Das eigentliche freie Giebelfeld wird begrenzt durch die eingezogene und ausgeschnittene Bohle in Halbkreisform.

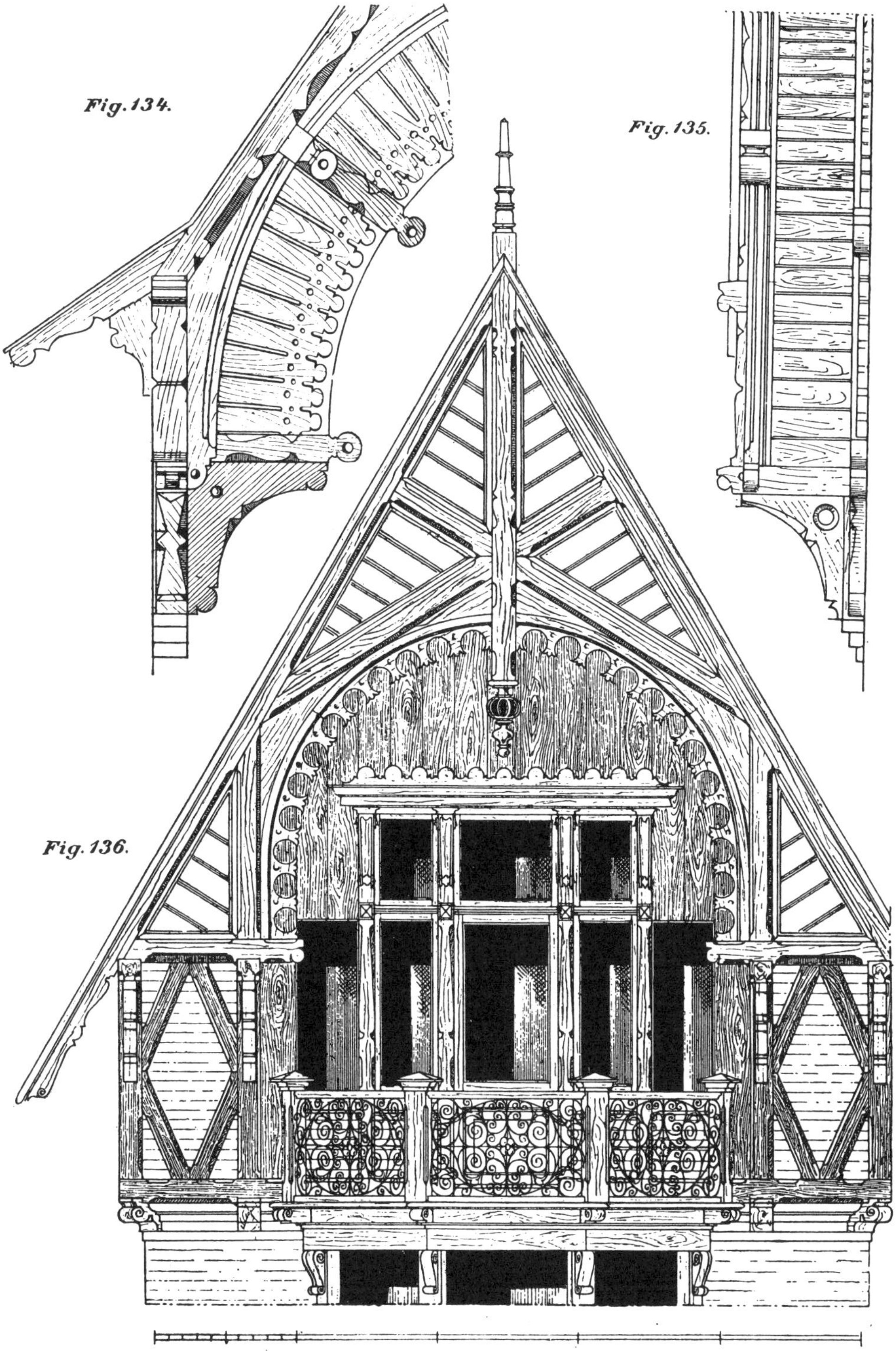

Fig. 134.

Fig. 135.

Fig. 136.

Ein Freigebinde, bei dem statt der Hängestreben Zangen verwendet sind, ist in Fig. 137 abgebildet. Das Gebinde findet seinen Abschluss in einem Krüppelwalm.

Fig. 137.

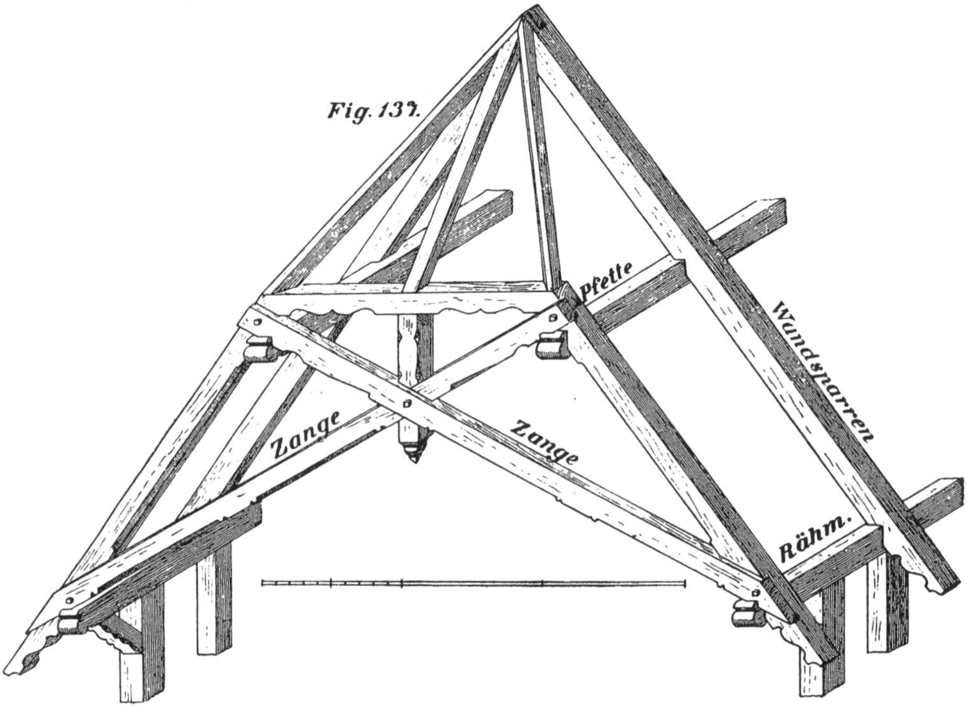

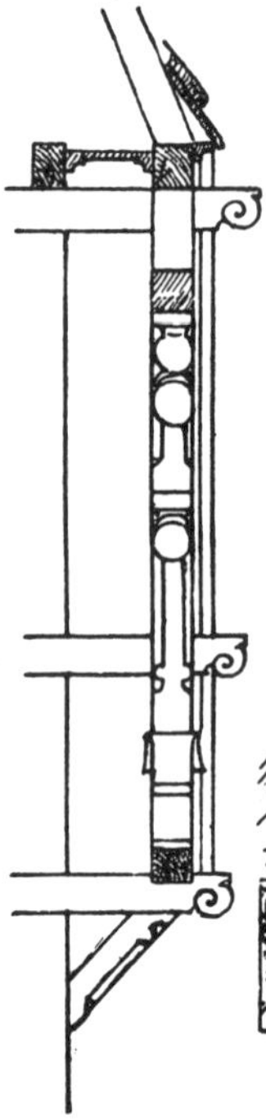

Fig. 138.

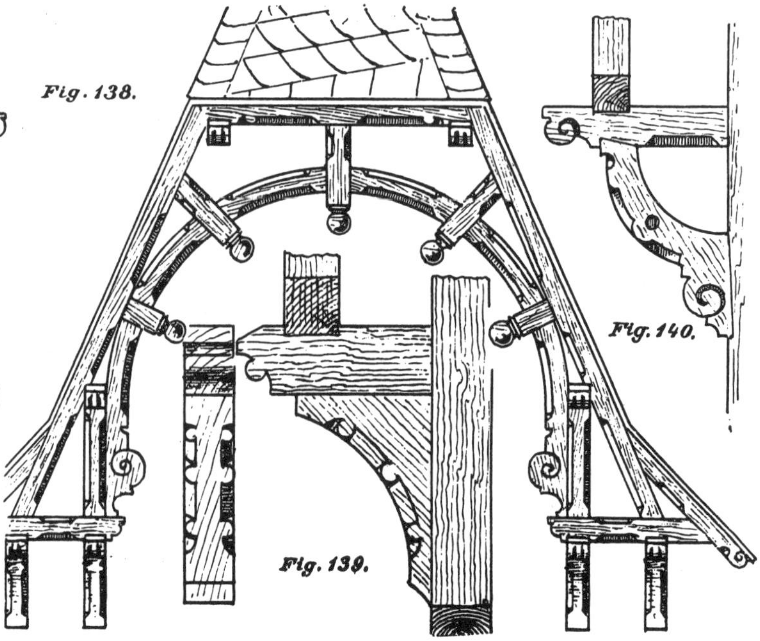

Fig. 139.

Fig. 140.

Eine ähnliche Lösung des Freigebindes, wie Fig. 132, geben die Fig. 138 und 139. Das Gebinde wird durch kurze Knaggen oder durch kurze, gedrungene Kopfbänder, von denen auch Fig. 140 ein Beispiel gibt, unterstützt. Der Giebel selber ist, mit Ausnahme seines unteren Endes, an einer Villa in Mainz vom Architekten Sutter ausgeführt.

Auch Fig. 141, ein Giebel vom Baurat March, ist in seinem Freigebinde nach demselben Systeme entworfen.

Fig. 141.

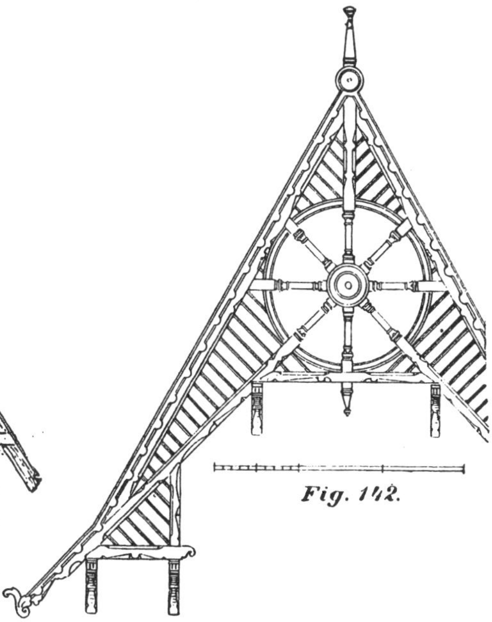

Fig. 142.

Fig. 142, ein Giebel von den Architekten Schwerdtfeger und Schmüser in Kiel, zeigt in seinem Freigebinde die bereits bei Fig. 133 besprochene Konstruktionsweise, nur ist hier die Architektur mit grösster Zierlichkeit behandelt.

Die Fig. 143 und 144 geben den unteren Ansatz eines Freigebindes, bei dem das Sattelholz die beliebte Tiermaske als Endigung zeigt.

In Fig. 145 ist ein zierliches Freigebinde dargestellt, das mit einem Balkon, dessen Eckpfosten zu Stuhlsäulen verlängert sind, in Verbindung steht.

Die Fig. 146 bis 149 schliesslich stellen ein kräftiges Freigebinde dar, das von einem Schlossbau der Architekten Nehr und von Kaufmann (Frankfurt a. M.) entnommen ist. Die Architektur des oberen Giebeldreiecks ist hierbei um etwa 40 cm herausgerückt, liegt also mit dem Freigebinde bündig. Die obersten gotischen Fensteröffnungen sind aber nur dekorativ aufzufassen. Das Kehlgebälk liegt, wie Fig. 149 zeigt, weit unter dem Spannriegel im Freigebinde.

Fig. 143.

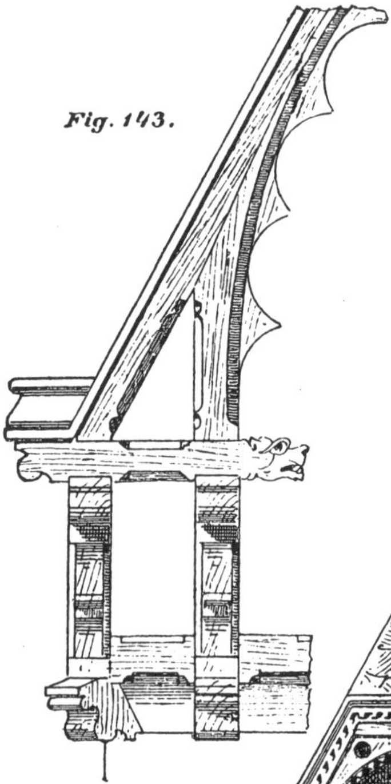

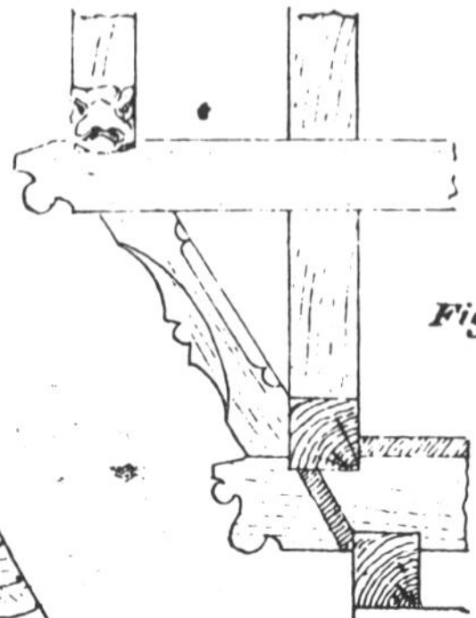

Fig. 144.

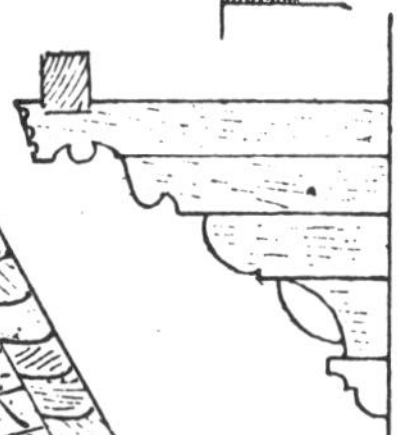

Fig. 145a.

Fig. 145.

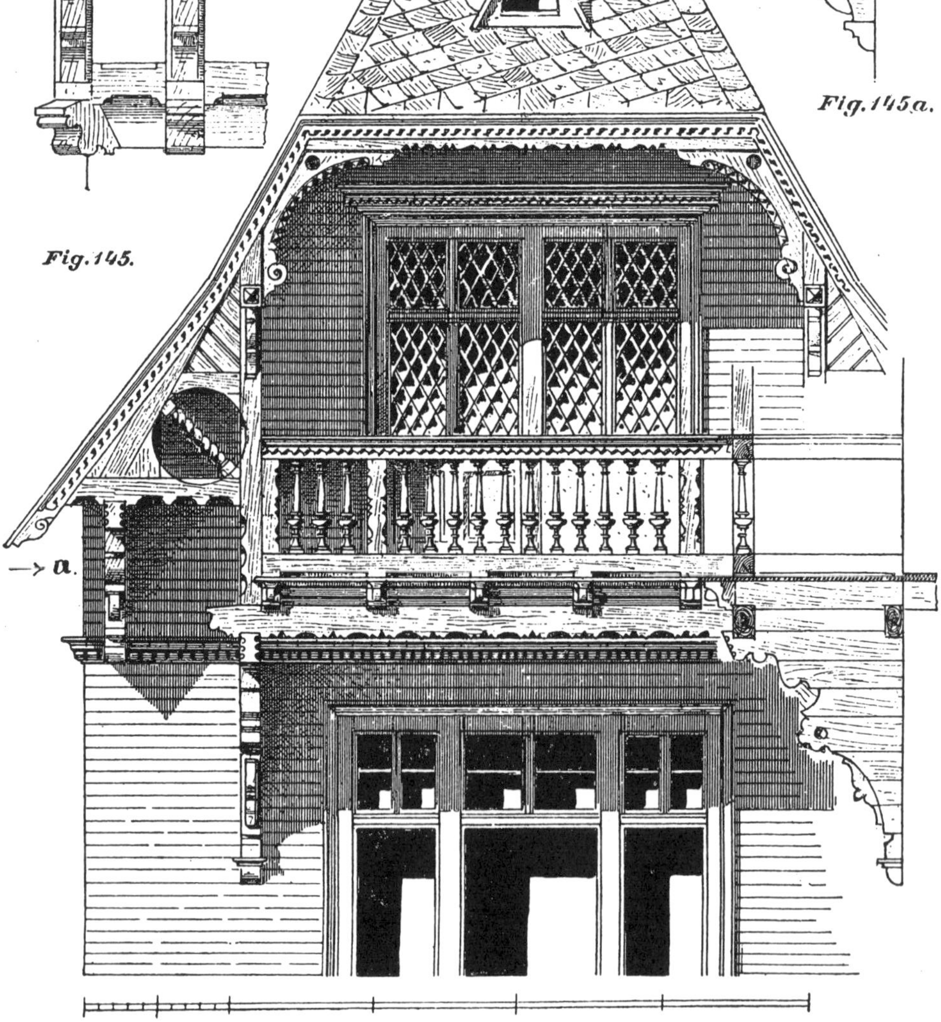

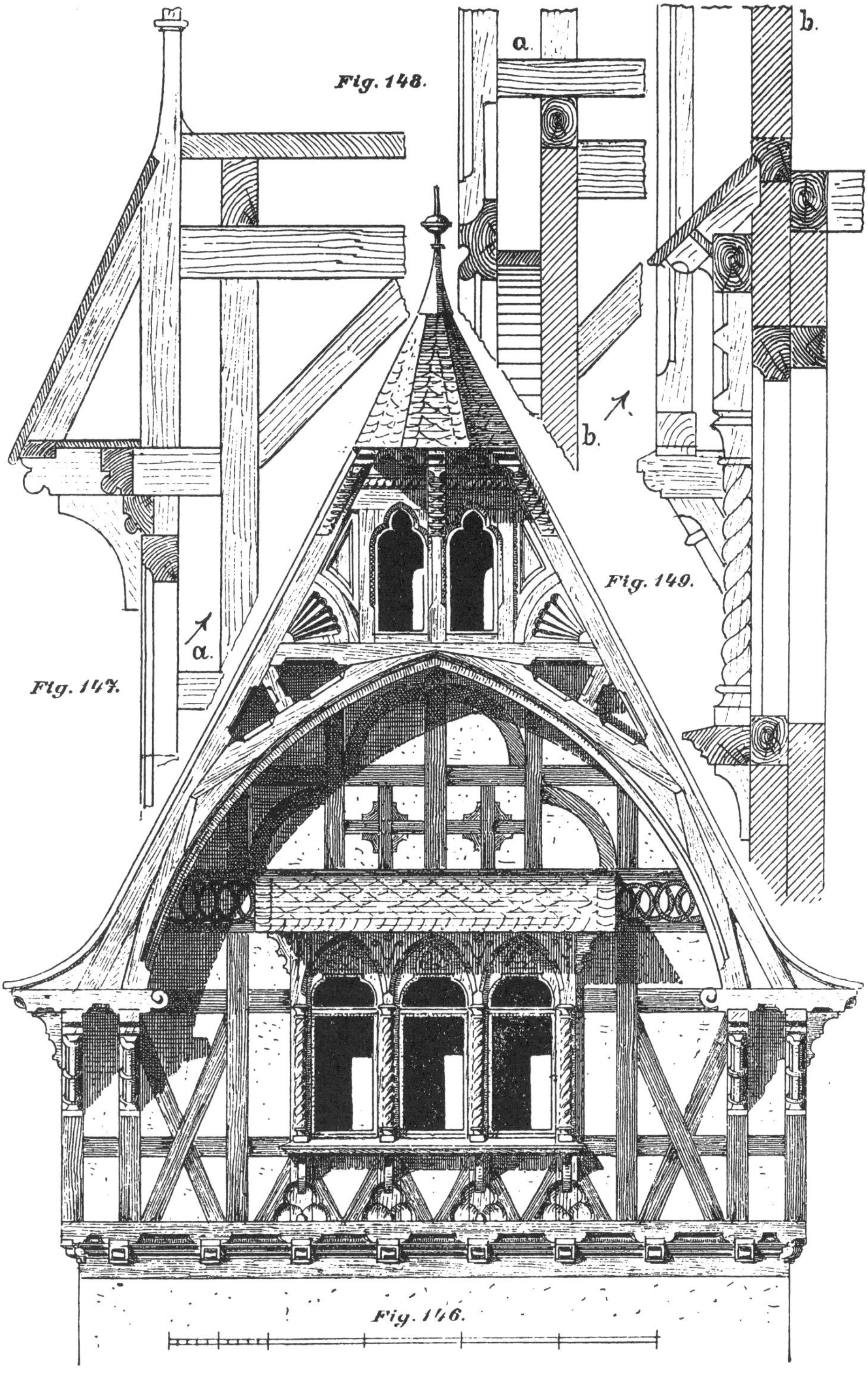

Fig. 148.

Fig. 149.

Fig. 147.

Fig. 146.

6. Die Fenster.

a) Die frühere Fenstergestaltung.

An den ältesten Fachwerkbauten der gotischen Kunstperiode, die wir im ganzen etwa bis zum Jahre 1520 rechnen können, findet sich für die Fensterbekleidung keine besondere Formengestaltung vor. Das Fenster wurde ganz einfach durch Riegelwerk umsäumt und war auch im allgemeinen niedrig, da die Ver-

Fig. 150.

Fig. 151.

glasung noch allerlei Schwierigkeiten bereitete. Es wurde entweder ein besonderer Sturzriegel zwischen die Fachwerksständer eingezogen, oder das Rahmholz selber bildete zugleich auch den Fenstersturz. Fast alle Gefache waren Fensterfache, so dass diese unmittelbar nebeneinander, nur durch je einen Riegel getrennt, in verhältnismässig grosser Anzahl auftraten. Ja, als in der Mitte des 15. Jahrhunderts die Fensterverglasung eine allgemeinere wurde, da löste sich die ganze Strassenwand des Hauses oberhalb der Brüstungen in eine einzige grosse Fenstergruppe auf, die höchstens an den beiden Ecken des Hauses durch je ein ausgemauertes Gefach begrenzt wurde. Die Verglasung selber bestand aus sogen. Butzenscheiben und an vornehmen und öffentlichen Gebäuden wohl auch aus bemalten grösseren Glasscheiben. Eine Sohlbank wurde an den Fenstern der ältesten Zeit nicht ausgebildet, dafür setzte man an diese Stelle eine über alle Fenstergefache fortlaufende profilierte Latte.

Fig. 152.

In der Zeit der Spätgotik aber, also etwa nach 1450, erhielt der Fenstersturz eine besondere, schon etwas kunstreichere Behandlung, die wohl auch auf die seitlichen Fensterriegel überging. Sie war der Steinarchitektur entlehnt und zeigte den sogen. „Vorhangbogen“, der in den Sturz entweder hinein- oder auch aus demselben herausgearbeitet wurde (Fig. 150 und 151).

Diesem Vorhangbogen begegnen wir auch noch in einer Zeit, die sonst längst schon die gotischen Erinnerungen abgestreift hatte und zu den Renaissance-Formen übergegangen war. Es ist die einzige Bogenform, wenn wir sie überhaupt als solche auffassen wollen, die im norddeutschen Fachwerksbau dem Fenstersturz gegeben wurde, während am Rhein und in Süddeutschland auch der Rund-, Spitz- und Segmentbogen an dieser Stelle vorkommen.

Im süddeutschen und rheinländischen Fachwerksbau erhielt das Fenster aber überhaupt eine wesentlich andere Behandlung, als wir sie bisher betrachtet haben. Zunächst bedingte schon die ungleichmässige Einteilung der einzelnen Fachwerksfelder in den verschiedenen Stockwerken des Hauses eine ihr folgende unsymmetrische Anordnung der Fensterfache. Ein sogen. Achsensystem, wie in Norddeutschland, wird hier seltener verfolgt.

Fenstergruppen wechseln in den einzelnen Stockwerken ab mit Fachwerksfeldern und aus diesen Gruppen werden wieder einzelne mit besonderer Vorliebe

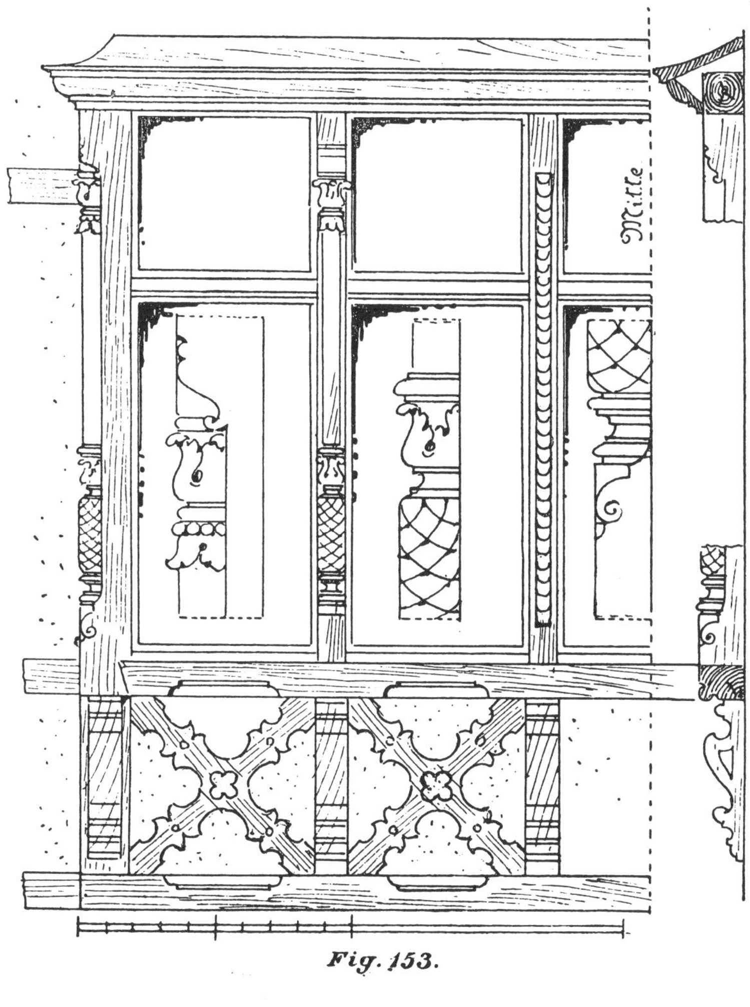

Fig. 153.

zu selbständigen Vorbauten ausgebildet. Man zog hier zwei, drei oder mehr Fensteröffnungen in der Art zusammen, dass zunächst an Stelle der Sohlbank ein Schwellenstück dem Fachwerksriegel vorgelegt wurde, das die umrahmenden Stiele und eine obere Verdachung zu tragen hatte. Unterstützt wurde diese ausgekragte Fensterbank-Schwelle durch Konsolen. Als dann mit dem Jahre 1550 und ganz besonders gegen das Jahr 1600 hin die Renaissance-Formen überall im Fachwerksbau Platz griffen, wurden die Konsolen dementsprechend umgearbeitet, die Verdachung aber als horizontales Gesimsstück auf die reich mit

Fig. 154.

Fig. 156.

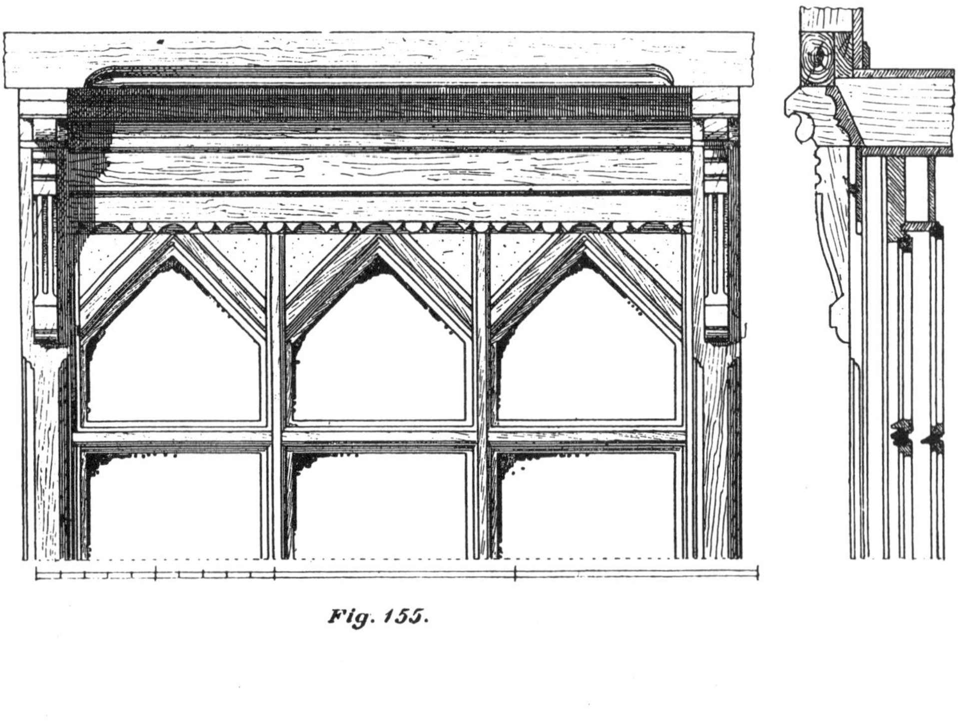

Fig. 155.

Schnitzwerk geschmückten Fensterstiele aufgelegt. Letztere nahmen dabei häufig die Form einer Dreiviertelsäule an. Die Profilierungen der Gesimse, der Konsolen und ebenso der Ständer wurden der Steinarchitektur nachgeahmt. In Fig. 152 ist eine solche Fenstergruppe wiedergegeben (nach Schäfer), die einem alten Hause entstammt und in Fig. 153 sehen wir dieselbe Art der Fensterbehandlung auf ein modernes Fachwerkshaus mit Geschick übertragen*.)

Eine besondere Art der Fensterbehandlung finden wir in der Holzbaukunst der Schweiz. Dieselbe wird weiter unten an gehöriger Stelle eingehende Besprechung finden.

Fig. 153.

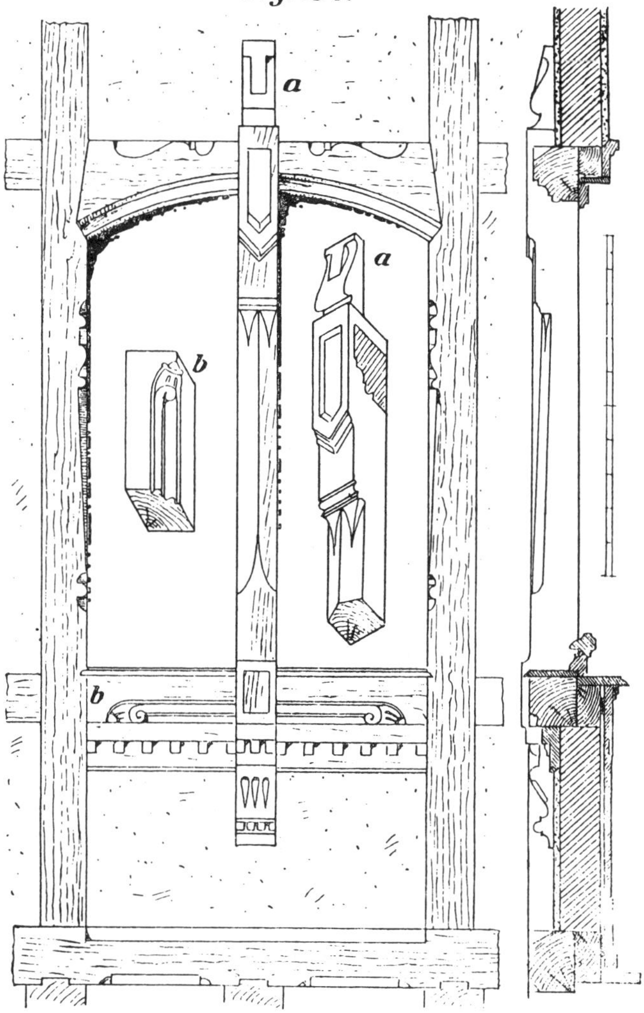

Am norddeutschen sowohl als auch am süddeutschen Fachwerkshause erhielten dann noch die Fensterbrüstungen, das sind die Felder unter den Fenstern,

*) Die Figur bildet eine Zusammenstellung verschiedener Motive von Neubauten der Architekten Müller und Grah in Köln.

besonders reiche Schmuckbehandlung durch sogen. geschnitzte Fensterbretter oder durch Riegelverschränkungen.

Beide Arten, die der nord- und süddeutschen Bauweise entsprechen, sollen in dem Absatz 8 besonders behandelt werden.

b) Die moderne Fensterbehandlung.

Neben dem einfachen horizontalen Fenstersturz, wobei der eingezogene Fensterriegel meist auch noch eine Versatzung erhält, damit die Last der Aufmauerung nicht den Zapfen allein aufgebürdet wird, wenden wir Fenstersturzbildungen der verschiedensten Gestalt an. So ist das Fenster häufig mit dreieckigem Abschluss, der mit Hilfe eines eingeschobenen Riegelkreuzes bewirkt wird, versehen (Fig. 133). Ebenso kann aber die Dreiecksform auch durch zwei Winkelhölzer, die in einen Riegel verzapft sind, erzielt werden (Fig. 154) oder

Fig. 158.

auch durch zwei kurze Streben, die ebenfalls in ein horizontal gelegtes Deckholz laufen (Fig. 155).

Auch alle Arten von Bogenformen finden am Fenstersturze Anwendung, mit Ausnahme des sogen. Vorhangbogens, der wenigstens unkonstruktiv wirkt. So ist in Fig. 156 ein rundbogiger Fenstersturz erreicht, in Fig. 146 ein solcher in Spitzbogenform, in Fig. 157 ein solcher in Segmentbogengestalt.

Dieses Fenster gibt eine eigenartige Lösung, die von Direktor Kirchner in Karlsruhe erfunden ist.

Eine Benagelung der Fensterstiele mit profilierten Brettern, die den Renaissance-Rahmen nachahmen, ist wenig empfehlenswert. Immerhin zeigt die Fig. 145 eine derartige Ausbildung, während in Fig. 158 nur eine Verdachung, die allerdings ebenfalls der Steinarchitektur entnommen ist, vorgeführt ist. Diese Fensterbildung liegt in einem Giebelfelde, das durch gebogene Streben, die einem Freigebinde angehören, begrenzt wird. Die seitliche Ausbildung der Fensterarchitektur, sowie die Brüstungsbehandlung schliessen sich dem Gesamtfelde glücklich an.

Ein Hauptwert wird bei der modernen Fenstergestaltung auch wieder auf eine glückliche Gruppierung gelegt. Es werden zwei (Fig. 154), drei (Fig. 146 und 155), vier (Fig. 145), fünf Fensteröffnungen (Figur 136 und 153) zu einer einzigen Gruppe vereinigt. Legt man hierbei die Brüstungsschwelle auf Konsolen vor die Front vor und baut auf dieser die Fensterumrahmung auf, so erinnert dies an die rheinländische Bauweise, wie sie bei Fig. 152 im Absatz 6a bereits besprochen wurde.

Statt der horizontalen Verdachung, die etwas Unkonstruktives an sich hat, da sie wenig wetterbeständig ist, wählt man hier lieber eine solche mit ausgesprochener

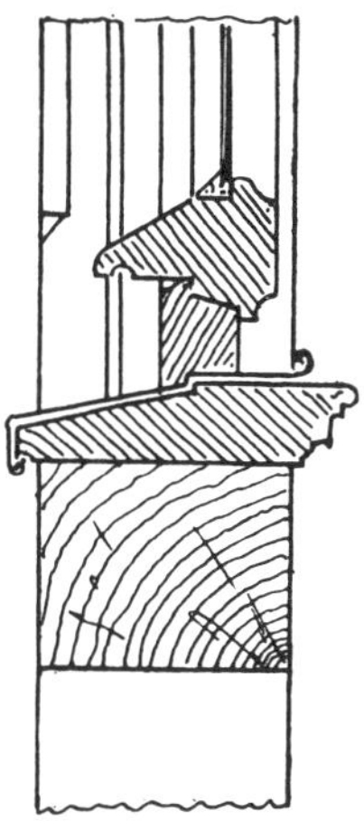

Fig. 159.

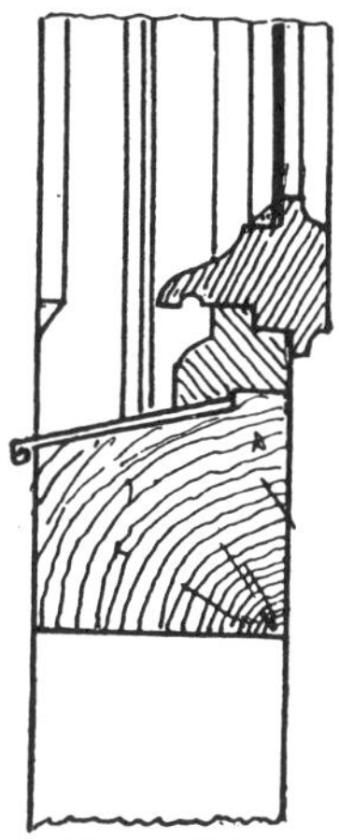

Fig. 160.

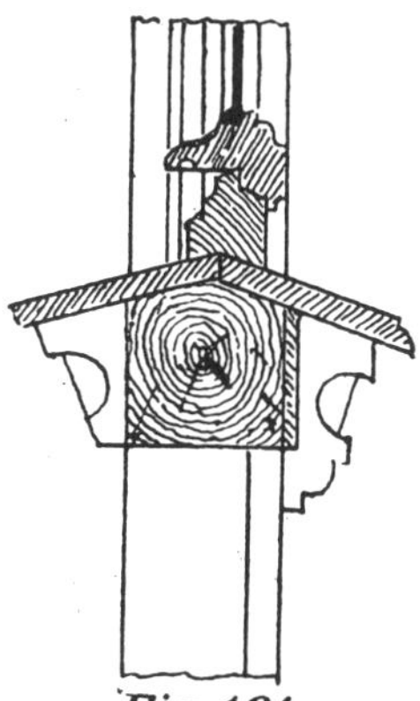

Fig. 161

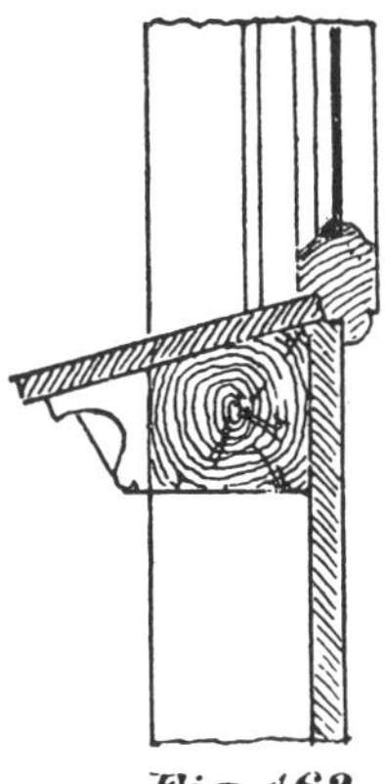

Fig. 162.

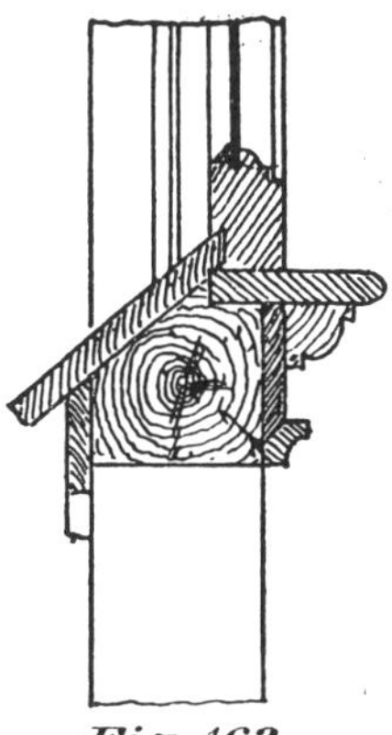

Fig. 163.

Abwässerung (Fig. 153) oder noch besser ein kleines auf Konsolen heraus-gestrecktes Vordach, sogen. Klebdach (Fig. 146).

Das Anschlagen des Futterrahmens bei Fenstern im Fachwerkbau ist durch die Fig. 159 bis 163 erläutert.

Zu bemerken ist hierzu, dass das Fenster um so besser wirkt, je tiefer der Futterrahmen vor der Vorderflucht der Stiele zurückgesetzt ist. Eine innere Fensterbank ist allerdings bei Fachwerk, das nicht ausserdem noch hintermauert ist (Fig. 154), nicht zu erreichen, sie müsste sonst auf Knaggen vorgelegt werden. Besser geht dies bei solchen Ausbildungen, die, wie Fig. 153, die Fensterarchitektur vor die Wandflucht vorgekragt zeigen.

7. Thüren und Thorfahrten.

a) Die frühere Gestaltung.

Während die Fenster der alten Fachwerkshäuser, gemäss der natürlichen Konstruktion von senkrechten Wandstielen und wagerechten Verriegelungen, fast durchgängig einen ebenfalls wagerechten Sturz annahmen, gab man der Thüröffnung mit Vorliebe einen Abschluss, der sich streng an die Formen der Werkstein-Architektur anlehnte und in seiner Ausführung den Grundsätzen der soliden Holzkonstruktion eigentlich zuwiderlief.

Es ist der „Spitzbogen“, der den Umrahmungen der alten Fachwerksthüren eigentümlich ist. Seine Form, ob mehr gedrückt oder mehr überhöht, konnte man leicht erreichen, indem man den seitlichen Thürständern geschweifte Zwickelstücke ansetzte, die den gewünschten Uebergang zwischen den Ständern und dem Sturzriegel vermittelten. Sie griffen meist mit Versetzung in Ständer und Sturzriegel ein. Die Spitze des Bogens wurde aus dem letzteren herausgeschnitten (Fig. 164 und 166).

Die umrahmenden Profile, die der Bogen erhalten musste, wurden ebenfalls der Werkstein-Gotik in der Art entnommen, dass sie, wie alle mittelalterlichen Rahmenprofile, vor der Wandfläche zurücktraten und wie eine Art Fase von aussen nach innen geführt wurden. Die Form der Profile zeigt die übliche Abwechselung von Rundstäben und Hohlkehlen.

Dabei erscheint nun nicht, wie sonst im Holzbau, jedes Konstruktionsholz für sich abgeschlossen und ornamentiert, sondern der Rahmenschmuck läuft ähnlich wie in dem Werksteinbau ganz rücksichtslos über die verschiedensten Konstruktionsteile fort, und beansprucht die natürliche Holzfaser bald von dieser, bald von jener Richtung (Fig. 165 bis 168).

Da somit die Hölzer, die den Thürrahmen bilden, stark in Anspruch genommen erscheinen, so verstärkte man sie häufig in der Art, dass man die Rahmenhölzer zwischen zwei Wandstiele hineinsetzte (Fig. 164), wobei häufig auch der Sturzriegel zur Aufnahme des Rahmenschmuckes verdoppelt werden musste. Und diese Spitzbogenform des Thürsturzes erfreute sich einer solchen Beliebtheit, dass sie nicht nur an den Häusern der gotischen Zeit, sondern weit in die Renaissanceperiode hinein die übliche blieb.

Auch die Umgestaltungen des Spitzbogens in den aufwärts gekrümmten „Eselsrücken“ oder in den merkwürdigen „Vorhangbogen“ machte der Thürsturz mit und fügte sich so als ein Ueberbleibsel der Spätgotik in die neue Renaissance-Schmuckgebung im 16. Jahrhundert ohne weiteres ein (Fig. 150 und 166).

Neben dem spitzbogigen Thürsturz finden wir aber bei breiten Oeffnungen, mithin bei Thorfahrten, auch den Rundbogen in Anwendung, der hier entschieden besser wirkt. Besonders vom Ende des 16. bis zur zweiten Hälfte des 17. Jahrhunderts, also in der Zeit der reichen Fachwerksbauten, erfährt dieser Thür- und Thorbogen seine oft üppige dekorative Behandlung. Die Konstruktion ist die gleiche wie bei dem Spitzbogensturz. Auch hier finden wir oft verstärkte

Fig. 164.

Fig. 165.

Fig. 166.

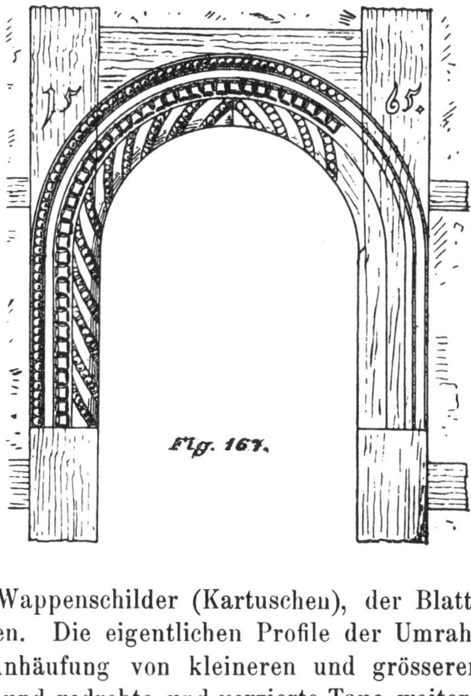

Fig. 167.

Sturzriegel, die für die Aufnahme der Wappenschilder (Kartuschen), der Blattranken und Inschriften notwendig wurden. Die eigentlichen Profile der Umrahmung wurden mit Vorliebe als eine Anhäufung von kleineren und grösseren Wulsten gestaltet, die als Perlenschnüre und gedrehte und verzierte Taue weitere

Fig. 168.

Verzierung fanden. Auch allerhand Kerbschnittarbeiten, wie ganze oder halbe Rosetten, traten hinzu (Fig. 165 und 167), deren Wirkung dann weiter durch die Zuthat an bunter Bemalung noch erhöht wurde. Diese rundbogigen Thürumrahmungen des alten Holzbaues sind namentlich an den sächsischen und überhaupt norddeutschen Fachwerkshäusern von nicht nur reicher, sondern ebenso gediegener Wirkung, sollen hier aber nur kurz berührt werden, da sie auf den heutigen Holzbau wenig Einfluss gewinnen konnten.

Fig. 166 ist einem Hamburger Hause entnommen (nach Schäfer).

Fig. 167 stellt eine Thorfahrtumrahmung eines Hauses in Höxter dar. Aehnliche Ausführungen finden sich z. B. in Kassel.

Fig. 168 bildet einen Teil der Thorfahrt mit darüber liegendem Zwischengeschoss von einem Hause in Hildesheim.

Die Abbildung wurde mit Benutzung von Aufnahmen des Prof. Schäfer in seiner „Holzbaukunst Deutschlands" hergestellt.

b) Die moderne Gestaltung.

Für die moderne Ausbildung von Thür- und Thorumrahmungen an Wohnhäusern im Fachwerkbau hätten wir wohl an den Schöpfungen früherer Zeiten ein genügendes Vorbilder-Material, das ausserdem weiterer Ausbildung auch fähig wäre; wenn wir es aber trotzdem so wenig benutzen, so liegt das in den heutigen Bauverhältnissen, die uns, in den Städten wenigstens, nicht gestatten, den Holzbau weiter zu pflegen. Wir sind somit auf das Land oder auf die Vorstädte angewiesen, wo freistehende Familienwohnhäuser oder auch grosse herrschaftliche Villenbauten Platz finden können. Aber auch hier errichten wir reine Fachwerksbauten für diese Zwecke nur selten, benutzen vielmehr den Holzbau nur für die oberen Stockwerke und für die zahlreichen An- und Ausbauten, die heutzutage ein unumgängliches Erfordernis geworden sind. Wo aber an Fachwerksbauten auch das Erdgeschoss in Holzarchitektur durchgeführt worden ist, da hat man wohl versucht, Thür- und auch Fensterrahmen in der Weise in moderner Renaissance herzustellen, dass man die einrahmenden Ständer mit Brettern benagelte, die, ähnlich wie bei inneren Thüren, mit Profilen versehen wurden, die an den Rahmen aus Werkstein erinnern. In gleicher Weise fügte man dann auch oben eine hölzerne Bekrönung in Gestalt eines Verdachungsgesimses auf Knaggen hinzu. Solche Lösungen müssen wir als durchaus stilwidrig bezeichnen, denn sie entsprechen der Eigenart des wirklichen, aus der Konstruktion hervorgegangenen, Holzbaues nicht. Es sind dies Scheinarchitekturen, die an einem Wohnhause nur unsolide und unpassend wirken können. Hier müssen wir, besonders bei einfachen kleinen Wohnhäusern, uns mit der Abfasung der Ständer und mit dem rechteckigen Sturzriegel begnügen. Sollen andere, reichere Formen zur Ausführung kommen, so tritt die alte, bereits besprochene Konstruktionsweise in ihr Recht.

In den Fig. 169 und 170 sind zwei gotische Umrahmungen dargestellt, deren eine zu einer Hausthüre, die andere zu einem Thorwege gehören.

Die Motive dazu sind mit kleinen Aenderungen der „gotischen Holzarchitektur von Ungewitter" entlehnt. Sie sollen zeigen, wie man mit einfachen Mitteln eine Hausthür nebst zugehörigem Oberlicht sehr wohl ansprechend be-

Fig. 169.

handeln kann (Figur 169) und auch für grossartigere Lösungen mit Hilfe von ausgestochener und Kerbschnitzarbeit in gotischen sowohl als auch in Renaissance-Uebergangsformen wirkungsvolle Gestaltungen erzielt.

Im allgemeinen wird es freilich etwas schwierig sein, Thür-Umrahmungen aus Holz in modernen Renaissance-Formen herzustellen. Wir haben hierfür im Grunde genommen nicht viel mehr Mittel, als die in den Fig. 164 bis 167 bereits wiedergegeben sind. Architektonische Zuthaten werden stets an die Steinarchitektur erinnern, die in der deutschen Spätrenaissance freilich ohne Bedenken und oft in üppigster Weise Verwendung fanden, die wir aber als nicht stilgemäss vermeiden sollen. Anders wird die Sache bei solchen Holzbauten, die sich einer besonderen Holzstilrichtung anschliessen. z. B. bei Blockbauten in schweizerischer oder gar in russischer Art. Da kommen als Umrahmungen nicht nur allerhand phantastisch geschnitzte und bemalte Bretter zur Verwendung, sondern, wie in der üppigen russischen Holzarchitektur, auch geschnitzte und gedrehte Pfosten mit dreieckigen und zwiebelförmigen Verdachungen, mit Hufeisen- und Kleeblatt-Bögen, wie das weiter unten unter Abschnitt 3 „Der Blockbau" näher ausgeführt ist. Für unseren einheimischen Fachwerksbau haben diese phantastischen halb orientalischen Formen aber keine Bedeutung.

Fig. 170.

c) Ueberbaute Hausthüren (Vordächer).

Wo in den oberen Geschossen Fachwerk mit Massivbau im Erdgeschoss zusammentritt, da bringt man gern die einfache massive Umrahmung der Hausthür mit dem oberen Holzbau in der Weise in Einklang, dass man über derselben ein Vordach anordnet.

Dieses Vordach gewährt nicht nur dem Eingange selber einen sehr erwünschten Schutz gegen die Witterung, sondern es dient auch zum wirkungsvollen Schmucke des Gebäudes (Fig. 171 und 172).

Ist die Breite eines solchen Schutzdaches nur gering, so genügen an beiden Enden je eine stärkere Knagge, die, wie in Fig. 171, aus zwei Stücken zusammengesetzt sein kann. Die Schalung über den kurzen Sparren muss mit einem leichten Deckmaterial abgedeckt werden.

Für grössere Spannweiten legt man auf die seitlichen Knaggen zunächst ein Rahmholz, das nun eine Anzahl leichter Sparren aufzunehmen hat. Die Eindeckung kann sich dann ganz dem übrigen Dachdeckungsmateriale am Hause anschliessen. Sehr beliebt ist hier heutzutage wieder eine solche aus farbigen Dachplatten oder aus Falzziegeln (Fig. 172).

Die einfachste Form eines solchen Schutzdaches bietet das einseitige Pultdach (Fig. 171 und 171 a). Für grössere und architektonisch reichere Ueberbauten lassen sich aber auch andere Dachformen verwenden, wie das Walmdach oder das Satteldach mit Krüppelwalm (Fig. 172). Auch dieses ruht auf herausgestreckten Unterstützungen, die jetzt als Kopfbänder ausgebildet werden. Sie nehmen die Pfetten auf, die wieder den Sparren als Unterstützung dienen.

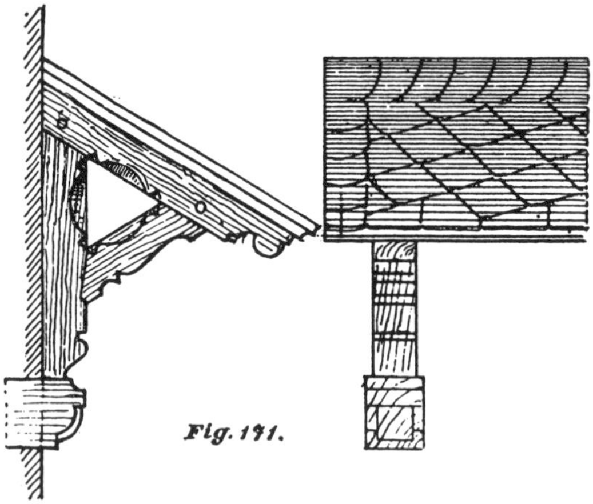

Fig. 171.

Das entstehende freie Giebelfeld kann nach Art der in den Figuren 101 bis 146 besprochenen „Freigebinde", natürlich unter entsprechender Vereinfachung, behandelt werden.

Das Vordach (Fig. 173) ist von Professor Dollinger-Stuttgart entworfen und der „Architekton. Rundschau 1889" entnommen.

Wird das Vordach über der Hausthür noch weiter herausgestreckt, so entsteht ein selbstständiger Vorbau, dessen Dach mit Stielen unterstützt werden muss. Der Schutz des Einganges gegen die Witterung wird hier am vollständigsten erreicht und die Architektur des Hausthürrahmens selber ganz in den Hintergrund gedrängt, d. h. zu äusserster Einfachheit berechtigt. In Fig. 173 ist ein solcher Vorbau mit einem Zwiebeldache abgeschlossen, dass sich entweder rückwärts an die Hauswand anlehnt, also von der Seite nur als halbes Dach erscheint, oder so weit vorgezogen ist, dass es in der einpunktierten Linie rückwärts in ein Satteldach verläuft. Auf alle Fälle muss der Wasserablauf von der Hauswand gänzlich abgehalten werden. Deshalb ist ganz besonders bei Vordächern, die in einspringenden Ecken angeordnet sind, für einen guten Wasserablauf Sorge zu tragen (Fig. 174). Ueberall müssen die Wände gegen das Dach hin in sorgfältiger Weise mit Zinkabdeckung gegen eindringende Feuchtigkeit geschützt werden. Auch die zu wählende Dachform ist wohl ins Auge zu fassen, damit das Vordach seine gute Wirkung nicht einbüsst. Immer schliesst sich die Giebelform dieses Vordaches an die übrigen am Hause auftretenden Holzgiebel oder Freigebinde in der Weise an, dass entweder seine Neigung ganz genau denselben folgt oder aber annähernd denselben ähnlich erscheint. Es kann eher steiler als flacher ausgebildet werden, darf aber auf keinen Fall aus der Form

Fig. 171a.

der übrigen sichtbaren Dächer ungewöhnlich herausfallen, sondern muss sich in vollster Harmonie in die Gesamterscheinung des architektonischen Aufbaues einfügen.

Fig. 172.

Fig. 174 (von Baurat March) zeigt ganz die Eigenart des kräftigen Holzbaues, der sich streng an die Architektur des Hauses anlehnt.

Fig. 175 (von Schwerdtfeger und Schmüser-Kiel) trägt mehr die Formen eines zierlichen Vorbaues, der mit der übrigen Gebäudearchitektur nur in losem Zusammenhange steht.

In den Figuren 176 bis 178 endlich ist eine Vordachlösung für Hausthüren wiedergegeben, wie sie den modernen gotischen Architekturformen entspricht. Die einzelnen Motive dazu sind der gotischen Holzarchitektur von Ungewitter entnommen.

Wenn der Hauseingang sehr hoch liegt, mithin eine grössere Freitreppe im Aeussern notwendig wird, so zieht man diese gern in das Schutzdach der Hausthür mit hinein. Derartige Lösungen liegen in den Fig. 179 und 180 vor.

In Fig. 179 bildet dieses Schutzdach die Fortsetzung des Hausdaches und hat eine einfache Pultdachform angenommen. In Fig. 180 geht dies Pultdach über der Freitreppe an der Hausthür selber in ein Satteldach mit seitlichem Giebel und Krüppelwalm über.

Derselbe liegt natürlich nicht in der Flucht des aufsteigenden Pultdaches, sondern ist auf Konsolen herausgekragt. Nach rückwärts schliesst dann wiederum ein Pultdach an.

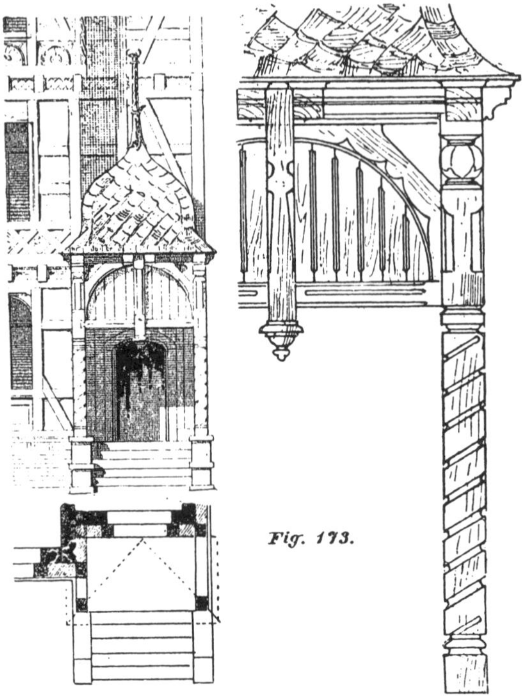

Fig. 173.

Eine derartige Lösung ist insofern sehr beachtenswert, als immer zwischen den sich im rechten Winkel schneidenden Satteldächern (über der Treppe und über der horizontalen Veranda) ein vermittelnder Uebergang gesucht werden muss. Hier ist er auf einfache Weise bewirkt worden, für reichere Lösungen wolle man Fig. 278 heranziehen.

Schliesslich kann man die Hausthür auch in der Weise verstecken, dass man sie von einer vorgelegten Veranda aus zugänglich macht. Derartige Beispiele sollen weiter unten unter dem Abschnitt 9b „Veranden“ vorgeführt werden. Die Fig. 278 und 280 mögen hierfür als Erläuterung dienen.

Fig. 174.

Fig. 175.

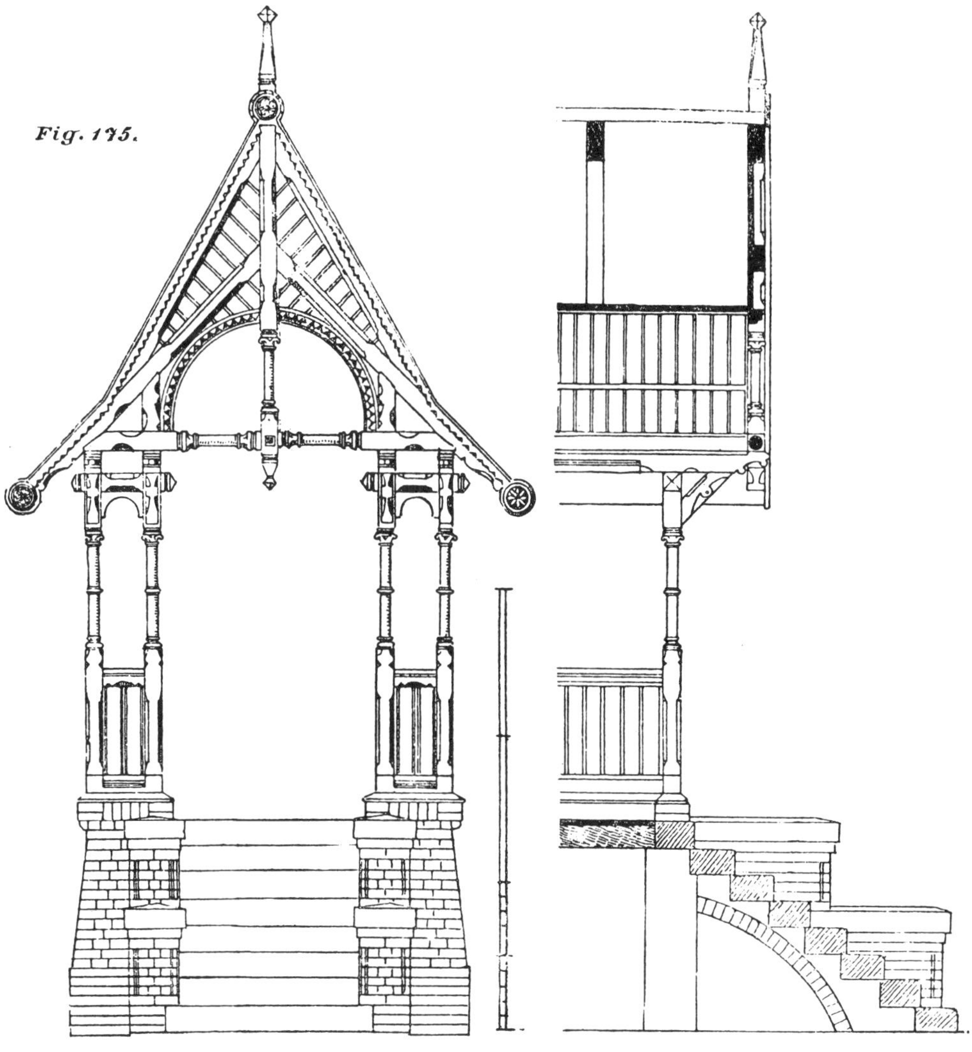

8. Die Schmuckmittel des Fachwerkbaues.

Es ist eine der interessantesten Aufgaben auf dem Gebiete der Kunstgeschichte, zu verfolgen, wie aus dem einfachen konstruktiven Holzgerüst des bürgerlichen Wohnhauses allmählich ein architektonisch reizvoller Aufbau sich entwickelte, der von dem tüchtigen Können der Handwerksmeister ebensowohl wie von dem behaglichen Schaffen früherer Zeiten innerhalb fest geregelter Gildenverhältnisse Zeugnis gibt. Man hatte Zeit und man nutzte sie aus. Die Lust am Schaffen belebte die geschäftliche Thätigkeit; man gab, sich selbst und den Mitbürgern zur Freude, das Beste, was man leisten konnte, ohne durch den klingenden Lohn allein sich bestimmen zu lassen. Daher denn jene oft so überreichen Holzbauten der mitteldeutschen Hansastädte, die mit übersprudelnder Phantasie alle Techniken der Holzverzierung in ihren Dienst stellten, bis die Grenze des Möglichen erreicht und diejenige der gesunden konstruktiven Durch-

Grundriss
Fig. 177.

Fig. 176.
Überbauter Hauseingang.

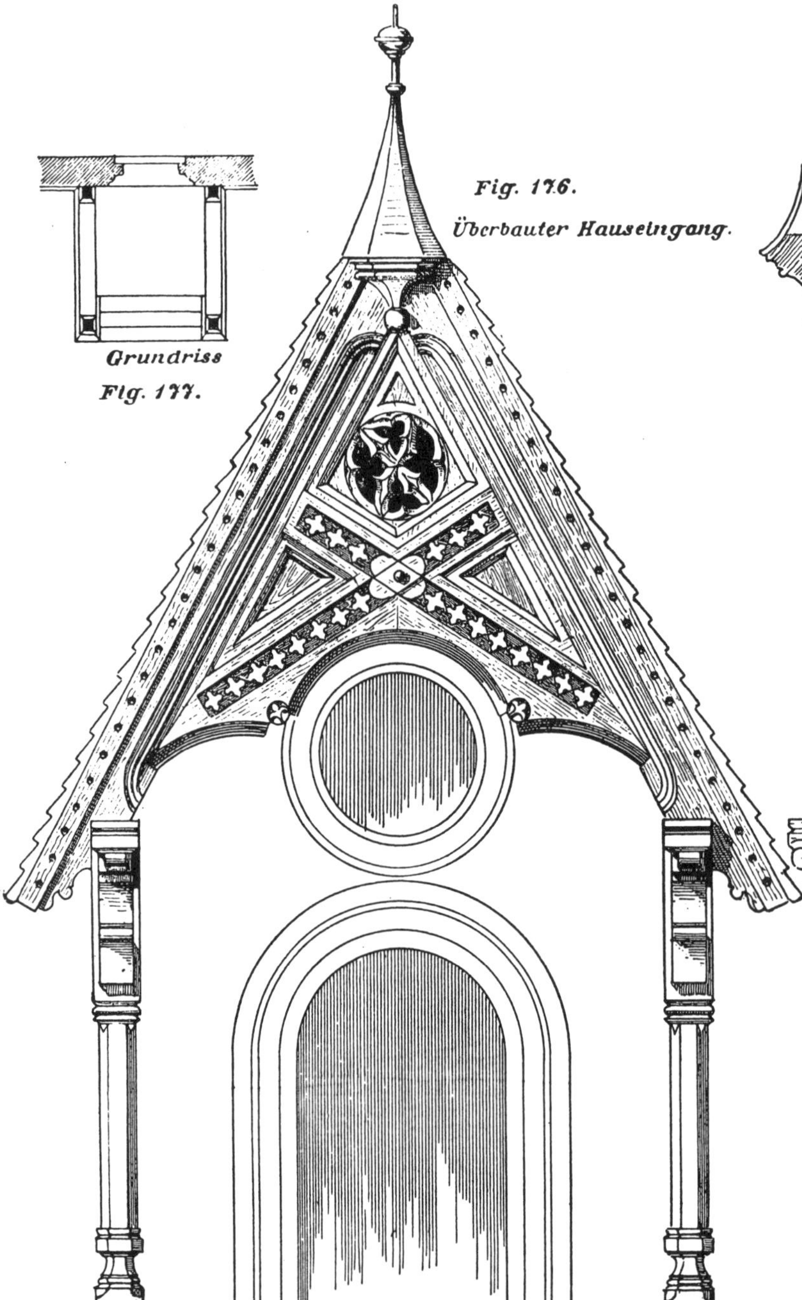

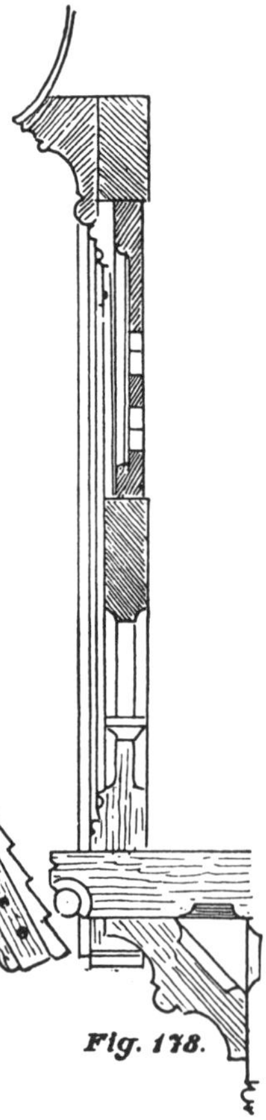

Fig. 178.

bildung längst überschritten war. So wurde die letzte und üppigste Form des alten Fachwerkhauses zum phantastisch geschnitzten Brettergehäuse.

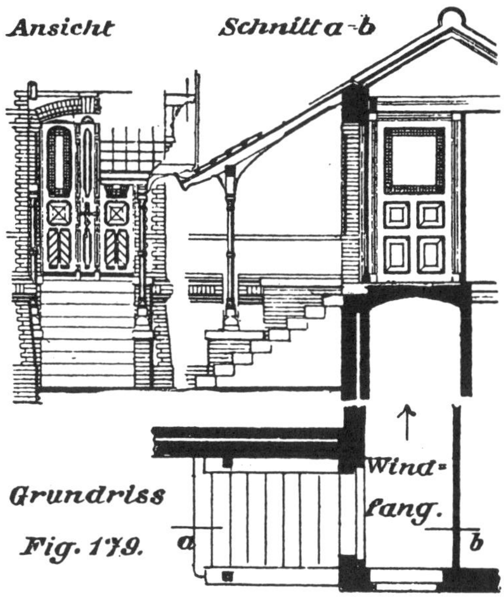

Fig. 179.

Immerhin sind uns aber aus der besten Zeit jenes spätgotischen sowie des frühen Renaissance-Holzbaues eine grosse Auswahl von Schmuckformen überkommen, die sich folgerichtig aus der Holzkonstruktion entwickelt haben, so dass wir auch im heutigen Fachwerksbau mit gutem Gewissen darauf zurückgreifen können.

Freilich, die Grundrisse der alten Wohnhäuser hatten sich aus der unerbittlichsten Notwendigkeit heraus entwickelt, die oft zu den eigentümlichsten Lösungen führen musste; aber der Bauherr und sein Handwerksmeister gewannen dieser Not bald ihre gute, nämlich ihre so reizvolle malerische Seite ab.

„Weil es leicht war, die vielen kleinen Flächen zu schmücken, liess sich der Meister solchen Schmuck auch nicht nehmen; und so entwickelte sich mit dem Behagen des äusseren Lebens in organischer Weise jenes urwüchsige

Seitlicher Hauseingang mit überbauter Hausthür (Villa in Cassel.)

Fig. 180.

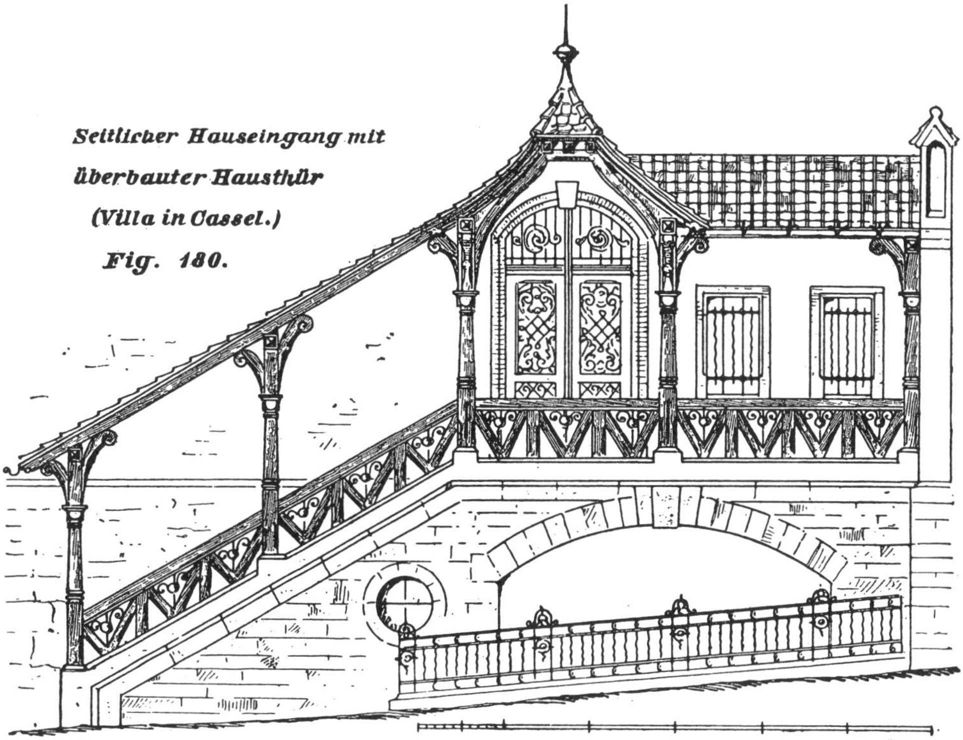

Fig. 181.

Formgefühl der alten Meister, das bei aller Naivität doch ein so klares Zweckbewusstsein bekundet. Damals verstand es sich eben ganz von selbst, dass der Zimmerling kein Langholz in das Fachwerk der Vorderwand einzog, ohne dasselbe mit einem Spruche zu zieren, keinen Querbalken in die Verkämmung einliess, ohne aus dem überspringenden Kopfstück eine Fratze oder einen Tierkopf oder reiches Blattwerk herauszuschnitzen, wie er es auf der Wanderschaft im fernen Süden erlernt hatte. Da liess es sich der Meister Schlosser nicht nehmen, die Hausthür durch Angelbänder mit reichem Ranken-Zierrat zu schmücken und den Thürrahmen durch aufgeschlagene Nagelrosetten und den kunstvoll gearbeiteten Thürklopfer sprechenden Ausdruck zu verleihen. Da betrachtete der Glasermeister die Fenster nicht als Löcher in der Architektur, sondern er fügte durch mannigfaltiges Rahmenwerk und weichen Farbenglanz des Glases dieselben wohlvermittelt in den Plan des Ganzen ein. Und wie das Haus, so waren der Schrank, die Truhe, das Schmuckkästlein, das Linnengedeck und das Tafelgerät. Ein in behaglicher Musse schaffender Meister, der durch die Innungen in beständigem Verkehr mit seinen Gesellen und Zunftgenossen blieb, hatte über alle diese Erzeugnisse, über ihren Zweck, wie über ihre Form und Zier nachgedacht und hatte, dieweil er nach Feierabend über dem Unterflügel der Hausthür lehnte, zu alledem sein Sprüchlein ersonnen".

Für unseren Zweck kommen nun zunächst nur die Schmuckmittel in Betracht, die dem Aufbau des Hauses selber zur Zierde dienen, die wir aber nicht von dem Standpunkte des Kunstgeschichtsforschers, sondern von demjenigen des praktischen Bautechnikers aus betrachten wollen. Mithin beschränken wir von vornherein deren Vorführung nur auf solche Erscheinungen, die wir auch für den modernen Holzbau wieder mit Erfolg verwerten können. Die gewöhnlichste Form des Fassadenschmuckes wird hier durch die Verschränkung der Fachwerkshölzer selber erreicht.

Fig. 182.

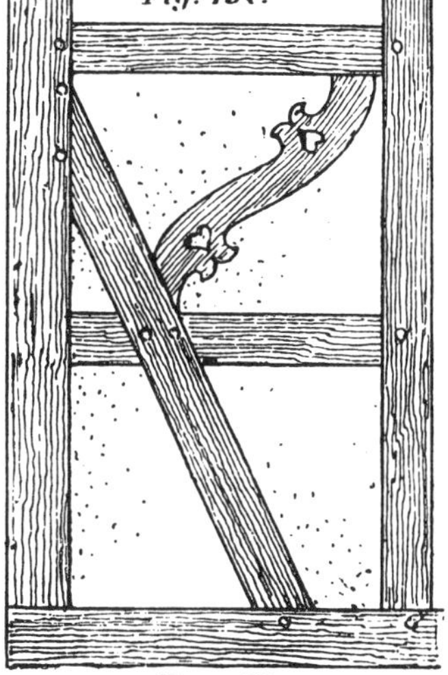

Fig. 182 a.

a) Verzierungen durch verschränkte Fachwerkhölzer.

Wie grössere Fachwerksfelder mit Vorteil durch Anordnung von einfachen oder auch gekreuzten Streben belebt werden können, haben wir bereits in den Fig. 31 bis 34, 93, 95, 147 veranschaulicht.

An französischen Fachwerksbauten aus der ersten Hälfte des 16. Jahrhunderts sehen wir auch die Wandstiele selber durch engere Anordnung zu solcher Flächenbelebung herbeigezogen. Fig. 181 (Haus in Beauvais nach Berty, Renaissance monumentale en France). Dasselbe findet sich auch an modernen englischen Fachwerksbauten (Fig. 100). An den süddeutschen und rheinländischen Holzbauten schweifte man in der Renaissancezeit die

Streben und gab ihnen ausserdem verzierende Nasen als Ansätze (Fig. 85, 88, 182 bis 185). Auch für die Ausfüllung des obersten Giebel-Dreiecksfeldes sehen wir früher und auch heute derartige Muster aus geraden oder geschweiften kurzen Streben gern in Anwendung (Fig. 88, 90, 91, 93, 100 und Tafel 2 und 3).

Riegelkreuze. Am üppigsten entwickelte sich die Ausschmückung kleiner Fachwerksfelder an den Fachwerksbauten Thüringens und später der Rheingegend durch das Einfügen von zahlreichen kleinen gekreuzten Rahmenhölzern.

Derartige Riegelkreuze hatten zunächst auch eine konstruktive Bedeutung, da sie wesentlich zur Versteifung der Wandstiele beitragen. Zu diesem Zwecke sehen wir sie auch an den älteren thüringischen Holzbauten aus geradlinig sich

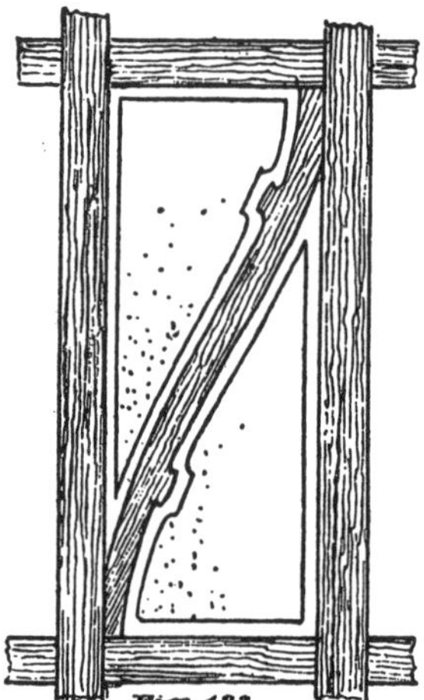

Fig. 183.

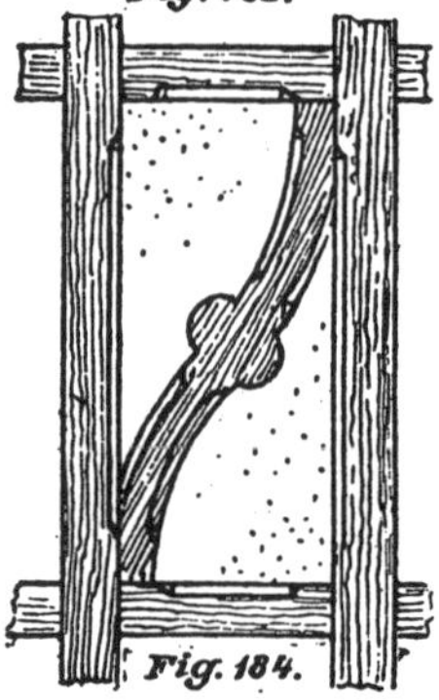

Fig. 184.

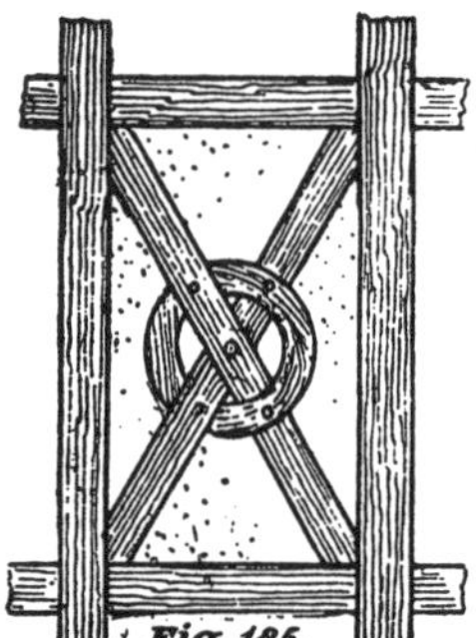

Fig. 185.

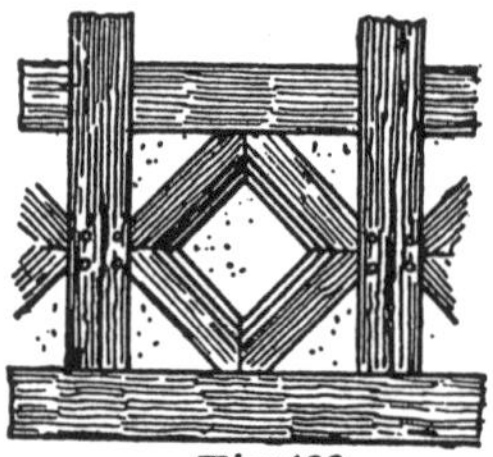

Fig. 186.

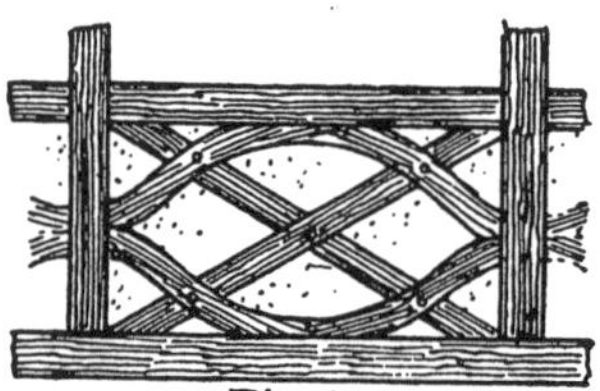

Fig. 187.

Fig. 188.

Fig. 189.

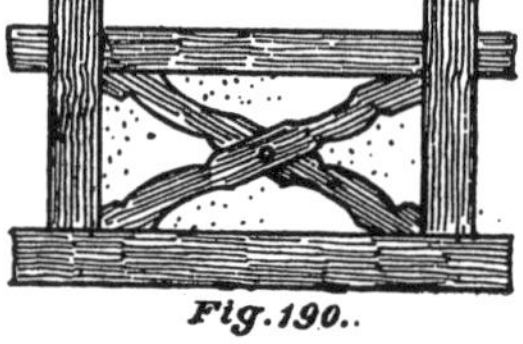

Fig. 190.

Fig. 191.

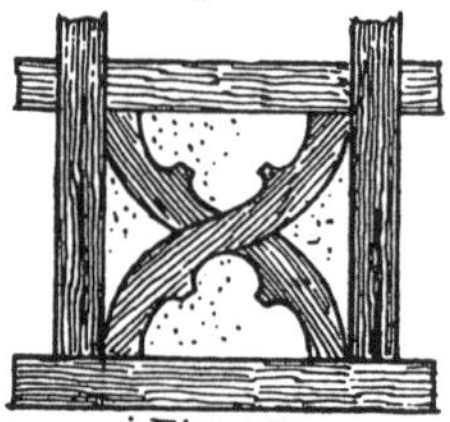

Fig. 192.

Fig. 193.

Fig. 194.

kreuzenden Hölzern hergestellt, und diese wohl berechtigte Anordnung, die sehr belebend auf die Fachwerkswand wirkt, hat auch an neueren Bauten im Werrathale vielfach glückliche Anwendung gefunden (Fig. 90 u. 93 und Taf. 9 u. 10). In späterer Zeit verwendete man solche Riegelkreuze aber ausschliesslich des Schmuckes halber und suchte nun durch die Anhäufung derartiger Kreuzhölzer allerhand geometrische Flachmuster zu erzielen (Fig. 188), die durch farbige Begleitlinien auf dem Wandputze noch mehr hervorgehoben wurden; oder man setzte Riegelmuster aus geraden und geschweiften Hölzern zusammen, wobei wieder die einzelnen Felder auf die geringste Grösse beschränkt wurden (Fig. 96, 97, 186, 189, 190). Verwendete man ausschliesslich Krummhölzer und gab ihnen ausserdem Nasen hinzu, so entstanden Flachmuster, die an gotische Passformen erinnern (Fig. 192, 193, 194). Zuletzt erhielten die Krummhölzer selber noch Verzierungen durch ausgeschnittene Kreise, Herzformen, Lilienformen und dergl., die das Brüstungsfeld noch reicher und lebendiger erscheinen liessen (Fig. 195 bis 200). Auch eine Abfasung dieser Riegelkreuze wurde hier und da hinzugenommen, wodurch der Putzgrund etwas hinter das Fachwerk zurücktreten muss und letzteres noch kräftiger zur Geltung kommt (Figur 201).

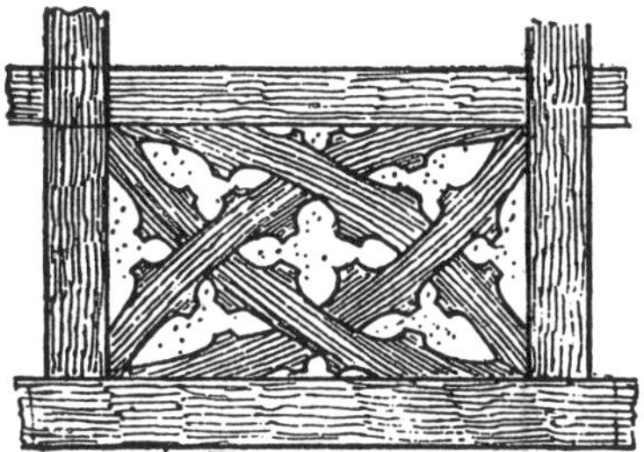

Fig. 195.

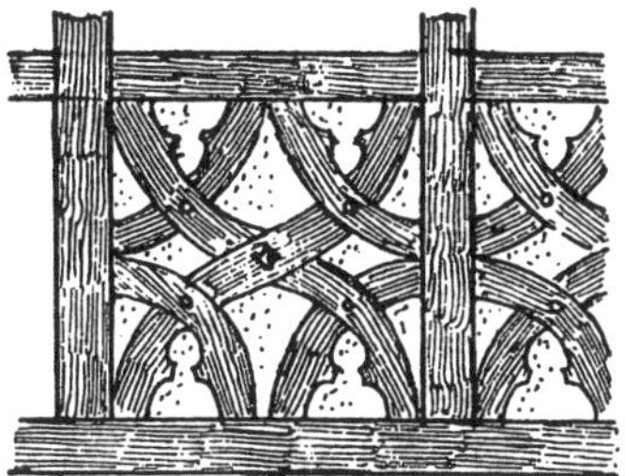

Fig. 196.

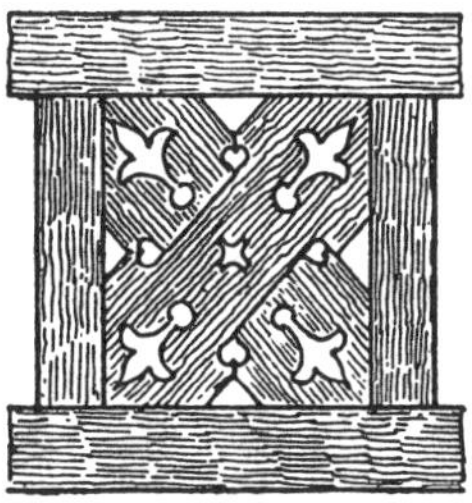

Fig. 197.

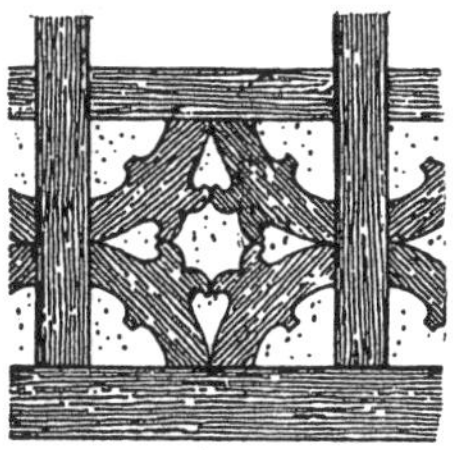

Fig. 199

Fig. 200.

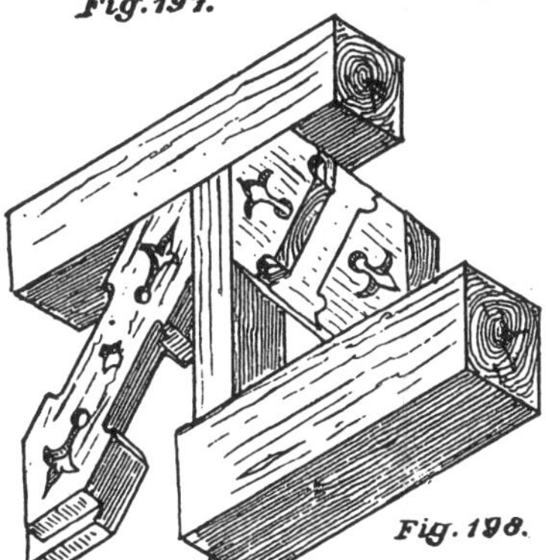

Fig. 198.

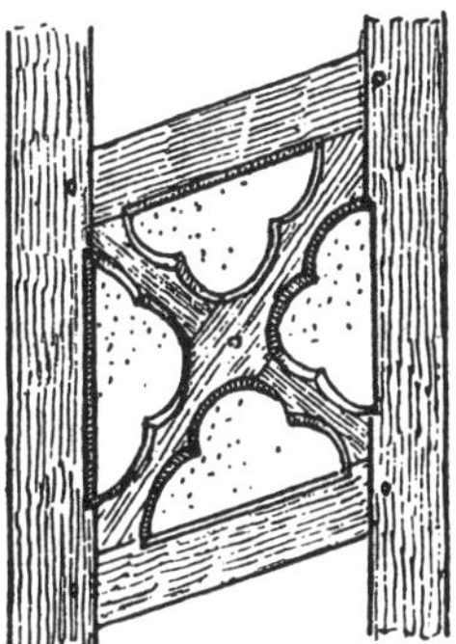

Fig. 201.

Auf Tafel 9 und 10 sind eine Anzahl von modernen thüringischen Fachwerkhäusern aus dem Werrathale zur Anschauung gebracht, die wir dem Centralblatte für Bauverwaltung entnommen haben. Die in den Fig. 1 und 4 dargestellten Villenbauten sind vom Architekten Prof. Neumeister für Marienthal und Meiningen entworfen. Die übrigen Bauten stammen durchweg aus Meiningen und zwar sind die Fig. 2 und 5 vom Baurat Fritze, die Fig. 3 und 6 vom Architekten Schubert dortselbst errichtet.

Die lebhafteste und phantastischste Gestaltung erhielten aber diese Riegelkreuzungen in den Fensterbrüstungen der rheinischen Fachwerksbauten. Begünstigt wurde ihre krause Gestaltung allerdings durch die Sitte, die einzelnen Gefache nicht auszumauern, sondern auszustaken und mit Lehm auszufüllen, der sich leicht den vielgestaltigen Formen der Kreuzhölzer anschmiegte. Eine Auswahl derartig verzierter Gefache ist in den Fig. 202 bis 210 dargestellt, die ohne Ausnahme alten rheinländischen Fachwerksbauten entstammen (zum Teil nach Raschdorf, „Rheinische Holz- und Fachwerksbauten“). Bis dahin hatten diese Riegel-

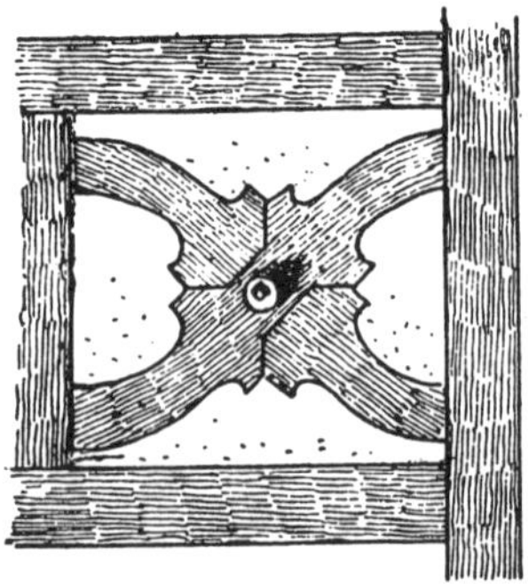

Fig. 204.

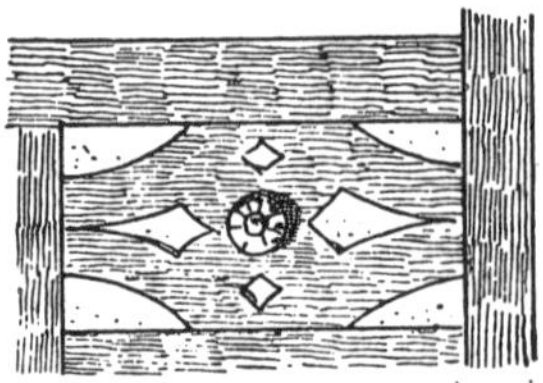

Fig. 208.

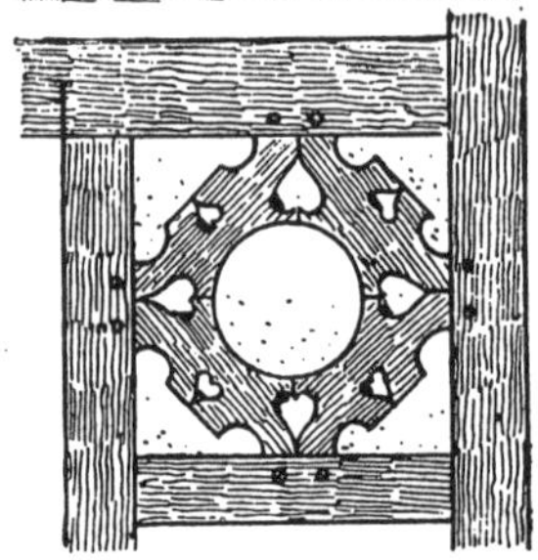

Fig. 207.

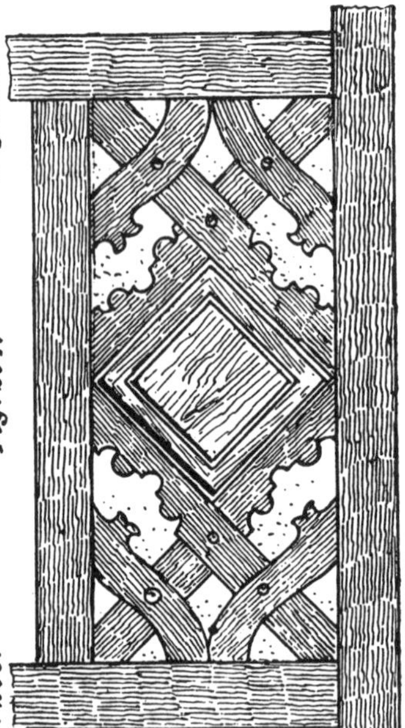

Fig. 210.

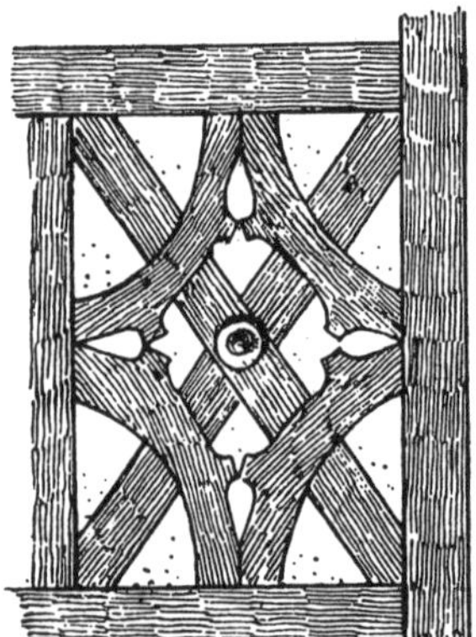

Fig. 203.

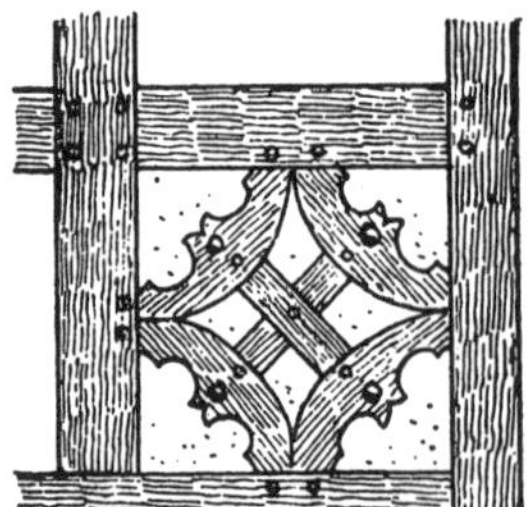

Fig. 206.

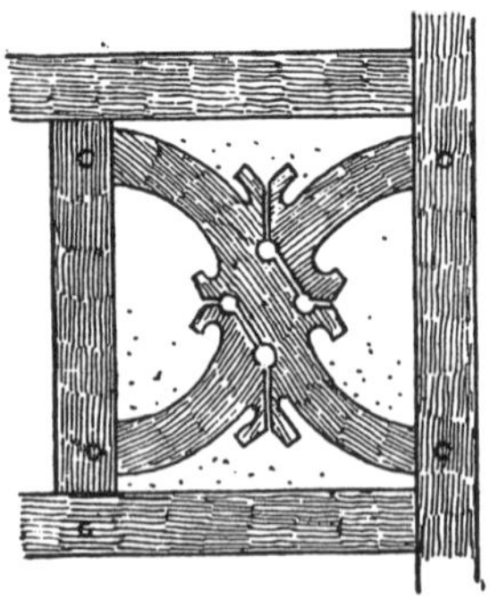

Fig. 202.

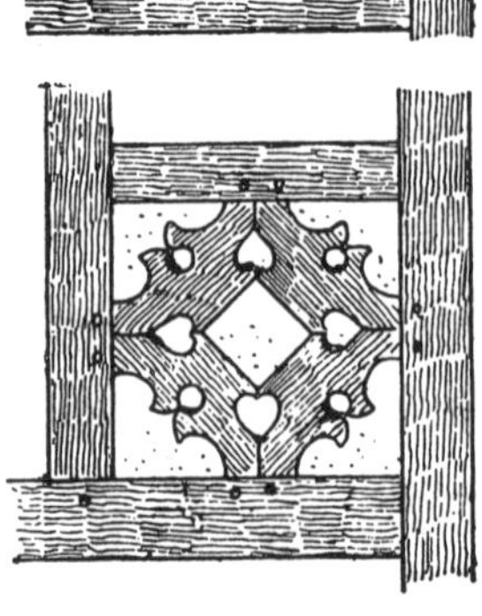

Fig. 205.

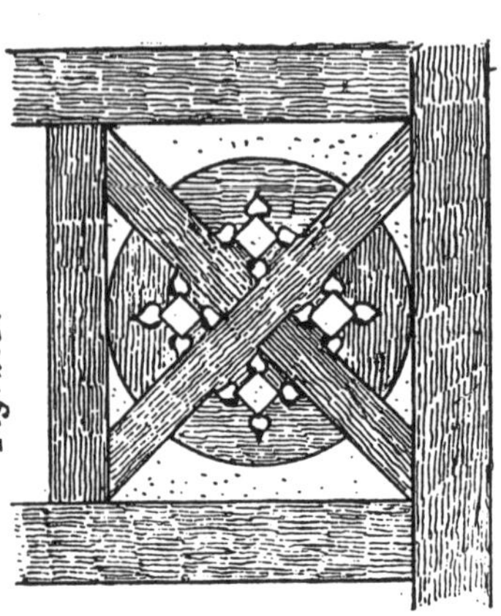

Fig. 209.

kreuze immer noch aus wirklichen Kreuzhölzern bestanden, die wenigstens zum Teil auch noch der konstruktiven Aufgabe des Versteifens genügen konnten. Als man aber die Felder, des Schmuckes wegen, so dicht mit geometrischen Mustern besetzte, dass die Wand selber fast ganz verschwand und nur in winzig kleinen

Ausschnitten noch zum Vorschein kam, da stellte man diese Ziermuster aus einer einzigen Bohle her und sah von einer konstruktiven Bedeutung ganz ab (Fig. 211, 212). Damit ist aber bereits ein Verfall des Fachwerkbaues gekennzeichnet, der sich in anderen Gegenden, besonders aber in Norddeutschland, durch die gleichzeitige Verwendung von sogenannten Fensterbrettern an dieser Stelle kund gibt. Dieselben sollen weiter unten besprochen werden.

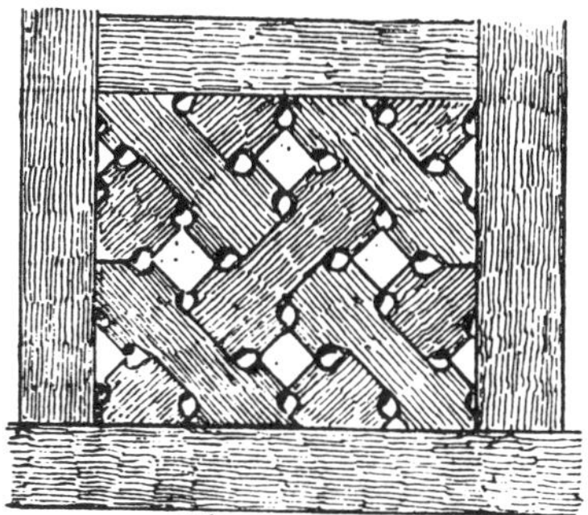

Fig. 211.

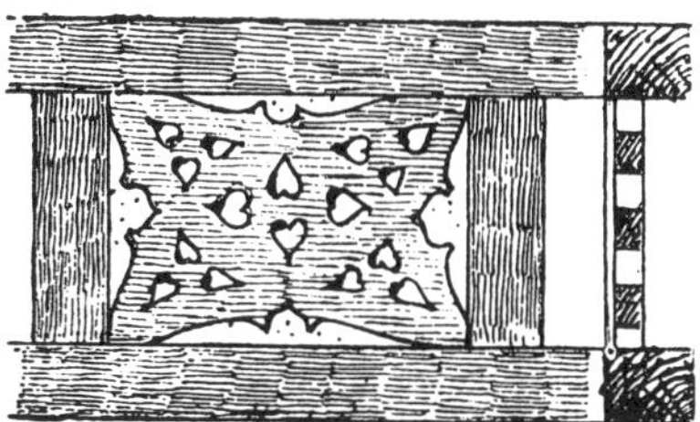

Fig. 212.

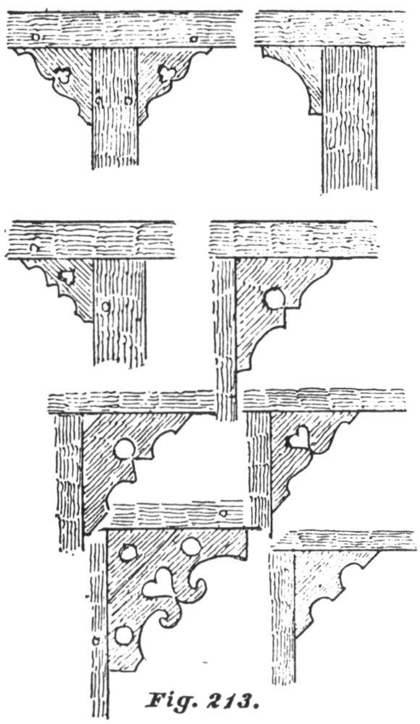

Fig. 213.

Winkelbänder. Ein weiterer ansprechender Zierat für die Fachwerkwand bildete sich an den rheinländischen Bauten heraus, indem man die Ecken zwischen Ständer und Rahmholz, manchmal auch zugleich zwischen Ständer und Saumschwelle, durch profilierte Winkelbänder ausfüllte. Immer geschah dies an den Eckständern. Die Profile folgen dabei der Winkelneigung unter 45 Grad (Fig. 213). Sie sind aus kleinen dreieckigen Bohlenhölzern herausgeschnitten. Die Bänder wurden oben und seitlich mit Zapfen in Ständer und Rähm befestigt und haben allerdings auch eine konstruktive Bedeutung, indem sie den Anfallspunkt der Ständer noch mehr befestigen (Fig. 85 und 86). Im modernen Fachwerksbau haben diese Winkelbänder eine mehr dekorative Bedeutung. Sie bilden ein Schmuckmittel, mit dessen Hilfe sich hübsche Fachwerksfelder erreichen lassen (Fig. 96), besonders wenn sie oben und unten zugleich das Feld begrenzen (vergleiche Fig. 245).

b) Ausgestochene Verzierungen.

Geschnitzte Ständer. An den ältesten Fachwerkshäusern aus der gotischen Zeit, also bis etwa 1500, sehen wir das Riegelwerk selber ganz schmucklos belassen. Erst mit dem Einflusse der Renaissance wurde auch dieses durch Schnitzwerk hervorgehoben. Wie an dem französischen Fachwerkshause (Fig. 181), aus dem Anfange des 16. Jahrhunderts ersichtlich, gab man den Ständern gern die Form von Wandpilastern, die mit Kanneluren oder noch lieber mit aufsteigenden, ausgestochenen Füllungen versehen und oft auch mit Kapitellen abgeschlossen wurden. Als zierliche Dreiviertelsäulen treten diese Schmuckglieder den eigentlichen Wandständern vor, nach Art der antiken Kandelaber aus einem Blattkelche aufsteigend und in korinthisierenden Akanthuskapitellen endigend (Fig. 168). Andere sind mit zierlich ausgeschnitzten Hermen versehen, ganz in der Art der Werksteinarchitekturen jener Zeit, deren Formen nun für den reichen Fachwerkbau leider mehr und mehr Verwendung finden. Gehoben wurde dann die Wirkung dieser an sich schon lebhaften Fassadengestaltung durch die Zuhilfenahme der Farbe, die stets den Grund alles Schnitzwerkes bedeckte und teilweise sogar auf den ornamentalen Schmuck selber übertragen wurde. So erscheinen die Renaissance-Fachwerkbauten in den norddeutschen Städten, in Hildesheim, Goslar, Braunschweig, Halberstadt u. s. w. und wie man auch diese allerdings heutzutage sehr kostspielige Holzarchitektur auch auf moderne Holzbauten mit Glück übertragen kann, wenn man ihre stilistischen Fehler umgeht, zeigt der in Fig. 240 dargestellte Fassadenteil einer Villa bei Dresden, die von den Architekten Schilling und Gräbner für einen Künstler erbaut ist. Hier ist das ausgestochene Ornament an den Stielen in reichstem Maasse und in vortrefflicher Vielseitigkeit zur Verwendung gelangt, während nur die Fensterteilungen als Hermen und Dreiviertelsäulen ausgebildet sind.

Fig. 214.

Ein Beispiel, wie auch die übrigen Fachwerksteile an Riegeln und Streben des Schmuckes teilhaftig werden können — allerdings eine seltenere Erscheinung — zeigt die Fig. 214 von einem Hause in Braunschweig. Hier überzieht das Motiv des gedrehten Tauwerkes das gesamte Fachwerk in gleichmässiger Weise. — Wir führen dieses Beispiel jedoch mehr seiner Eigentümlichkeit halber an: für moderne Zwecke würde es sich nicht zur Nachahmung empfehlen, wenn es auch dekorativ nicht übel wirkt. Es fehlt diesem Motiv an dieser Stelle eben die stilistische Berechtigung.

Geschnitzte Eckpfosten. Ein anderes, sehr gut wirkendes Schmuckmittel im Fachwerksbau bildet die Verzierung der Eckständer, wie sie zunächst an den rheinländischen und süddeutschen Bauten hervorging. Bei Eckhäusern und bei solchen Fachwerkhäusern, die aus der Strassenflucht heraustreten, wie das mit Vorliebe befolgt wurde, erfuhr der Eckpfosten eine besondere Auszeichnung dadurch, dass man zunächst seine Kante brach und als Dreiviertelsäule ausbildete.

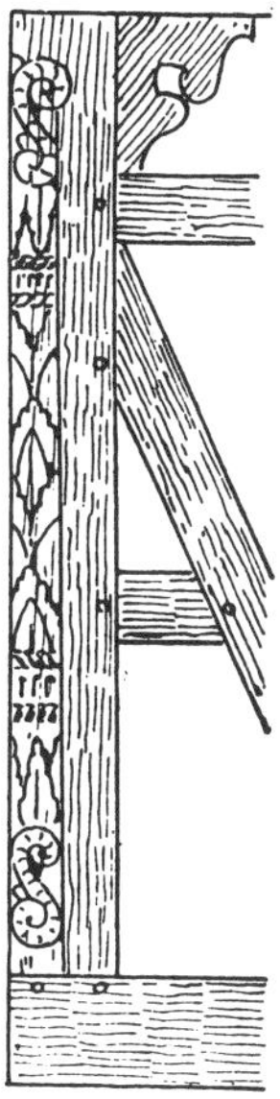

Fig. 215.

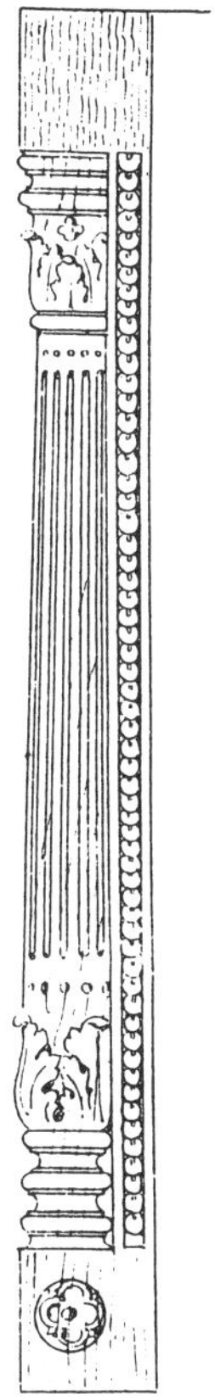

Fig. 216.

Dieses Motiv hatte schon die alte romanische Steinarchitektur in den sogen. „Falzsäulen", die aus den gebrochenen Ecken der Pfeiler ausgebildet wurden, an den rheinischen Dombauten ausgebildet und es ist möglich, dass es von hier aus in die Holzarchitektur überging.

Die Form der neuen Falzsäule wurde mit Vorliebe als Kandelaber-Säule, wie wir sie schon weiter oben erwähnt haben, behandelt. Auch sie steigt aus einem Blattkelche auf und trägt als Bekrönung ein Kapitell in korinthischer Form (Fig. 215 und 216 von einem Hause in Boppard). Natürlich war auch diese Ausbildung aus der Werksteinarchitektur auf das Holz übertragen, ebenso wie das andere, noch heute beliebte Schmuckmittel, bei dem nach alter Ueberlieferung der Uebergang vom vollen Holze des Eckpfostens zu seinem geschnitzten Teile sowohl oben wie unten durch eine eigentümliche Volutenbildung vermittelt wird (Fig. 217 und 218).

Eine derartige Behandlung findet sich auch an den Pfosten, die zu einer aus der Front hervortretenden Fensterumrahmung gehören (Fig. 152 und 153).

Ist die zum Dreiviertelstabe abgerundete Ecke nicht als Säule ausgebildet, so nimmt sie als Schmuck die Form des gedrehten Taues an oder wird schuppenartig im Aeussern behandelt (Fig. 217 und 218).

Eine andere Ausschmückung findet sich an den Eckständern von Fachwerkbauten in rheinhessischen Städten, wo dieselben vierkantig blieben und mit ausgestochenen aufstrebenden Ornamenten bedeckt wurden.

Geschnitzte Schwellen. Die weitaus reichste Schmuckbehandlung am Fachwerkhause erfuhren in früherer Zeit die Schwellen, die allerdings mit ihrer grossen ungeteilten Fläche geradezu zur Ausschmückung aufzufordern scheinen. Darum ist es denn auch kein Wunder, dass die schmucklustige Zeit der Spätgotik und ganz besonders der erwachenden Renaissance diese Stelle am Fachwerkhause, die ausserdem recht zur Betrachtung geeignet ist, mit allen zu Gebote stehenden und der lebendigen Phantasie erreichbaren Schmuckmitteln ausstattete. Man benutzte die durch Balkenköpfe und Ständer bezeichneten

Teilpunkte und schuf abwechselnd rechteckige und quadratische Felder, die mit allerhand Schnitzwerk von Blättern, Rankenornamenten, Wappen, mit Menschen- und Tierköpfen belebt wurden (Fig. 226 und 227). Man heftete Wappen oder

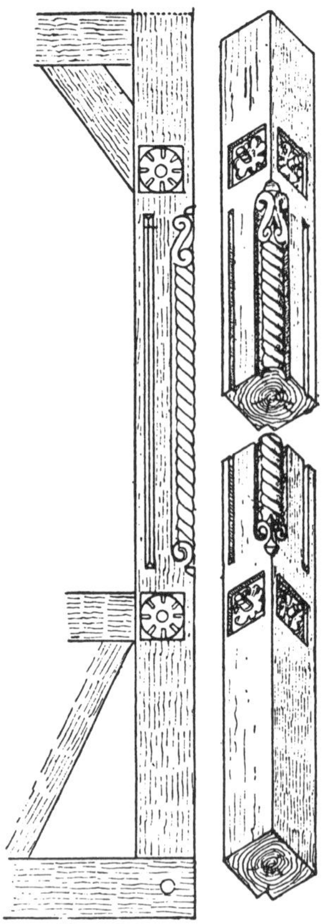

Fig. 217.

Fig. 218.

Fig. 219.

Rosetten unter die Ständer und kehlte die Schwelle dazwischen tief aus in jener wirkungsvollen Form, die noch heute mit Recht beliebt ist und die wir mit dem Namen der „Schiffskehle“ zu bezeichnen pflegen (Fig. 67, 74 und 230).

Hierbei zeigen die älteren Formen eine reiche Abwechselung von kleinen Kehlen und zarten Rundstäben, während in der Renaissancezeit um die Mitte des 16. Jahrhunderts starke Rundstäbe mit durchflochtenen Perlenschnüren und tauförmig gewundenen Wulsten die Kehle wieder ausfüllen. Und so beliebt war dieser Schiffskehlenschmuck, dass er von der Schwelle auch auf die Füllhölzer überging und nun in doppelter Wiederholung um so kräftiger wirkte (Fig. 230).

Anders wieder erscheinen die Schwellen, die ungeteilt durchlaufenden Schmuck an Schnitzwerk erhielten. Hier waren es besonders prächtige Laubbänder aus Diestel-, Eichen- oder Ahornblättern, wie sie die Spätgotik so fein geschwungen zu gestalten wusste (Fig. 221 bis 225).

Auch die Renaissance nahm diese Schmuckweise auf, aber sie ersetzte das alte Laubband aus einheimischen Blättern durch die fremdländische italienische

Fachwerkhaus
aus dem 16. Jahrhundert
zu Beauvais (nach Berty)
Fig. 220.

Akanthusranke (Fig. 226) oder sie erfand ausgestochene Schwellenfriese, deren Ornamente der Metalltechnik entlehnt erscheinen (Fig. 237).

Eine eigentümliche Schwellenverzierung bildeten die Kleeblattbögen und die als „Treppenfriese“ bezeichneten Felderformen, die nach unten hin offen erscheinen und gewissermassen einen Zusammenhang der Schwelle mit den darunter liegenden Füllhölzern erstreben.

Fig. 221.

Fig. 222.

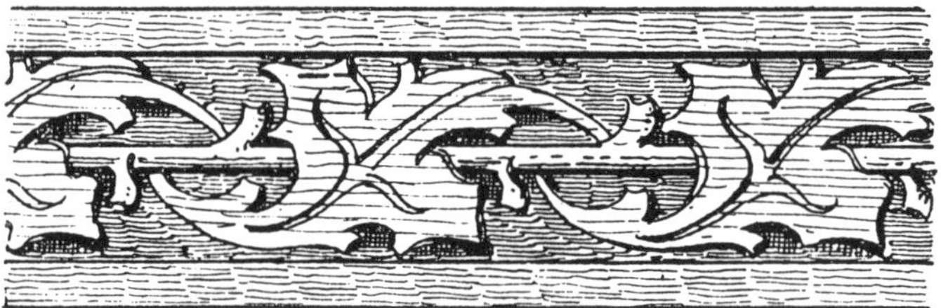

Fig. 223.

Fig. 224.

Fig. 224a.

In manchen Städten, wie z. B. in Braunschweig, Cassel, Quedlinburg u. anderen sehen wir im 16. Jahrhundert unter dem Einflusse der Renaissance ein eigenartiges Schmuckgebilde an dieser Stelle auftreten, das bald einer Muschel, bald mehr einem Fächer ähnlich erscheint und durchgängig mit dem Namen „Fächerrosette“ bezeichnet wird. Diese an sich sehr wirkungsvolle Verzierung ist aber stilistisch insofern bedenklich, als das Fächermuster zu seiner Gestaltung sich nicht mit der Schwelle allein begnügt, sondern verschiedene andere Konstruktions-

Fig. 225.

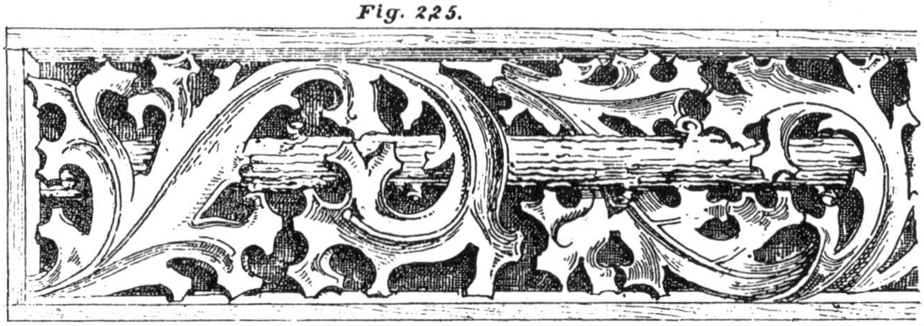

Fig. 226.

hölzer in Anspruch nimmt, die es nun rücksichtslos durchschneidet (Fig. 228 und 229). Die Wandstiele erscheinen an ihrem Ende hierbei durch dreieckige Riegelbänder verstärkt, die nun zusammen mit der Schwelle zur Aufnahme einer Fächerrosette zu dienen haben. Konstruktiv richtiger wirkt da jene Verzierungsweise, die, wie in Fig. 214, jedem dieser vier Hölzer seinen eigenen Schmuck verleiht. Die Fächerrosette ist aber mit dem Fachwerkshause so enge verwachsen, dass wir sie im gesamten norddeutschen Holzbau verbreitet sehen und auch heute noch als Schmuckmittel, wenn auch an anderer Stelle, gerne verwenden (Fig. 230).

Fig. 227.

Geschnitzte Fensterbrüstungsplatten. Die unterhalb der Fenster gelegenen Fachwerksfelder hatten, wie wir gesehen haben, schon immer eine besondere Behanldung erfahren, indem man hier Riegelhölzer in allerhand Verschränkungen anhäufte, ja sogar durch ausgeschnittene Bohlen an einzelnen Bauten dieselben ersetzte. Diese in den Fig. 186 bis 212 dargelegte Verzierungsweise war aber auf die rheinländischen und süddeutschen Bauten mehr beschränkt geblieben. Das norddeutsche Fachwerkshaus nahm dafür an dieser Stelle andere Schmuckmittel hinzu. Zu den beliebtesten zählte die bereits erwähnte Fächerrosette, nur wurde sie jetzt aus einem

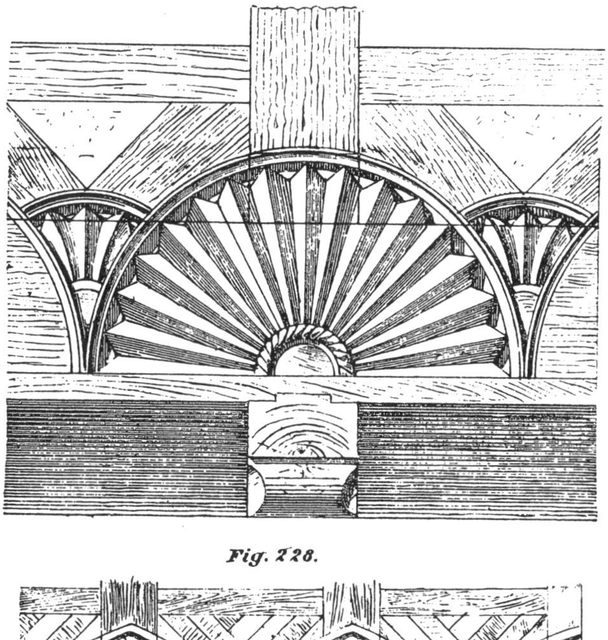

Fig. 228.

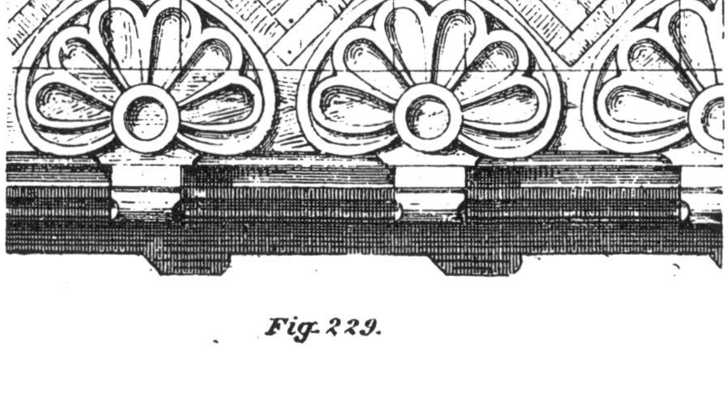

Fig. 229.

Fachwerkhaus vom Jahre 1612.
Fig. 230.

einzigen Brettstück geschnitten und in die Fensterbrüstung eingelassen (Figur 230). Dieses Brüstungsfeld eignet sich seiner Form nach aber eigentlich nicht zur Aufnahme einer halben Rosette, deshalb sehen wir, wie die Rosettenform gestelzt wird, d. h. mehr als zur Hälfte ausgebildet erscheint (Fig. 231 bis 234). In dieser allerdings besser wirkenden Form

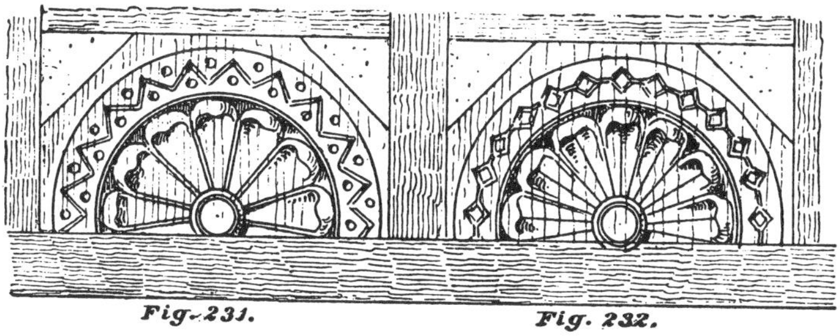

Fig. 231. Fig. 232.

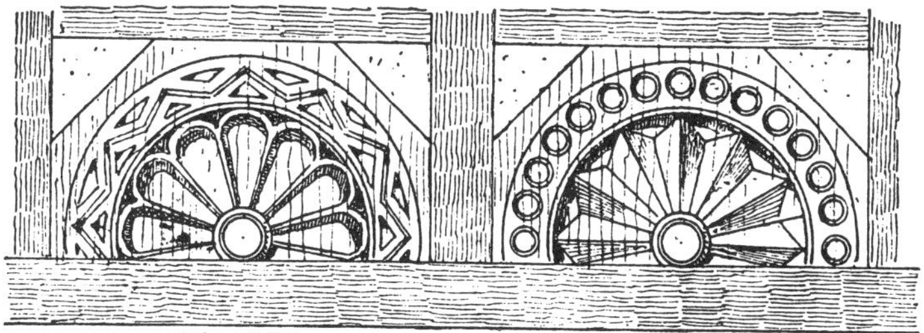

Fig. 233. Fig. 234.

Fig. 235.

Fig. 236.

verwenden wir die Fächerrosette heute an modernen Fachwerksbauten. Soll sich die Rosette freilich einem hohen Felde anschliessen, so wurde sie in früherer Zeit wohl hufeisenförmig gebogen (Fig. 235). Auch ganze Rosetten sehen wir an dieser Stelle zu glücklicher Wirkung gebracht, wie dies an Fig. 230 und an Fig. 240, einem ganz modernen Holzbau, gezeigt ist. Beide Formen, die ganze und halbe Rosette in ihren verschiedenartigen Ausbildungen, scheinen aus der Kerbschnitttechnik hervorgegangen zu sein. Dieser Zweig der Holzschnitzerei war längst bekannt und wurde ganz besonders in den norddeutschen Küstengegenden sehr gepflegt. Von dort ist der Kerbschnitt mit seinen Rosetten-Ornamenten auch nach Norwegen übertragen worden. Besonders seit dem Ende des 17. Jahrhunderts finden sich an den norwegischen Bauernhäusern diese geometrischen Formen von Rosetten, Sternen u. dergl., die wahrscheinlich aus Friesland herübergeholt worden sind.

Die Schnitzarbeit an der Fächerrosette ist ja viel einfacher und erinnert auch manchmal an das Muschelornament, das sich in dem Werksteinbau seit dem 17. Jahrhundert eingebürgert hatte.

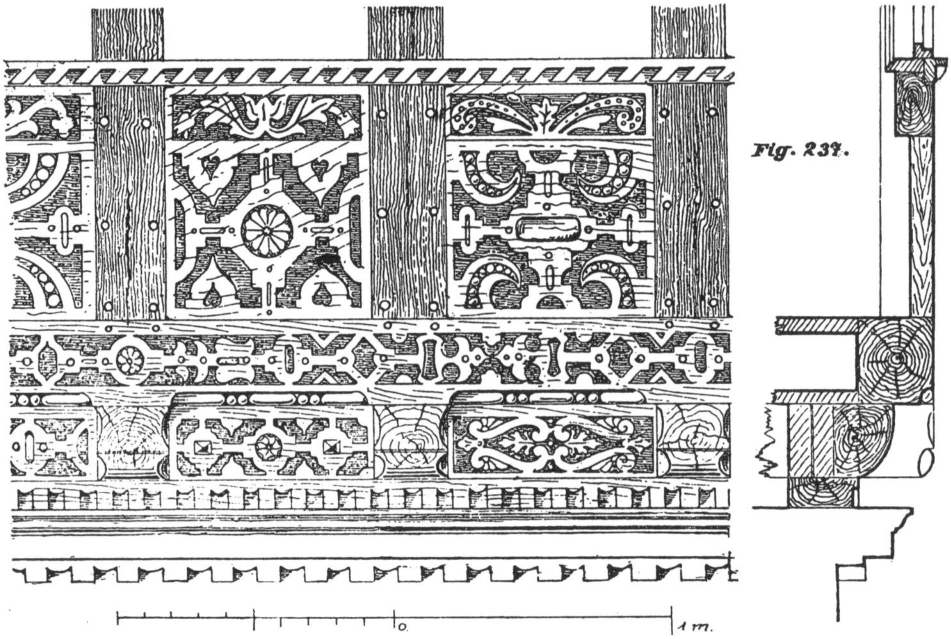

Fig. 237.

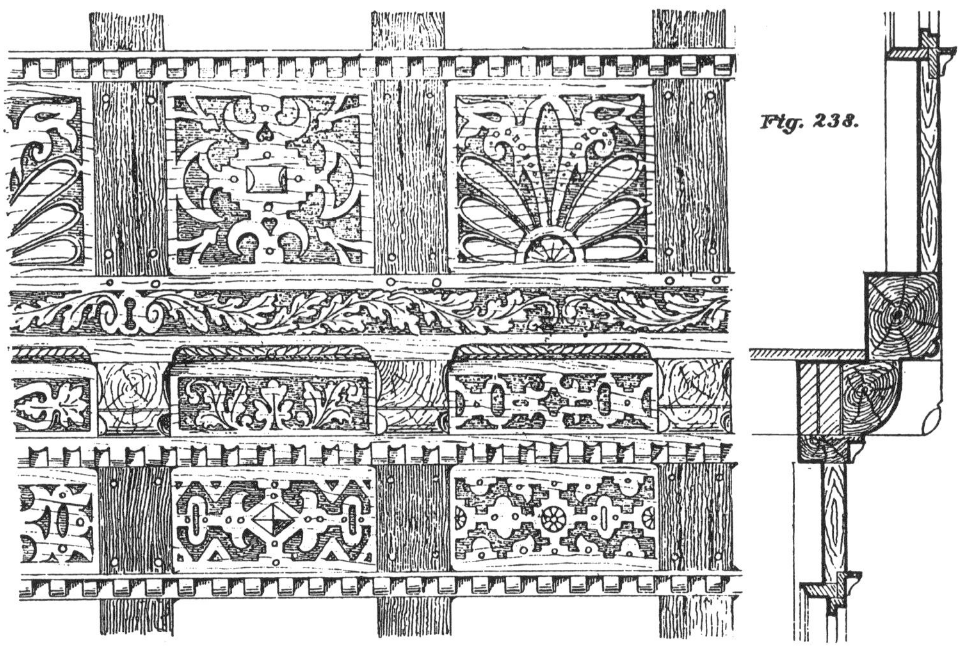

Fig. 238.

Welcher Beliebtheit sich eben diese Fächerrosette noch immer erfreute, können wir daraus erkennen, dass öfter die ganze Fensterbrüstung mit dicht aneinander gereihten Fächermustern ausgefüllt erscheint, die nun ohne Rücksicht auf die hinterliegenden Konstruktionshölzer über die Ständer, Fussbänder und

Villa Friedmann bei Dresden von den Architekten Schilling und Graebner.

Fig. 239.

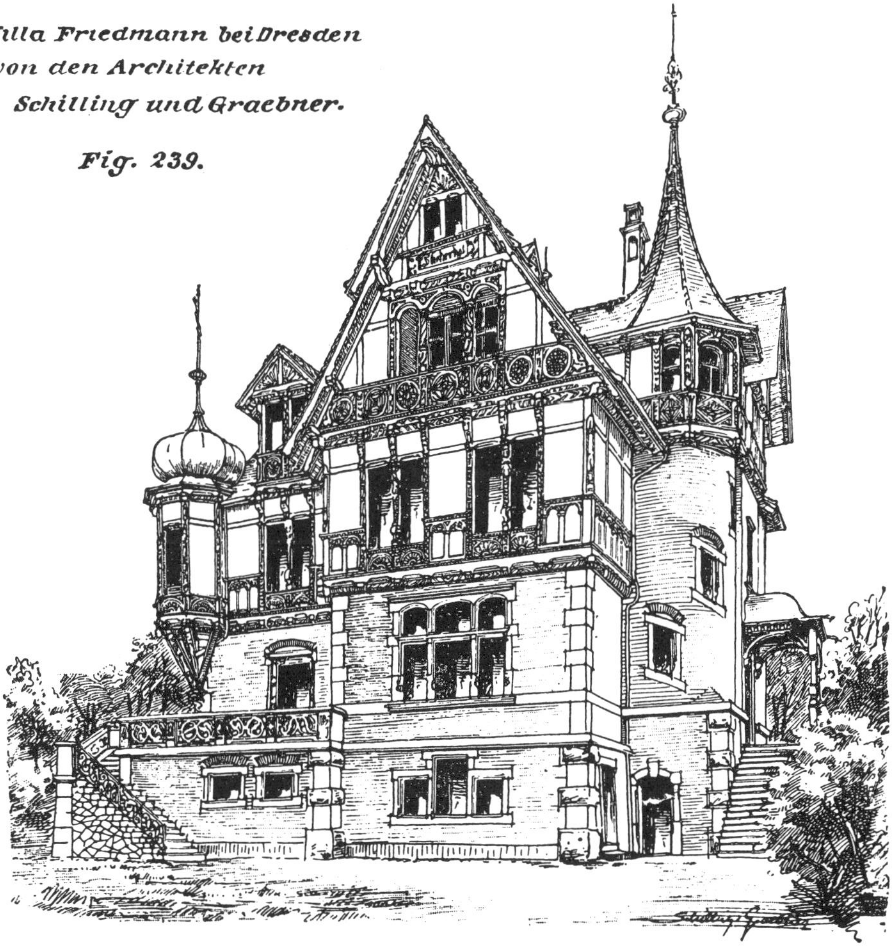

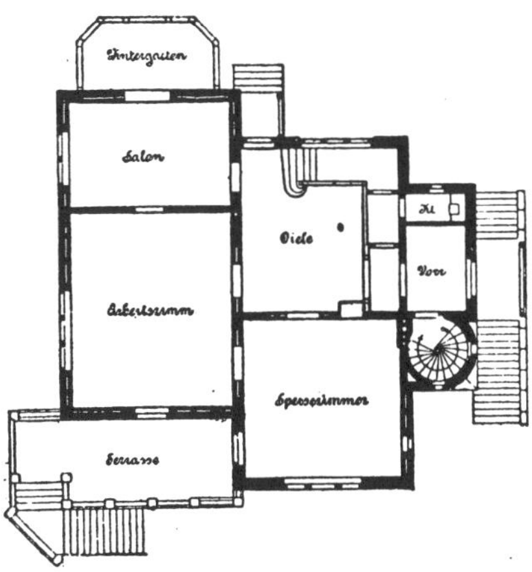

Erdgeschoss.

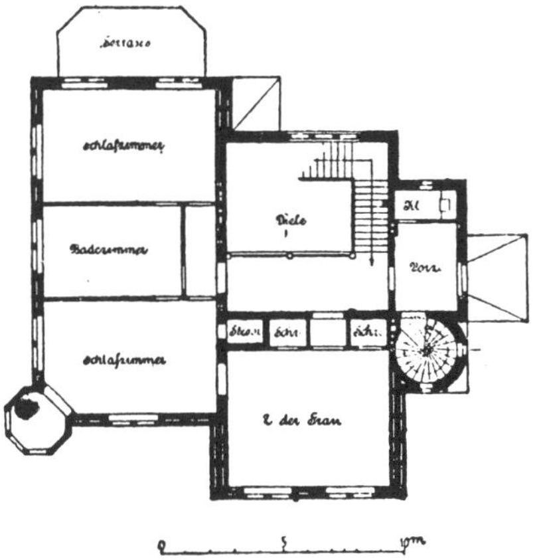

Obergeschoss.

Fig. 240. Giebel von Villa Friedmann Fig. 239.

Bohlen hinweglaufen. Wo aber das Fachwerkshaus sich ganz in die Formen der steinernen Renaissance hüllte, wie dies z. B. in Halberstadt, Hildesheim, Braunschweig in der Mitte des 17. Jahrhunderts der Fall ist, da wurde das Fensterbrüstungsfeld mit geschnitztem Bilderschmuck biblischen oder allegorischen Inhaltes versehen und die Fachwerkskonstruktion selber an Ständern, Schwellen und Rahmhölzern mit profilierten Brettern umkleidet, die sich gänzlich den Formen des Werksteinbaues jener Zeit anschmiegen. Damit hätte allerdings das norddeutsche Fachwerkshaus wohl an geschnitztem Schmuck das Höchste erreicht, dafür aber seine Eigenart als Holzbau auch eingebüsst. Deshalb sehen wir an dieser Stelle von der Vorführung von Abbildungen ab, da dieselben nur einen rein kunsthistorischen Wert für uns haben können. Eine andere Art der Behandlung von Brüstungsplatten ist in den Fig. 237 und 238 dargestellt, die von einem Hause in Hameln nach Aufnahmen von H. Griesebach entnommen sind. Allerdings tragen auch diese Ornamente, die wir ebenfalls in der Werksteinarchitektur des 16. und 17. Jahrhunderts wiederfinden, die Kennzeichen der Stein- und Metalltechnik an sich, die allgemeine Anordnung und Verteilung der Schmuckmittel aber schliesst sich gut an die Konstruktion an und kann für reiche Neugestaltungen immerhin ins Auge gefasst werden.

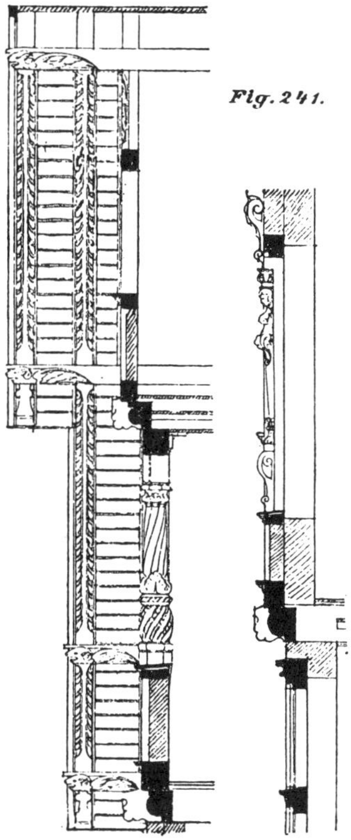

Fig. 241.

c) Geschnitzte Inschriften.

Es war eine gute alte Sitte, beim Neubau des Wohnhauses den Namen des Erbauers und, wenn damit zugleich ein neuer Hausstand begründet wurde, auch denjenigen der Ehefrau nebst Jahreszahl entweder der oberen Schwelle oder dem Thürsturzriegel einzuschnitzen. Besonders auf dem Lande, wo die Kunst des Zimmerlings wohl zu anderen Schmuckmitteln nicht ausreicht, hat sie sich noch lange erhalten. Wollte aber der Erbauer seinen frommen Sinn kundthun oder seinen Nachbarn eine gute Lehre geben, so musste hierzu ein Verslein ersonnen werden und dieses fand dann auf dem langen durchgehenden Felde der Saumschwelle seine passendste Unterkunft. Bei der allgemeinen Vorliebe für farbige Zuthat war es dann ganz selbstverständlich, dass der Grund für die Buchstaben lebhaft gefärbt wurde, damit sich diese besser kenntlich machen. Weniger hübsch ist die Wirkung, wenn die Buchstaben selber gefärbt erscheinen. Sie gehören an ihrer Stelle mit zu der Architektur des Hauses und sehen in dem ruhigen Holztone am besten aus. Anders ist das, wenn sie vertieft eingestochen sind.

Die alten Inschriften tragen natürlich, was die Form der Buchstaben anbetrifft, die Kennzeichen ihrer Zeit an sich; für uns eignet sich am besten eine spätgotische Schrift, wie sie den Inschriften aus der Blüte des Fachwerkbaues

A B C D E
F G H I K
L M N O P
Q R S T U
V W X Y Z
a b c d e f g h i j k l m
n o p q r s t u v w x y z

Fig. 242.

am nächsten kommt. Man hat auch Renaissance-Schrift verwendet, aber dieselbe hat leider lateinische Buchstaben. Rein gotische Schrift aber ist für die meisten ganz unleserlich. In Fig. 242 ist hier ein Alphabet zusammengestellt, das in gotischer Frakturschrift gehalten ist und zu Inschriften wohl geeignet sein dürfte. Die Buchstaben erinnern an sogen. Schwabacher Lettern, die wir ja auch heute noch bei deutschem Druck mit Vorliebe verwenden und die leicht leserlich und leicht ausführbar sind (nach S. Meyer, Ornamentale Formenlehre).

Was nun den Inhalt solcher Haussprüche anbelangt, so kann derselbe gar verschiedenartig sein, je nachdem Charakter und Laune des Erbauers hier zum Ausdruck kommen sollen. Als Muster wollen wir im Nachstehenden einige Sprüchlein wiedergeben, wie sie aus alter und neuer Zeit am Fachwerkshause Platz gefunden haben.

Der fromme Mann stellt sein Haus in Gottes Schutz und schreibt:

„Deß' Haus steht lange fest — der sich auf Gott verläßt".

oder:

„Wo Gott nicht giebt zum Bau'n sein Gunst — da ist all' unsre Kunst umsunst".

oder:

„Mit Gott thu Alles fangen an — so wirst Du Glück und Segen han".

Von einem frommen Sinne des Erbauers gibt auch der folgende alte und oft angewandte Hausspruch Zeugnis:

„Wir bauen hier so feste — Und sind gar fremde Gäste — Da wir sollen ewig sein — Da bauen wir gar wenig ein".

An der Schwelle im oberen Stock eines Hauses vom Jahre 1612 (Fig. 230) lesen wir:

„Gott der alle Dinge vermag — Behüt dies Haus bei Nacht und Tag — Er wolle uns auch geleiden — Dan wir vonhin sollen scheiden".

Andere Inschriften geben Kunde von der Glückseligkeit des Besitzers („beatus possessor") und von einem gewissen Trutz gegenüber der Mitwelt. So, wenn man liest:

„Ich hab' gebaut nach meinem Sinn — Und es gefällt mir wohl darin — Gar Mancher schaut's und tadelt dran — Was er nicht besser machen kann".

Mit demselben stolzen Gefühl schreibt der Altmeister der Hannoverschen Schule an sein Heim:

„Ein Jeder baut nach seiner Nase — Ich heiße Conrad Wilhelm Hase".

Ein anderer oft benutzter Spruch lautet:

„Wer bauen will an off'ner Straßen — Muß Neider und Narren tadeln lassen".

oder:

„Wer dieses Haus hier tadeln will — Der stehe nur ein wenig still — Und sage ohne Schmeichelei — Ob wohl das seine besser sei".

oder:

„Und ob mein Haus Euch nicht gefällt — Es kostet mein nicht Euer Geld".

Ein gewisses Selbstgefühl verrät sich in dem englischen Spruche:

„Mein Haus ist meine Burg".

oder:

„Mein Nest ist das best'".

Dasselbe, nur mit bescheideneren Worten sagt der bekannte Hausspruch:

„Klein aber mein".

oder:

„Mit Gottes Hilf' und Macht — Zur Notdurft nicht zur Pracht — Hab' ich dies Haus gemacht".

Auch solche Sprüche, die eine gewisse Lebensweisheit, die auf Erfahrung beruht, als Inhalt haben, finden immer gern am Hause Verwendung. So ist es nicht unverständlich, wenn einer schreibt:

„Bauen ist eine Lust — Aber was es gekost — Hab' ich erst nachher gewußt".

Schön ist auch der alte Hausspruch:

„Dies Haus ist mein und doch nicht mein — Ich gehe aus und Du gehst ein — Sag', wer wird wohl der Letzte sein".

Etwas bissig klingt die alte bekannte Weise:

„Gott gebe Allen die mich kennen — Zehnmal mehr als sie mir gönnen".

Aehnliches drückt der alte Hausspruch aus:

„Wenn dieses Haus so lang nur steht — Bis aller Neid und Haß vergeht — Dann bleibt's fürwahr so lange stehn — Bis daß die Welt wird untergehn".

Ein echter deutscher Spruch lautet:

„Deutsches Haus — Deutsches Land — Schirm es Gott mit starker Hand".

Kürzere Sprüche fanden über der Hausthür auf dem einfachen oder verdoppelten Thürsturze ihren Platz, so das bekannte:

„Grüß Gott — tritt ein — bring Glück herein".

oder:

„Wer guter Meinung kommt herein — Der soll mir stets willkommen sein".

Diese kurze Auswahl aus dem übergrossen*) Schatze solcher Haussprüche möge hier genügen und Anregung geben, der guten alten deutschen Art auch an dem einfacheren Fachwerksbau als Zier des Hauses nicht zu vergessen.

d) Gemusterte Backsteingefache.

Wir haben bereits weiter oben bei der Besprechung der Fensterbrüstung gesehen, wie hier mit Vorliebe durch Einziehen von kleinen Riegelkreuzen oder kurzen Strebehölzern kleinere Gefachfelder und damit zugleich eine lebhaftere Wirkung dieses Fassadenteiles geschaffen wurden.

Im nordischen Holzbau, und besonders auf dem Lande, wo man reicheres Schnitzwerk aus natürlichen Gründen weniger hinzuzufügen pflegte, schmückte

*) Vergl. Seidel, Fr., Sprüche für Haus und Gerät. 2 Mark. Verlag von Bernh. Friedr. Voigt in Leipzig.

man diese kleinen Fensterbrüstungsfelder auf billige Art in der Weise, dass man die für die Ausmauerung notwendigen Backsteine in allerhand Mustern verlegte.

Zuerst waren dieselben ganz einfach und schlossen sich in ihrem Verbande den schrägen Strebehölzern an (Fig. 243 und 244). Bald aber ging man mit dieser Verzierungsweise weiter und schuf an dieser Stelle gemauerte Felder, die weniger konstruktiv in der Herstellung, dafür aber um so gekünstelter im Muster erscheinen (Fig. 245 bis 250). Notwendig war allerdings, um das Muster recht in die Augen fallend zu gestalten, dass tiefrote Backsteine mit schneeweissen Fugen wechselten. Ja, man bedarf der Fugen geradezu als ein Mittel, das die Konturen des Musters deutlich hervortreten lässt und macht sie deshalb recht kräftig. Sie werden mit Gipsmörtel sauber ausgefugt, ja sogar in denjenigen Gegenden, wo sich holländischer Einfluss an den mächtigen Bauernhäusern geltend macht — so z. B. fast an der ganzen Nordseeküste —, werden Fugen und Backsteine noch besonders durch entsprechenden Farbenauftrag hervorgehoben.

Dieses an sich recht wirksame Schmuckmittel verbreitete sich dann von den Fensterbrüstungsfeldern über sämtliche Gefache der

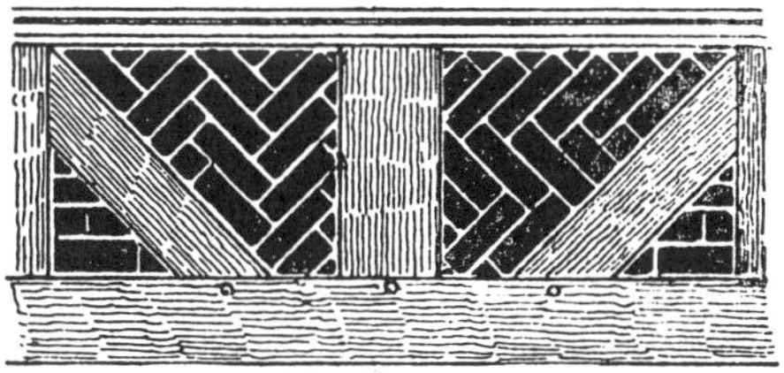

Fig. 243.

Fig. 244.

Fig. 248.

Fig. 245.

Fig. 249.

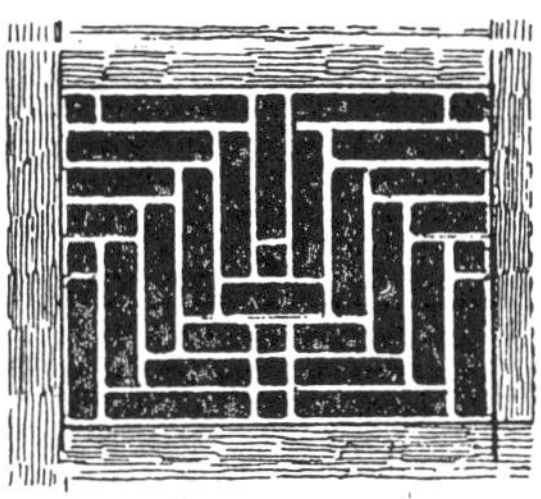

Fig. 246.

Fig. 250.

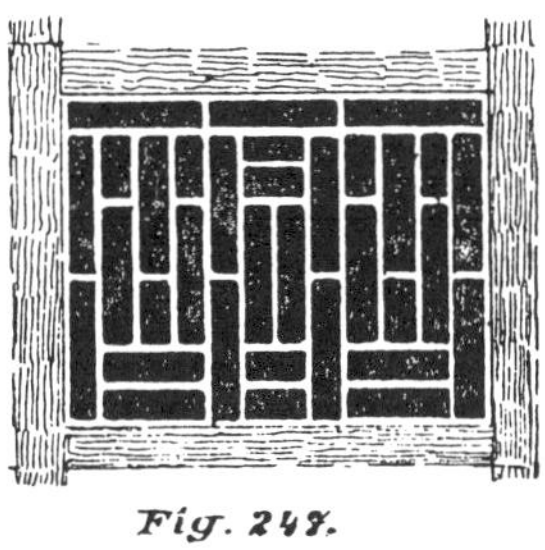

Fig. 247.

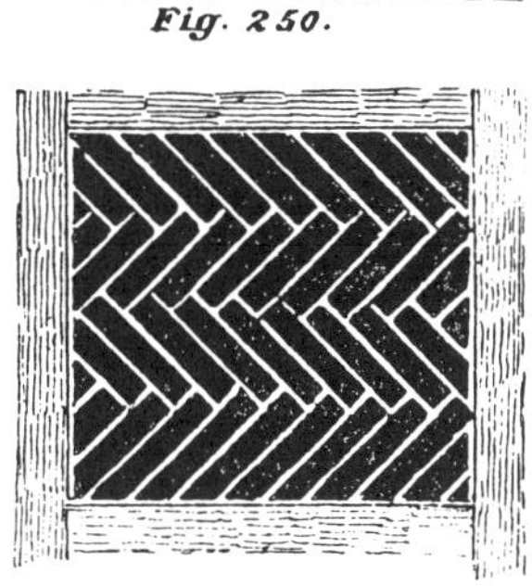

Fig. 251.

Fig. 252.

Fig. 255

Fig. 253.

Fig. 256.

Fig. 254.

Vorderfront, so dass nun ein solcher Fachwerksbau eine ganze Musterkarte in der verschiedenartigsten Abwechselung darbot. Schliesslich wechselte man auch mit farbigen Steinen in demselben Muster ab oder unterbrach das gemauerte Muster durch kleine geputzte Felder, die nun in Verbindung mit dem ebenfalls farbig behandelten Riegelwerk selber, dem ganzen Aufbau eine äusserst reiche aber freilich auch sehr unruhige Erscheinung verleihen.

Diese Art der Felderbehandlung ist auf dem Lande bis heute in Uebung geblieben. Aber bereits in der früheren Zeit des Fachwerkbaues zog diese ländliche Kunst auch in die Städte hinein und wir finden somit gerade im nordischen Fachwerkbau an prächtigen Häusern in Braunschweig, Quedlinburg, Hildesheim u. s. w. neben der üppigsten Schnitzwerkverzierung auch noch phantastisch gemusterte Backsteinfelder, die ausserdem durch lebhafte Farbengebung hervorgehoben wurden. In der neueren Zeit hat man sich an dieser Stelle mit einer einfacheren Behandlung des Mauerwerks begnügt, so dass nur ein dunkler Rand ein helles Feld oder auch umgekehrt ein heller Rand ein dunkleres umrahmt (Fig. 128).

Wo man aber zu der alten Schmuckweise zurückgreift, da wolle man immer beachten, dass, wie beim Backsteinbau überhaupt, so hier ganz besonders die Fugen mit zur Darstellung gebracht werden und in hellem Mörtel sich kräftig von den roten Backsteinen abheben müssen (Fig. 251 bis 256).

e) Farbig verzierte Fachwerksfelder.

Wo in der Welt sich ein Holzbaustil entwickelt hat, im hohen Norden, in Skandinavien, in Russland, in der Schweiz, in Nord- und Süddeutschland, in den germanischen und in den slavischen Ländern, da hat er sich nicht an dem schlichten Holzton selber genügen lassen, sondern mit frischer Farbengebung einen lebhaften Kontrast zu dem ruhigen Braun zu schaffen gesucht.

Fig. 257.

Kuranstalt des Dr. Richter in Rudolstadt.

Wo man aber die Gefachfelder mit Putz überzog, wurde zur Erzielung einer lebhafteren Farbenwirkung der Putzfläche weitere farbige Behandlung hinzugegeben.

Als ein einfaches Mittel hierzu benutzte man besonders in Thüringen gern einen farbigen Streifen, der die Holzumrahmung des geputzten Feldes in einem Abstande von etwa 10 cm begleitete. Das Feld hat hierdurch eine Zweiteilung in eine Borde und in ein Mittelfeld erfahren, die noch kräftiger betont werden kann, wenn man dem schmalen Bordestreifen einen etwas dunkleren Ton als dem Mittelfelde gibt.

Gelblich oder graugrün sind hier passende Bordefarben zu dem weissen oder grünlich weissen Mittelfelde. Die Abgrenzungslinie selber kann rot, blau, dunkelgelb, braun oder grün sein. Will man noch mehr anwenden, so werden die Ecken des Mittelfeldes mit einer kleinen Rankenverzierung, mit einem Blümchen u. dergl. aufgeziert (Fig. 32).

Dieselbe Teilung in Borde und Mittelfeld erreicht man auch durch die Behandlung des Putzes selber. Der Saum oder die Borde erscheinen hierbei glatt, die Felderfläche wird in zartem Rapp- oder Stipp-Putz ausgeführt. Sie tritt dabei etwa einen Zentimeter vor den Saum vor (Fig. 258).

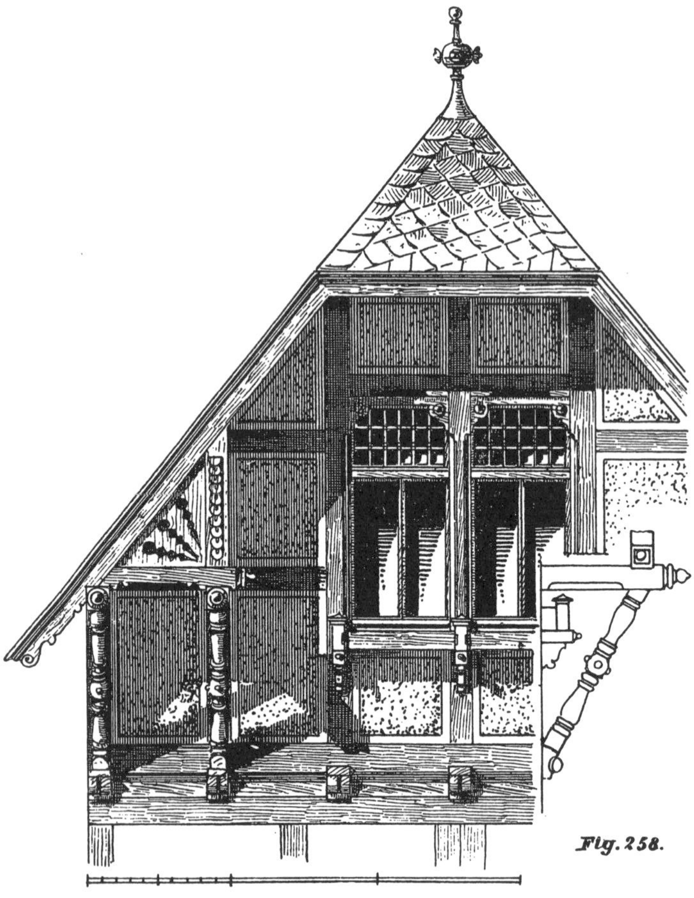

Fig. 258.

Auch hier kann man die Trennung zwischen der glatten Borde und dem rauhen Putzfelde noch betonen, wenn man das Putzfeld um einen kleinen Ton dunkler als den Rand hält. Es erscheint zwar an und für sich schon etwas dunkler, da die einzelnen kleinen Vertiefungen Schatten hervorbringen. Es ist aber sehr darauf zu sehen, dass dieser Rappputz nicht etwa sehr grob ausfällt; dann wird seine Wirkung eine unangenehme (Fig. 258).

Bei kleinen zierlichen Fachwerksgiebeln, die ausserdem in der weiter oben gezeigten Art und Weise durch allerhand Krummhölzer in kleine und unregelmässige Felder zerlegt worden sind, gibt man hier einen weiteren sehr wirkungsvollen Schmuck hinzu, indem man zierliche Ranken und Blumen in den rauhen Putz hineinpresst, oder vielmehr nach Schablonen in denselben hineinarbeitet. Da diese natürlich glatten Grund erhalten, heben sie sich kräftig aber ungemein ruhig und edel von dem Hintergrunde ab. Das umrahmende Holzwerk muss natürlich ziemlich dunkel gehalten werden.

Die allerreichste und lebhafteste, natürlich auch kostspieligste Belebung der Fachwerkfelder erzielt man endlich durch ornamentale Bemalung derselben. Diese kann al fresco in alter Manier oder auch al secco mit Mineralfarben ausgeführt werden. Ein Beispiel dieser Art ist in einem Fassadenteil von der Kuranstalt des Dr. Richter in Rudolstadt in Fig. 257 dargestellt. Hier sind die Ständer und Riegel lebhaft rotbraun gefärbt und alle Abfasungen, Knäufe, Rosetten, Konsolen und Kopfbänder in grell bunten Tönen bemalt. Die Wandfelder tragen auf weissem Putz-Untergrunde farbige Ornamente und allegorische Figuren. Das Dach ist, dem ganzen farbigen Aufbau entsprechend, mit gelben, roten und blaugrünen Dachziegeln gemustert (aus Issel: Häuser in Holzarchitektur).

f) Die Bemalung des Holzes.

Zur besseren Erhaltung des Holzes einerseits, dann aber auch zur Erhöhung des guten Aussehens versehen wir alle Holzteile am Fachwerke mit einem schützenden und zugleich verzierenden Farbenanstrich.

Dies hat man auch in der früheren Zeit schon gethan und auf dem Lande haben sich bestimmte Anstrichfarben für einzelne Gegenden bis auf den heutigen Tag erhalten. Sehen wir die holländischen Bauernhäuser im sogen. „alten Lande“ an der Oberelbe an, so erscheinen sie durchweg in grünem Fachwerk mit weissen Putzfeldern. Grün bildet hier überhaupt auch für die Verzierungen in Verbindung mit Gelb die Lieblingsfarbe. Die Bauernhäuser der „Geest“ haben rote Felder aus Backsteinen und dazu weiss gestrichenes Holzwerk. In Hessen und am Rhein erscheint das Fachwerk dunkelbraun, dunkelgrau und schwarz gefärbt. In Thüringen liebt man Dunkelrot und Braun als Holzfarben; kurz, überall, wo sich ein ausgeprägter Fachwerksbau erhalten hat, findet sich auch eine besondere Farbengebung für die Holzteile (siehe Abschnitt 3 „Der Blockbau“.)

Auch die moderne Holzarchitektur hat sich aus guten Gründen wieder der Farbe zugewandt und zwar nicht, wie zuerst, den matten, sondern den kräftigen Tönen, die einen scharfen Kontrast zwischen Fachwerk und Füllung hervorbringen. So ist dunkelrot, rotbraun, braunschwarz zur beliebten Färbung bei hell geputzten Wandfeldern geworden.

Bei gemauerten Feldern pflegen wir die Holztöne heller zu halten, z. B. gelblichbraun in seinen verschiedenen Abstufungen. Da bei gemauerten Feldern noch vielfach Abfasungen an dem Riegelwerk vorkommen, so werden diese jetzt lebhaft gefärbt, um sich deutlich sichtbar zu machen. Hellbrauner Holzton mit grellroten oder dunkelroten Abfasungen ist eine beliebte Farbenzusammenstellung, ebenso lichtbraun mit lichtblauen Fasen. Dunkelblau, violett, orange eignen sich nicht für gefärbte Architekturen.

Die Farbe muss so sein, dass sie auf den grösseren Holzflächen noch die Struktur des Holzes erkennen lässt. Sehr schlecht sieht dick aufgetragener Oelfarbenanstrich aus, besonders wenn er noch glänzend wirkt. Bei der Renovierung alter kunstvoller Holzbauten hat man da oft gefehlt und den feinen ausgestochenen Fassadenschmuck durch aufgeklexte Oelfarbe um seine gute Wirkung gebracht. Bezüglich der Farben selber weisen wir hier auf einige neuere bewährte Anstriche hin.

Für Holzanstrich bevorzugte man bisher die sogen. Kaseïnfarben, da sie keinen Glanz besitzen. Diese Farben können aber, da sie leicht in Fäulnis übergehen, nicht im Vorrat gehalten werden und ihre jedesmalige Herstellung ist ziemlich umständlicher Art, deshalb wollen wir es nicht unterlassen, für den praktischen Gebrauch an dieser Stelle auf die sogen. Granitin-Dauerfarbe der Firma Kleine & Flume in Bonn hinzuweisen. Dieses Anstrichmaterial vereinigt alle Vorzüge der Kaseïnfarben, ohne deren Nachteile zu besitzen. Die von der Firma gelieferte graugelbe Grundfarbe kann, je nach Bedarf, mit allen kalkechten Erdfarben gemischt werden. Ein einmaliger Aufstrich deckt vollkommen und trocknet ungemein schnell, was bei allen Arbeiten im Freien von grossem Werte ist. Die Farbe eignet sich sowohl zum Anstreichen der Putzflächen, wo sie auf den noch feuchten Putz sofort aufgestrichen werden kann, als auch zur weiteren farbigen Ausschmückung derselben. Für das Holzwerk ist sie um so mehr zu empfehlen, als sie auch sehr gut auf schon vorhandenem alten Oelfarbenanstrich ohne Nachteil aufzusetzen ist. Selbstredend ist der Anstrich vollkommen wetterbeständig.

Im allgemeinen hat man speziell für Holzanstrich, Farben mit öligen, d. h. etwas elastischen Bindemitteln im Gebrauch. Denn die sonst sehr empfehlenswerten Mineralfarben werden sehr hart und spröde und können den Bewegungen des Holzes nicht folgen. Für die geputzten Flächen hingegen haben sich die Keimschen Mineralfarben ausserordentlich bewährt. Sie geben der Fläche vollständig den Steincharakter, bleiben porös und verbinden sich durch ihr Bindemittel, nämlich die Kieselsäure, auf das Innigste mit jedem mineralischen Untergrunde. Natürlich müssen etwaige trennende Schichten von alten Anstrichen entfernt werden, weil sonst eben die oben bezeichnete innige Verbindung nicht stattfinden kann. Diese Farben dienen auch als Grundanstrich, wenn man mit den Keimschen Mineraldekorationsfarben wetterbeständige Dekorierungen darauf anbringen will.

Kleineren Zieraten, wie Knöpfen, Konsolen, Rosetten u. s. w., gibt man mehrere Farben als Anstrich. Hier bilden grün, rot und gelbliches Weiss beliebte Zusammenstellungen. Dabei ist zu merken, dass man alle ausgestochenen Vertiefungen heller färbt als erhabene Profile; kleine Nuten hält man ganz hell, wenn sie wirken sollen. So schneidet man gern freistehende Ständer aus dem vollen Holze heraus und gibt trennende horizontale Profile von Wulsten, Kehlen, Nuten und Einkerbungen hinzu. Hier trennt man die roten Wulste von den grünen Kehlen durch gelblichweiss gefärbte Nuten und Kerben.

Weitere farbige Zuthaten an den Hölzern des Aufbaues finden wir an den Blockbauten im russischen und schweizerischen Holzstile. Dieselben finden im dritten Abschnitte dieses Buches nähere Berücksichtigung.

9. An- und Aufbauten.

In den reich gewordenen Handelsstädten Süddeutschlands, vornehmlich in Nürnberg, die im 15. und 16. Jahrhundert häufig zum Schauplatze bedeutender politischer Ereignisse wurden, wo Reichstage und Kaiserkrönungen die Fürsten versammelten, wo die Concile der Geistlichkeit mit all ihrem Pompe sich entfalteten, — da entwickelte sich, begünstigt durch die Trachten jener Zeit, ein farbenprächtiges, geräuschvolles Strassenleben. Dieses wollte auch der wohlhabende Bürger in Behaglichkeit geniessen und er kam naturgemäss auf den Gedanken, seine Wohnung durch einen Anbau an der Vorderfront des Hauses der Strasse näher zu bringen, so dass er sie nach allen Richtungen hin übersehen konnte. Besonders die Gattinnen und Töchter wohl waren es, die solch einen angebauten „Lugaus" befürworteten, teils um zu sehen, teils um gesehen zu werden. Gibt doch noch heute der Volksmund dem Baumeister für seinen Hausentwurf die weise Lehre: „Willst du der Tochter gefallen, so bau einen Erker daran". Kurz, gerade in Nürnberg entstanden an massiven sowohl als an Fachwerkshäusern jene vieleckigen Erker oder Chörlein, die, mit spitzem oder geschweiftem Helm versehen, wie ein Schmuckkästchen dem Hause sich vorlegen. Man nannte diese Erker mit polygonalem Grundriss „Chörlein", weil sie die Form des Chorbaues an der Kirche im kleinen nachahmen.

Anders war dies in Norddeutschland. Hatte die gesamte Fassadenentwickelung hier schon eine strengere, durch bestimmte Konstruktionsgewohnheiten bedingte, Erscheinung angenommen, so verhielt sich der Bürger im allgemeinen solch in die Augen fallenden Erkerchörlein gegenüber, die so neugierig in die Strasse hinauslugten, entschieden ablehnend. Zwar mochte auch er gern das Strassenleben in Bequemlichkeit geniessen, aber er durfte nicht so aufdringlich erscheinen und der ernsten Würde des Hauses und seines Besitzers nicht zu nahe treten.

So schuf er sich einen Auslug bescheidener Art, indem er vor das Erdgeschoss einen Teil seines Wohnzimmers um ein weniges hinausrückte, oft nur um die doppelte Ständerstärke, so dass zwei schmale Schlitzfenster möglich wurden, die trotzdem zur Uebersicht über die Strasse nach beiden Seiten hin genügten. Man bezeichnet diese rechteckigen Vorbauten als „Ausluchten" und ihre Verbreitung in den norddeutschen Städten lässt sich etwa von der Mitte des 16. Jahrhunderts ab deutlich verfolgen. Ein einfaches Pultdach bildete nach oben hin ihren Abschluss. Als aber diese Vorbauten mit der Zeit höher und höher hinauf wuchsen, als sie auch über das erste, ja sogar über das zweite Stockwerk hinübergriffen, traten sie auch im Aeusseren anspruchsvoller auf. Sie wurden nun mit einem Satteldache versehen, das in der Vorderansicht einen Giebel bildete, der genau parallel mit der Neigung des Hauptdaches in dieses selber sich einschnitt. Hierdurch gewann die Strassenfront des Hauses bedeutend an lebendigem Aussehen, das um so grösser wurde, je mehr man bestrebt war, diesen Vorbau mit all den prächtigen Schmuckmittel auszustatten, die dem Fachwerkbau der Renaissancezeit in so reichem Maasse zur Verfügung standen. Für den modernen Fachwerksbau lässt sich diese Art der „Ausluchten" zwar auch wieder verwerten; im allgemeinen hat man sich aber mit Vorliebe jenen süddeutschen Formen der Erkervorbauten zugewandt, die keck aus der Flucht der Fassade heraustreten und auch bei kleinen Abmessungen schon belebend zu wirken vermögen.

a) Erker.

Rechteckige Erker. Die Grundrissform des Erkers, wie sie im 15. Jahrhundert bereits ausgestaltet war, kann sehr verschiedenartig sein. Am einfachsten macht man sie rechteckig mit grösserem oder geringerem Vorsprunge, je nachdem im Innern des Zimmers der Erker mehr als selbständiger kleiner Anbau oder nur als einfache Zimmererweiterung gelten soll.

Seine Anordnung liegt meist im ersten Stockwerk des Hauses, doch ist es nicht ausgeschlossen, dass auch im Erdgeschosse, besonders wenn dasselbe ziemlich hoch über der Strasse liegt, derartige Ausbauten passenden Platz finden.

Entsprechend der Breite des Erkers werden einige Balken herausgestreckt, die die Erkerständer aufzunehmen haben. Sie finden bei geringer Ausladung durch untergelegte

Fig. 259.

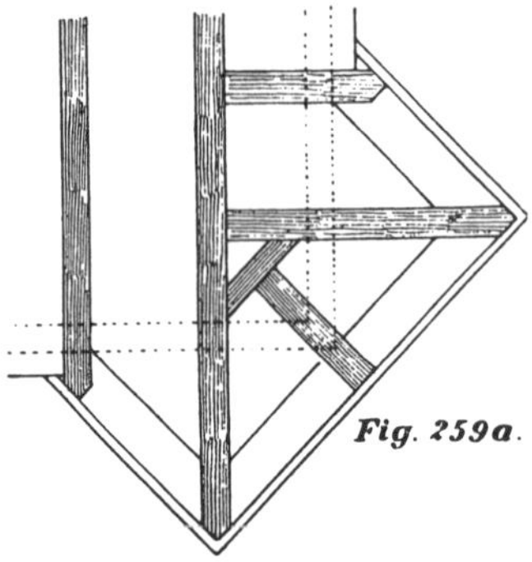

Fig. 259a.

Knaggen, bei grösserer durch kräftige Kopfbänder ihre Unterstützung. Das Dach kann ein Pultdach oder ein Walmdach sein. Letzteres erhält eine einfache oder eine geschweifte Form, wie sie sich aus dem Zwiebeldach entwickelt hat. Als Dachdeckung kommen Schiefer zur Verwendung oder jetzt besonders gern jene prächtigen Dachplatten aus gebranntem Thon, die in neuester Zeit in den verschiedensten Grössen und Farben hergestellt werden (Fig. 89).

Endigt der Erker, wie das wohl vorkommt, oben in eine offene Altane, so erhält dieselbe eine Brüstung, ähnlich einem offenen Balkone (Fig. 125). Dass hierbei die Fussboden-Konstruktion des oberen Sitzplatzes resp. die Decke des Erkers besonders sorgfältig gegen Nässeeinfluss zu schützen ist, liegt auf der Hand. Näheres darüber siehe weiter unten unter „Die Konstruktion der Erker“.

Die Grösse solcher Erkervorbauten beträgt im Lichten gemessen etwa 75 cm Tiefe bei 150 cm Breite, oder wie in unseren Figuren 70 : 160 cm, oder 100 : 200 cm.

Ueber Eck gesetzte rechteckige Erker. Eine selbständigere Gestaltung gewinnt die Grundrissform des Erkers sofort, wenn der rechteckige Erker nicht aus der Flucht der Vorderfront, sondern aus der Ecke, diagonal zu derselben gestellt, heraustritt. Hier wird, wie aus Fig. 259 und 259a ersichtlich, eine Ergänzung der unterstützenden Balkenlage durch ein Stichgebälk notwendig. Ein solcher Erker kann durch ein oder durch zwei Stockwerke hindurchreichen und sich mit einem Pultdache an die Ecke, besser aber mit einem Walmdache der verschiedensten Form an beide Gebäudeseiten anschliessen (Fig. 259).

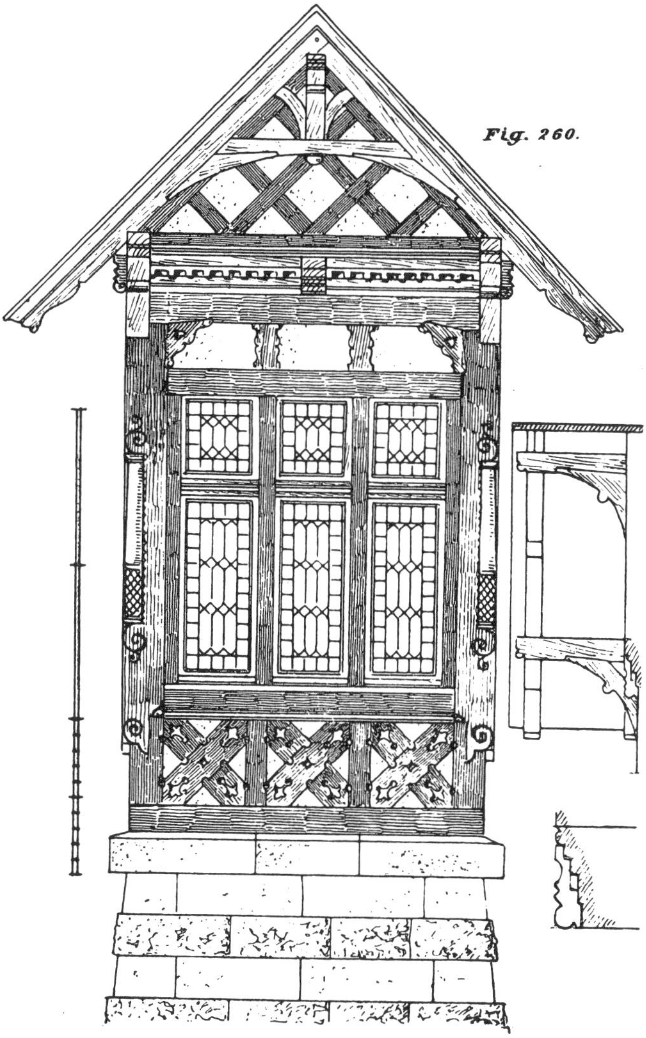

Fig. 260.

Reicht der Erker bis zur Dachtraufe hinan, so kann er als Abdeckung ein ganz selbständiges Dach erhalten, das nun gern die Form eines Erkertürmchens von mancherlei Gestalt annimmt (Fig. 261 und 262).

Dreieckige Erker. Im modernen Wohnhausbau geht man von dem Bestreben aus, auch dem kleinsten Wohnhause, dem sogen. Arbeiterhause, ein nettes Aeussere und noch viel mehr auch ein wohnliches Innere zu verleihen. Auch hier sehen wir deshalb vielfach erkerartige Vorbauten angebracht, die allerdings in ihren Grössenverhältnissen, entsprechend der Grösse des Gebäudes, nur bescheiden auftreten können. Aus diesem Grunde hat man zu der kleinsten Grundrissform des Erkers gegriffen, nämlich zum Dreieck, das aber immerhin einen genügenden Lugaus, ja sogar noch einen ausreichenden Sitzplatz gewährt.

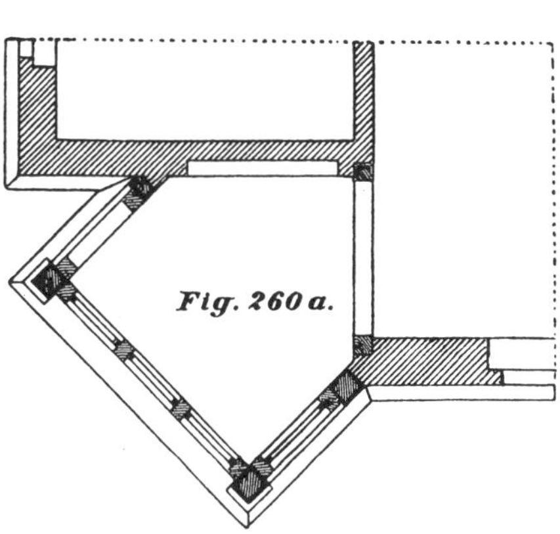

Fig. 260a.

Ist die Ausladung eines solchen Erkers nur eine sehr geringe, also etwa 50 bis 75 cm, so sieht man von einer Unterstützung des einzigen herausgestreckten mittleren Balkens, der den Eckständer aufzunehmen hat, ganz ab, und lässt den Erker freischwebend vor die Front treten. Die Grösse solcher kleiner Erkerbauten beträgt etwa 50 bis 70 cm Tiefe bei 150 bis 160 cm innerer Breite (Fig. 263).

Werden die Abmessungen aber grösser, z. B. 100 : 200 cm, so tritt der Erker schon selbständiger auf und bedarf einer unteren Unterstützung. Eine

Fig. 261.

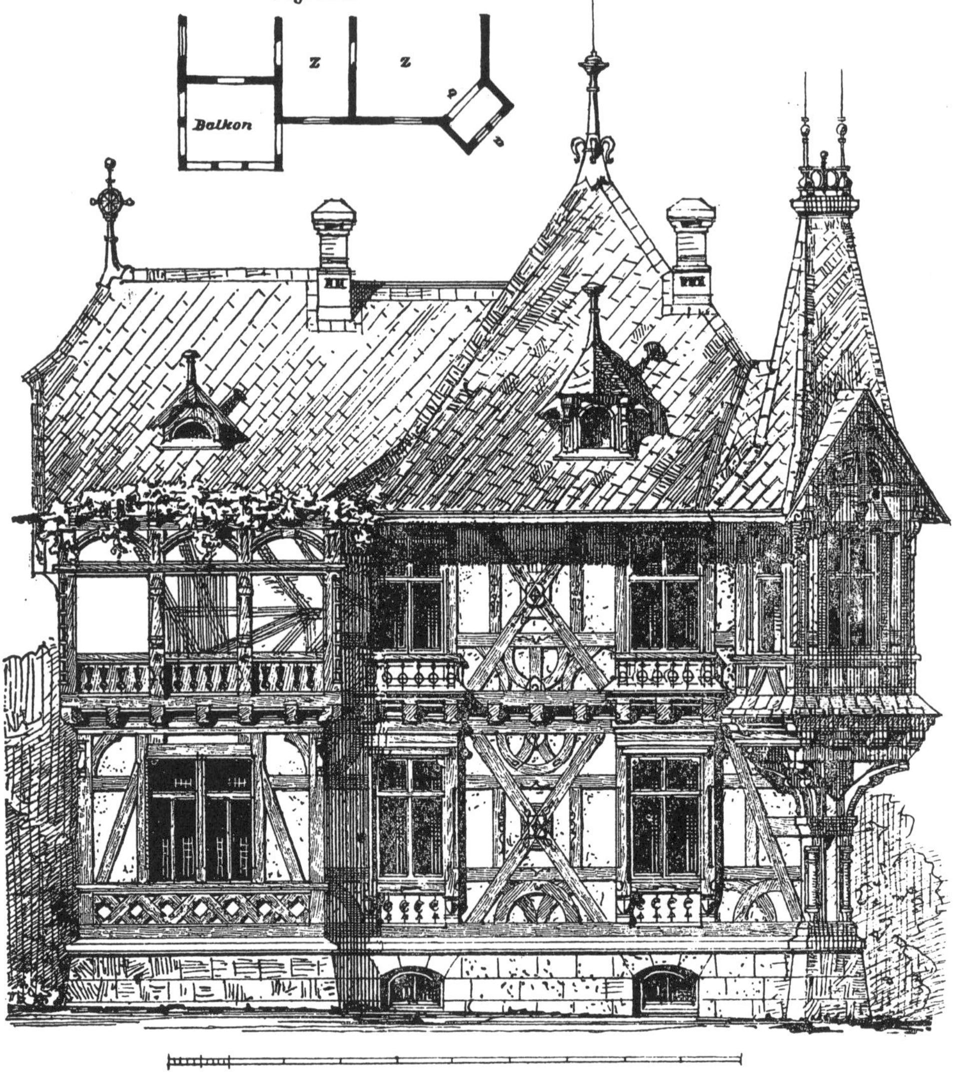

solche wird durch Kopfbänder hergestellt, die von einem kurzen Stiele aus nach der freischwebenden mittleren Ecke und auch nach den seitlichen Schwellen geführt werden. Der die Kopfbänder aufnehmende Stiel muss auf einer Konsole aufgefangen werden (Fig. 264 bis 266).

Das Dach bildet die Hälfte eines über Eck gestellten Zeltdaches und legt sich mit Verankerung an die Hauswand an. Ist der dreieckige Erker so gross, dass er oben eine Altane aufnehmen kann (Fig. 264), so wird ein Dach nur andeutungsweise zum besseren Abschlusse und zum Schutze des Erkers ausgebildet. Es genügt hier ein flaches Papp- oder besser ein Zinkdach.

Vieleckige (polygonale) Erker. Die lebendigste und reizvollste Grundrissform, die vornehmlich dem süddeutschen Fachwerksbau des 15. und 16. Jahrhunderts eigen war, gewinnt der Erker, wenn er vielseitig ge-

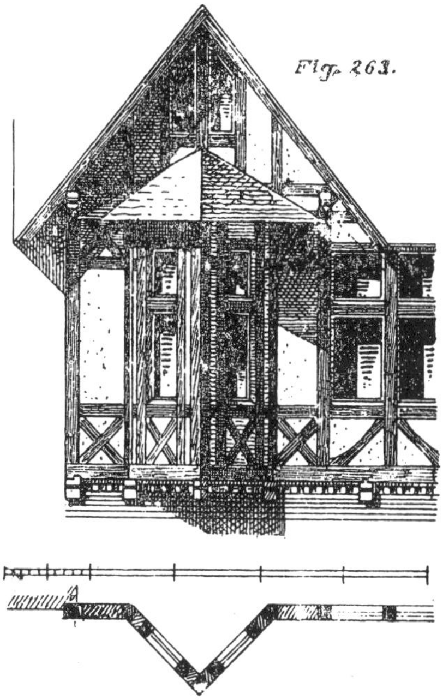

Fig. 263.

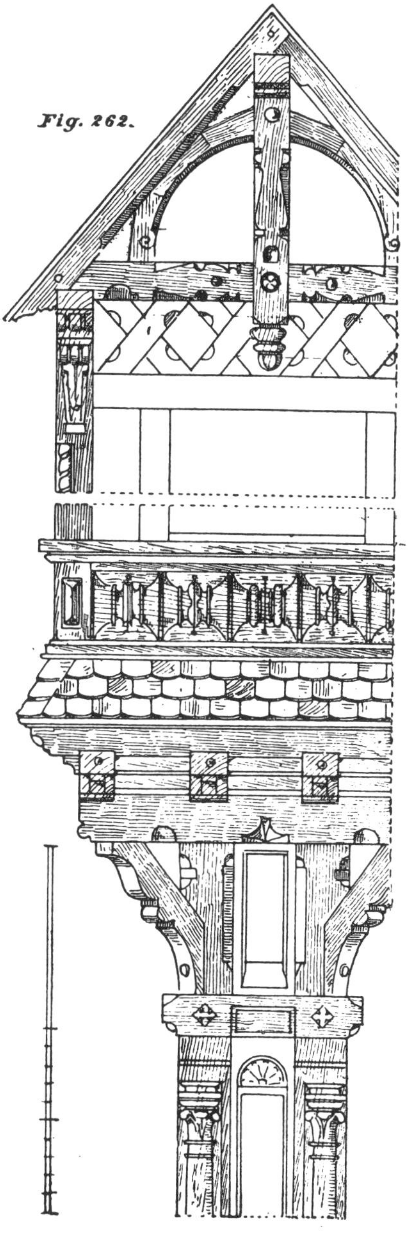

Fig. 262.

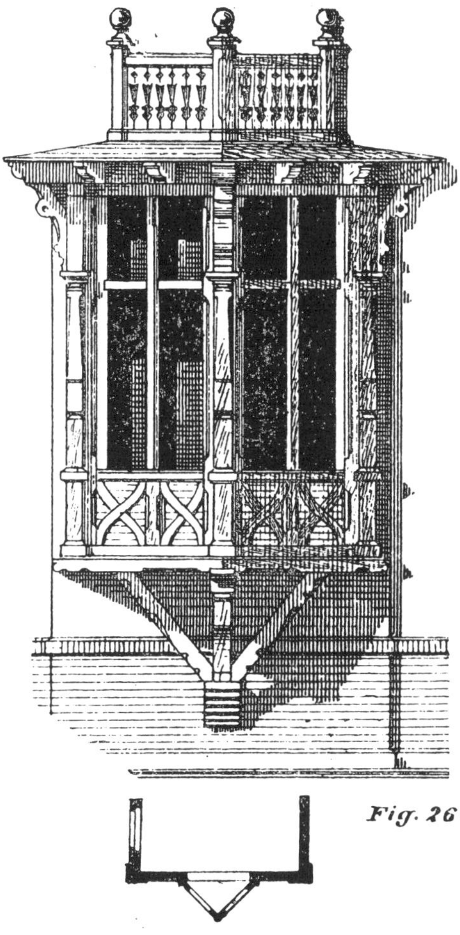

Fig. 264.

staltet wird. Für die Konstruktion ist dieses allerdings die ungünstigste und kostspieligste Form, denn sie bedarf sehr starker Eckständer und weit ausladender, dem zerstörenden Witterungseinflusse ausgesetzter Unterstützungshölzer. Den Aufbau eines viereckigen Eckerkers aus dem 15. Jahrhundert von einem Hause in Strassburg stellen die Fig. 269, 269a, b, c dar (nach Viollet-le-duc).

Als solche Erkerbauten sich auch den vorhandenen massiven Steinfassaden vorsetzten, umkleidete man die freiliegenden Unterstützungs-Kopfbänder mit geschweiften Brettern und gab so dem Ganzen das Aussehen eines einzigen grossen Kragsteines, wie solche in Werkstein bei massiven Vorbauten längst üblich waren (Fig. 270). Als man dann diese hohle Konsole mit einer dem Werkstein

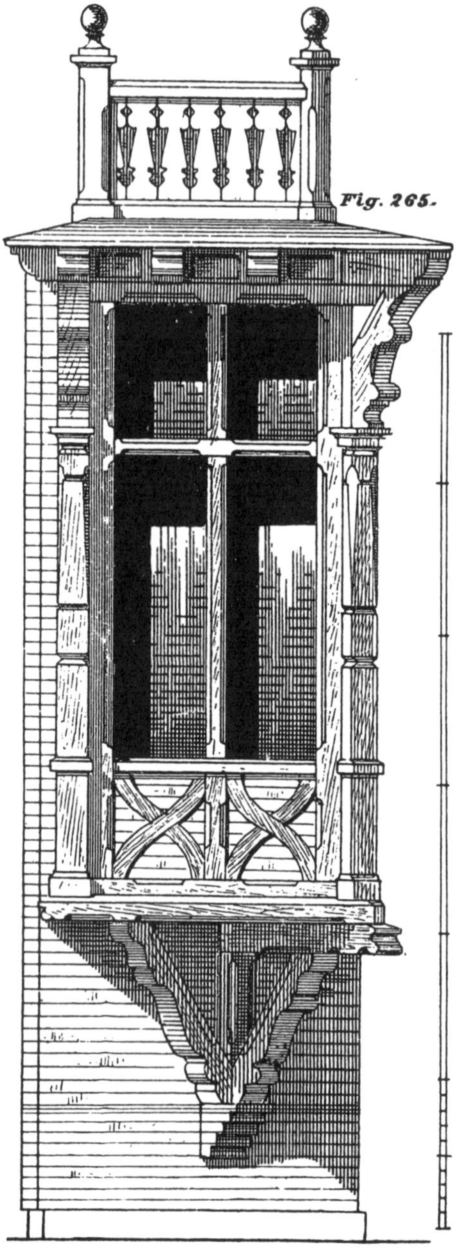

Fig. 265.

Fig. 266.

entsprechenden Farbe anstrich, und die starken Hölzer des Aufbaues in zierlichen Formen, die der Werksteinarchitektur sich anschmiegten, ausgestaltete, verlor ein solcher Erkerbau ganz die Eigenart der Holzarchitektur. Eine solche Behandlung müssen wir heute gänzlich verwerfen. Manchmal setzte man den hölzernen Erkerbau auch wirklich auf einen steinernen Kragstein und so kann es auch heute noch geschehen, wenn der Stil des hölzernen Erkerbaues selbst dabei gewahrt bleibt (Fig. 270).

Im eigentlichen Holzbau wird man in den genannten stilistischen Fehler ohnehin nicht leicht verfallen und so finden denn zum Schmuck und zur Belebung des Wohnhauses solche vieleckigen Erkerbauten heute in richtiger Ausbildung eine bevorzugte Verwendung.

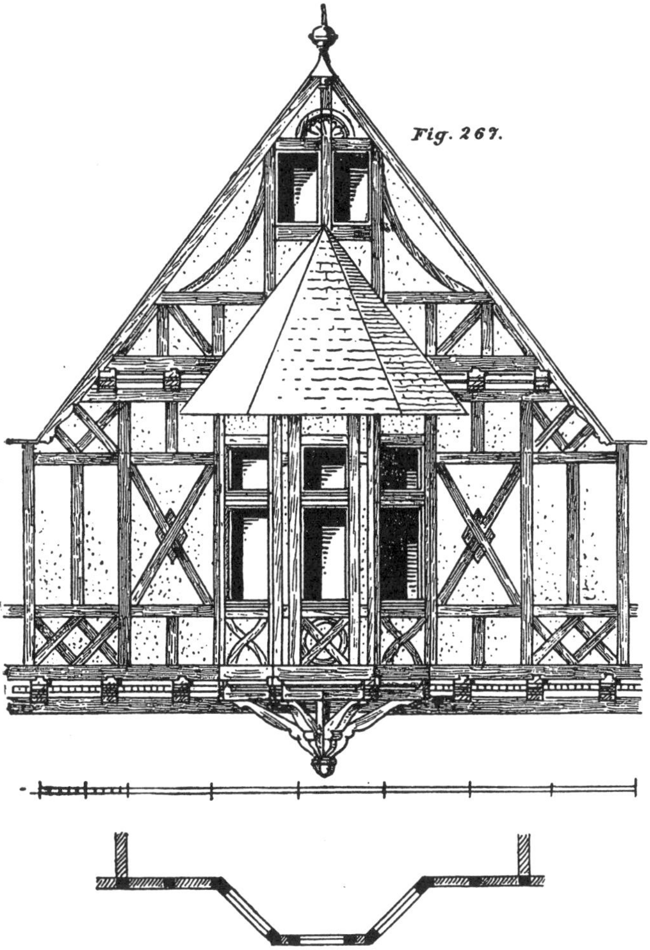

Fig. 267.

Die Grundrissform des Ausbaues kann nun eine sehr verschiedenartige werden, je nachdem der Erker wieder mehr oder weniger als selbständiger Bauteil gedacht ist.

Letzteres ist immer der Fall, wenn er aus der Ecke eines Bauwerkes heraustritt, dieselbe also gewissermassen zu einer schöneren Form überführt. Liegt ein Erker von vielseitiger Grundform einer Zimmerwand vor, so erhält er meist drei gleiche Seiten, die den sichtbaren Teil eines im Uebrigen unsichtbaren Achteckes bilden (Fig. 267).

Die Unterstützung eines solchen Erkers geschieht, wie aus Fig. 267 ersichtlich, durch 4 Kopfbänder, die sich an einem, durch eine Konsole abgefangenen kurzen Stiele vereinigen. Das Dach ist naturgemäss ein Teil eines achtseitigen Pultdaches, von dem hier nur drei Seiten sichtbar werden. Es wird mit der Wand, an der es sich totläuft, gut verankert. Eine derartige Gestaltung des Erkers findet sich auch auf Tafel 7 und 8.

Am besten wirkt die achtseitige Grundrissform des Erkers, wenn sie aus der Ecke eines Hauses oder eines Gebäudeteiles heraus sich entwickelt. Es werden dann fünf Seiten des Achteckes sichtbar. In Fig. 268 ist ein solcher Eckerker in der Weise ausgebildet, dass wenigstens je ein Teil der vierten und fünften Seite noch sichtbar gemacht erscheint. Hierdurch gewinnt der ganze Aufbau schon viel an Freiheit. In den Fig. 270 (vom Architekten H. Pylipp in Nürnberg) und 271 (vom Baurat Fritze in Meiningen) ist das „Chörlein" am deutlichsten zur Anschauung gebracht. Der Aufbau ruht einmal auf einer steinernen Konsole, das andere Mal auf 4 hölzernen Kopfbändern, die sich wieder an einem senkrechten Stiele vereinigen, der durch eine massive Zwergsäule unterstützt und so in die Werksteinarchitektur übergeführt worden ist.

Fig. 268a.

Fig. 268

Für den Grundriss in Fig. 270 sind zwei verschiedene Lösungen angegeben. Derselbe entwickelt sich links aus einem regulären Achteck und rechts aus einem regulären Neuneck. Die letzte Form tritt natürlich weit mehr aus der Fassadenflucht heraus als die erste. Als Dach ist in beiden Fällen ein Helmdach gewählt, so dass dieser Erker schon die Bezeichnung „Erkertürmchen" verdient.

Eine andere Lösung mit einem Zwiebeldach gibt die Fig. 272 (vom Architekt Sacker, Entwürfe im Stile des Mittelalters, bei E. Wasmuth-Berlin).

Derartige architektonische Lösungen sind heutzutage sehr beliebt und am freistehenden Landhause sowohl als besonders am städtischen Wohnhause dem so heiss begehrten Turme, der zumeist gar keinen Nutzwert hat, entschieden vorzuziehen. Aehnliche Ausbauten sind auch auf den Doppeltafeln 2 und 3, sowie 4 und 5 dargestellt. Eine köstliche Fassade mit mächtigem Erkerausbau, der für ein mässiges Zimmer Platz gewährt, findenwir in Fig. 273 wiedergegeben. Es ist das berühmte, aus dem Jahre 1568 stammende sogen. „alte Haus zu Bacharach", ein Holzbau, der sich in seiner architektonischen Gruppierung den besten Schöpfungen der Neuzeit an die Seite stellen kann. Bei der hier wiedergegebenen Aufnahme erscheint allerdings das Haus mit all seinen verunstaltenden Umbauten, die einer anderen Lösung wieder Platz machen müssten.

Die Konstruktion. Weit herauskragende Erkervorbauten haben zwei schwache Punkte, die bei der konstruktiven Behandlung besondere Beachtung erfordern. Sie liegen in der Ausbildung des Fussbodens und meist auch in derjenigen der Decke. Der Fussboden wird bei einer Holzkonstruktion unter gewöhnlichen Verhältnissen zu kalt werden. Ein einfacher Fussboden auf der herausgestreckten Balkenlage mit dazwischen gefügter Einschubdecke und unterer Verschalung genügt hier kaum. Mindestens müsste man zunächst einen rauhen Fussboden auflegen und darauf erst die eigentliche Dielung bringen. Noch besser erhöht man über einem rauhen Fussboden die eigentliche Dielung des Erkers um eine Stufe gegen das Zimmerplanum und schafft somit einen Hohlraum, der, besonders bei Anlage einer Zentralheizung, leicht zu erwärmen wäre. Auch die Fensterbrüstungen werden sehr kalt werden und daher leicht feuchten Niederschlägen im Innern ausgesetzt sein. Hintermauern kann man dieselben nicht, da der Lichtraum hier-

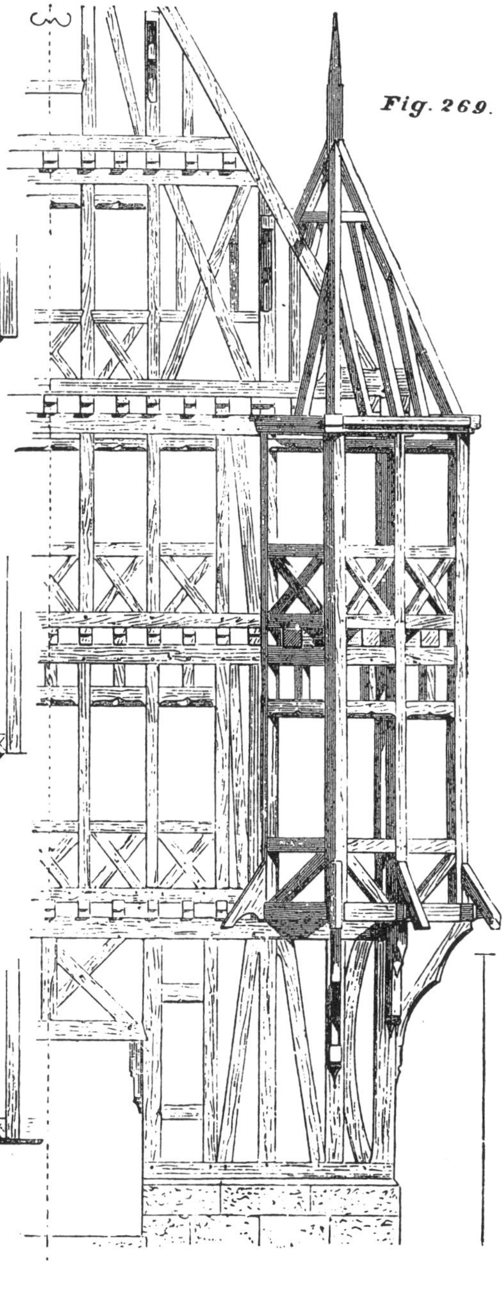

Fig. 269.

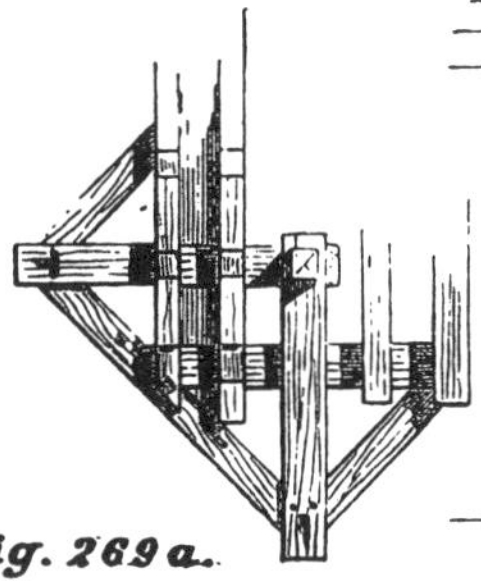

Fig. 269a.

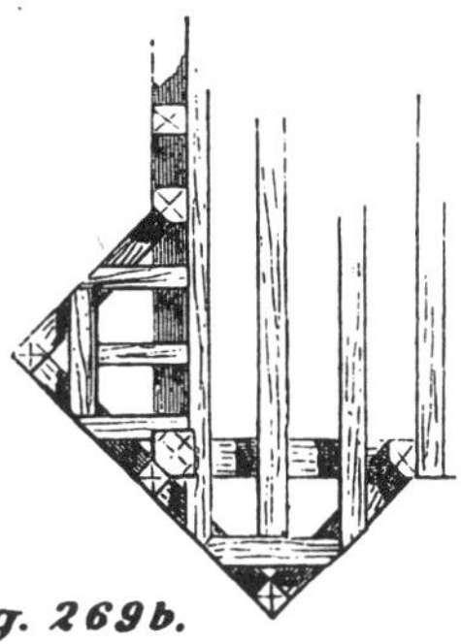

Fig. 269b.

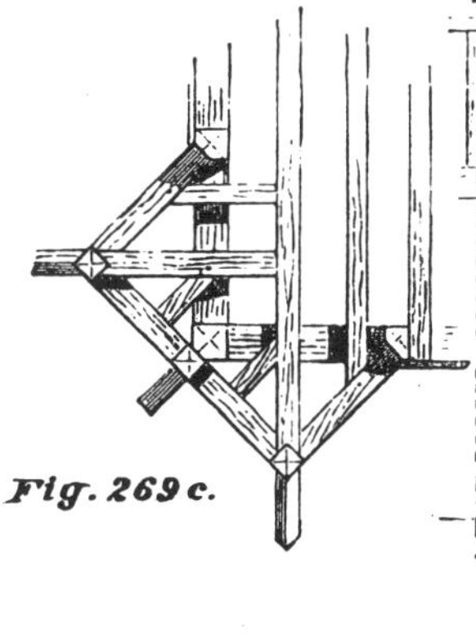

Fig. 269c.

durch eingeschränkt werden würde. Am besten verstärkt man die Wände der Brüstung durch Gipsdielen unter Belassung einer Isolierschicht, so wie dies in den Fig. 37 und 38 dargestellt ist.

Am vorteilhaftesten gibt man dem unteren Teil der Erkerwände eine Vertäfelung von etwa 1,20 bis 1,50 m Höhe.

Die Decke des Erkervorbaues ist vor allen Dingen gegen eindringende Nässe zu schützen. Bei einer Dachdeckung mit Dachplatten aus Thon ist zwar die Gefahr des Durchregnens fast ganz ausgeschlossen, denn dieses Material erfriert nicht und bekommt bei der vorzüglichen Herstellung keine Risse.

Schlimmer ist dies schon bei Schieferdeckung, um so mehr, als man den Dachraum nicht von innen sehen kann. Hier ist also von vornherein ein Undichtwerden zu bedenken und zu beseitigen. Immer ist das Dach fest mit dem Hause zu verankern, wenn es sich an die Wand anlehnt und gut mit Zink an der Anschlusskante gegen die Wand zu dichten. Schliesst der Erkervorbau mit einer offenen Altane ab, so ist eine verdoppelte Decke anzuordnen. Auf der ersten liegt ein Zinkbelag, darauf ein Lattenrost und nun folgt erst der Fussboden der Altane. Im anderen Falle kann dieser Fussboden auch aus einer einfachen eisernen Platte bestehen, wie wir sie zur Abdeckung der Balkone verwenden. Da der mit vielseitiger Grundrissform entwickelte Erker im Innern ein

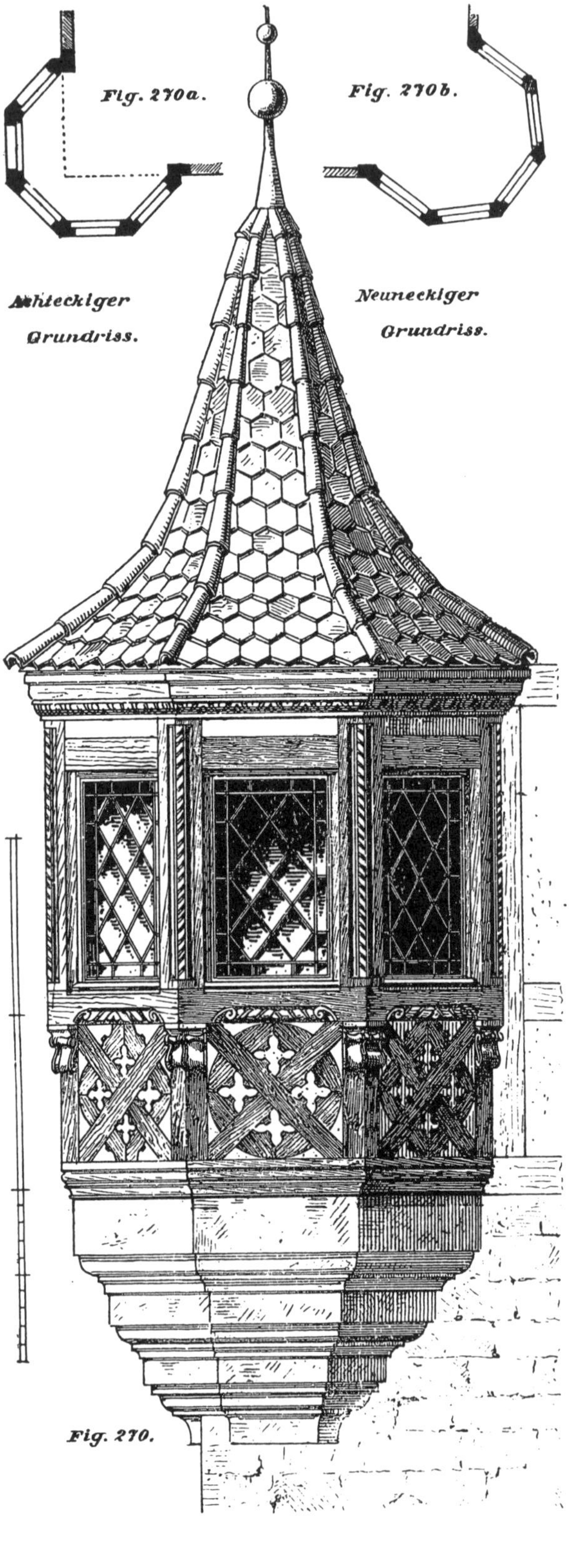

Fig. 270.

kleines Gemach für sich bildet, so kann dieses auch ganz für sich behandelt werden. Gleiche Brüstungshöhen mit den übrigen Zimmerfenstern hält man zwar meistens ein, aber die Fensterhöhen des Erkers selber können niedriger als diejenigen der Zimmer sein, ebenso kann auch die Decke im Erker ganz unabhängig von der Zimmerdecke behandelt, d. h. niedriger gelegt werden. Eine untergeschraubte reiche Holzdecke, deren

Fig. 271 a.

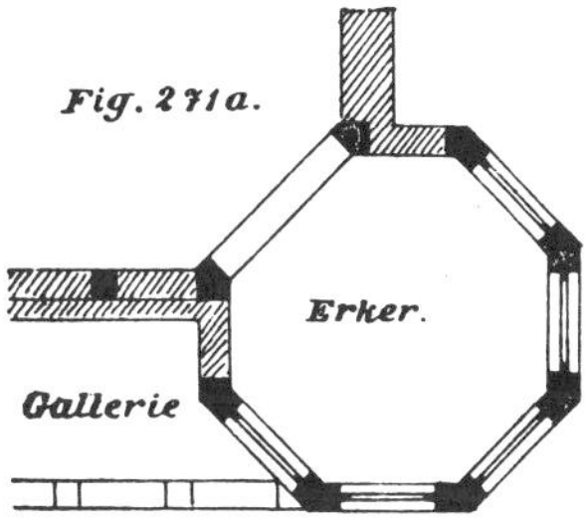

mittlerer Knauf einen Beleuchtungskörper trägt, ist hier leicht anzubringen (vergl. die Fig. 310, 320 bis 322 in Band IV dieses Handbuches).

Fig. 272.

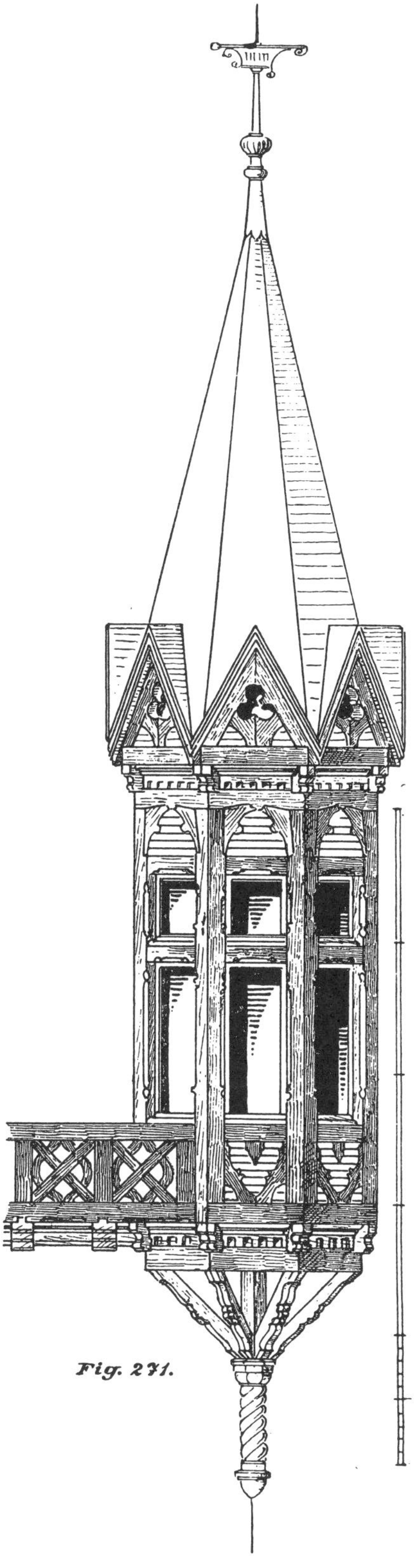

Fig. 271.

Fig. 273.

b) Veranden, Altane und Balkone.

In Verbindung mit Wohnhäusern im Fachwerksbau bringen wir gern äussere, vorgebaute Sitzplätze an, die den Bewohnern die Annehmlichkeit bieten, von der Wohnung aus in bequemster Weise die frische Luft geniessen zu können. Derartige Vorbauten werden am billigsten in Holz hergestellt und schliessen sich somit auf natürliche Weise an die Architektur des Gebäudes an.

Auch bei massiven Wohnhäusern kommen freilich derartige Anlagen vor, ihre Architektur ist aber nicht so leicht in Einklang mit dem zugehörigen Massivbau zu bringen. Bei einfachen Landhäusern ohne reiche Steinarchitektur ist das allerdings verhältnismässig leicht zu erzielen, weit schwieriger wird aber die Sache, wenn das steinerne Wohngebäude einem bestimmten Monumental-Stile folgt. Hier müsste auch der vorgelegte Holzbau sich passend anschliessen und das ist bei gewissen Stilarten, z. B. italienischer Hochrenaissance, Barock u. s. w., fast unmöglich, deshalb müssen hier derartige Veranden oder Hallen, wie man sie in diesem Falle nennt, aus Werksteinen oder Eisen hergestellt werden.

Die Veranda, soweit sie für uns hier in Betracht kommt, wird gewöhnlich in Verbindung mit einem Wohnzimmer oder mit dem Hauseingange angeordnet. Ist sie durch eine Glasthür von einem Zimmer aus zugänglich, so liegt ihr Fussboden in der gleichen Höhe mit dem Zimmerfussboden. Der Unterbau der Veranda selber ist dann massiv zu halten, wobei es auch vorkommt, dass derselbe durch das ganze Erdgeschoss hindurchgeht und die Veranda erst im oberen Stockwerke (I. Stock) in Holz ausgebildet ist (Fig. 282 und 283).

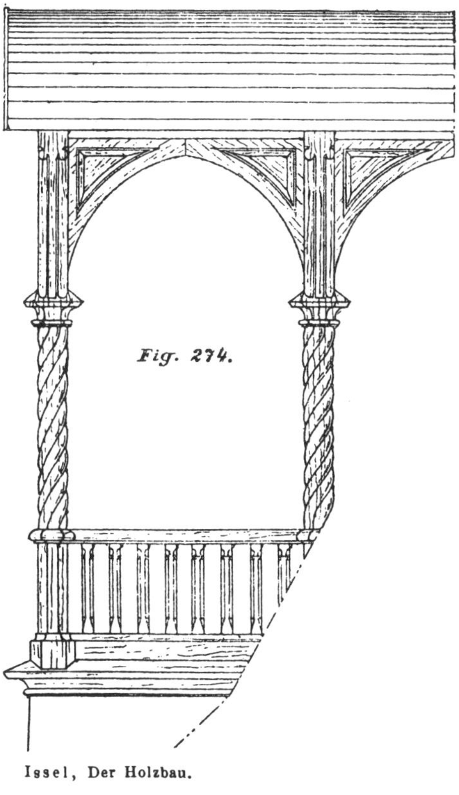

Fig. 274.

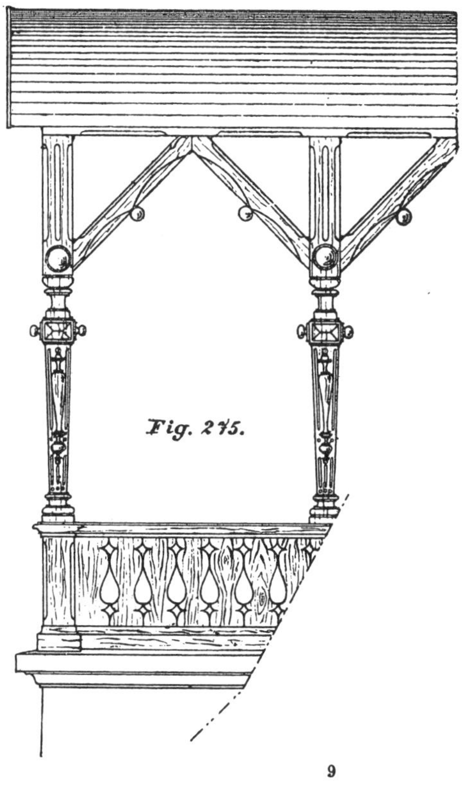

Fig. 275.

Eine solche Veranda bezeichnen wir wohl als Altane. Ist der vorgebaute Sitzplatz aber nicht mit einem Zimmer, sondern mit dem Hauseingange verbunden, so könnte wohl sein Fussboden niedriger als derjenige des Erdgeschosses angeordnet werden. Man müsste eben einige Stufen einlegen. Vorteilhaft ist es jedoch, auch hier die Höhe des Erdgeschoss-Fussbodens einzuhalten. Selbstverständlich ist ein solcher Sitzplatz mit einem festen Dache versehen, das ihm ausreichenden Schutz gewährt.

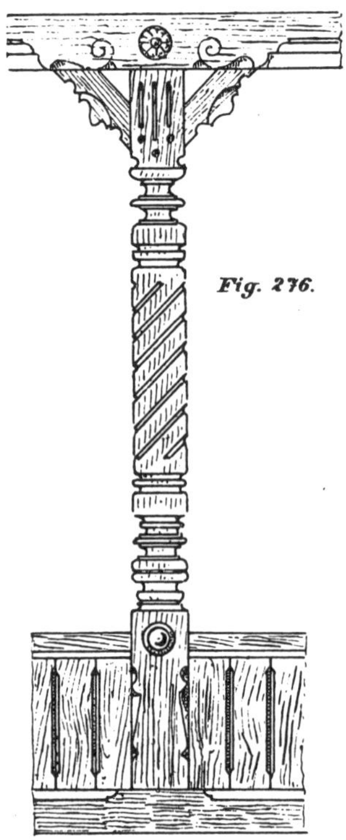

Fig. 276.

Form und Eindeckung solcher Dächer können sehr verschieden sein. Am einfachsten wirkt ein flaches mit Teerpappe, Schiefer- oder Dachplatten gedecktes Pultdach (Fig. 274, 275 und 277).

Steilere Dachformen können als Walmdächer verschiedener Art ausgeführt werden, so, dass manchmal einzelne Teile der Veranda durch besondere Dächer hervorgehoben erscheinen (Fig. 278 und 280).

In einzelnen Fällen wird die Veranda sogar ohne eigentliches Dach ausgeführt, indem sie in das Haus selbst hineingebaut ist und ein darüber liegendes Zimmer mit seinem Fussboden zugleich die Verandadecke bildet, Fig. 279 (von den Architekten Crämer und Wolffenstein).

Eine derartige Anordnung wird aber nur zu den Ausnahmen gehören, denn der darüber liegende Raum kann seines kalten Fussbodens halber nur untergeordneten Zwecken dienen.

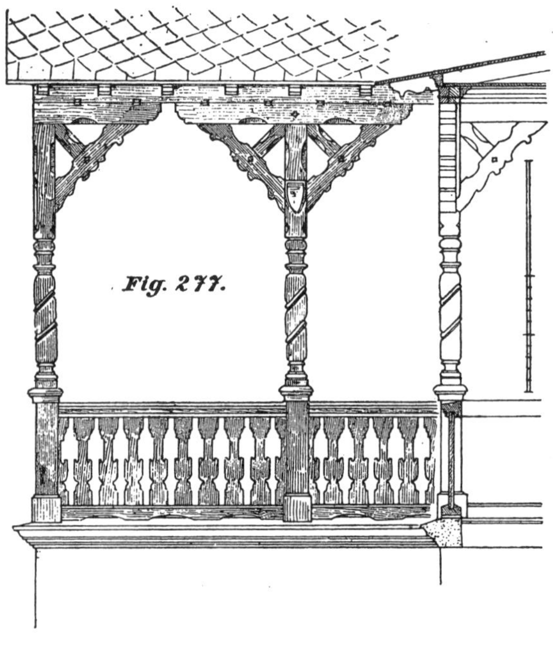

Fig. 277.

In unserem Falle (Fig. 279) liegt über der Veranda ein niedriges Kniestock, das in seinem vorderen Teile nicht zu Wohnzwecken dient.

Schliesslich kommen noch Veranden in Verbindung mit dem Wohnhause sowohl als auch als Einzelbauten vor, die mehr die Eigenart von Lauben an sich tragen und darauf berechnet sind, mit Schlinggewächsen umrankt zu werden. Dieselben sollen an späterer Stelle unter Abschnitt 6 dieses Bandes Besprechung finden. Sie unterscheiden sich dadurch wesentlich von den hier zu betrachtenden Anbauten, dass sie meist eine offene Sparren-

oder Lattendecke aufweisen und in der Behandlung der Holzarchitektur mit Recht einfacher gehalten werden, da ja alle Schnitzarbeit nach der Begrünung vollständig für den Anblick verloren gehen muss.

Aehnliche Grundsätze befolgt man an Veranden, die bei Miethäusern in zwei Stockwerken übereinander auftreten. Diese Anordnung ist die übliche in allen Sommerkurorten. Da auch hier auf Bepflanzung mit Schlinggewächsen gerechnet wird, so muss die Holzarchitektur einfach behandelt werden (Fig. 285 von Arch. Lang in Meiningen).

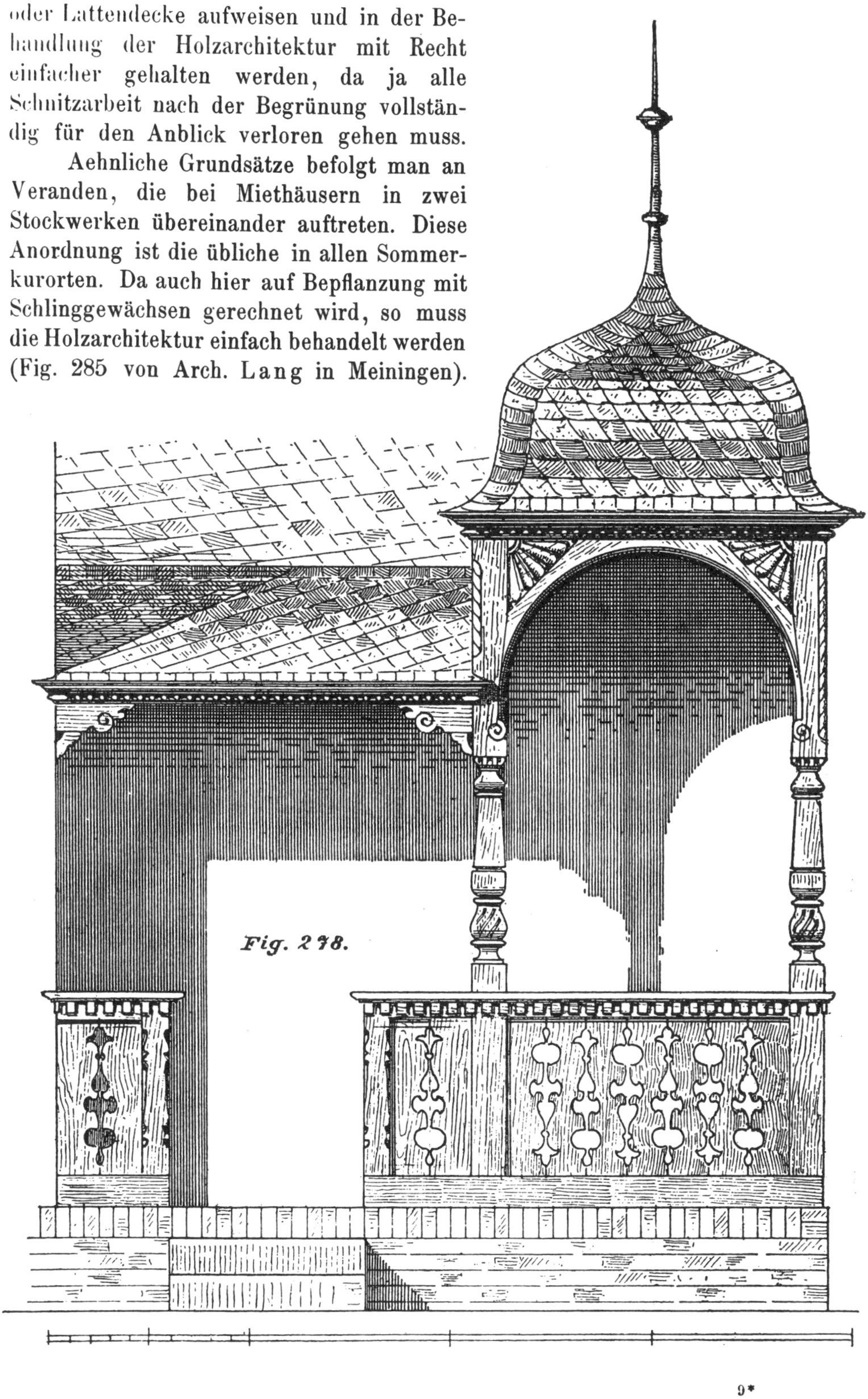

Fig. 278.

Fig. 279.

Die architektonische Behandlung kommt nun an den Veranden von mehr hallenartiger Erscheinung zunächst an den tragenden Pfosten, sodann an der Brüstung und an dem oberen Abschluss zur Geltung.

Die Pfosten, denen man früher gern die Gestalt von schlanken Renaissance-Pilastern gab, wobei die ausladenden Kapitelle und Füsse durch angenagelte und entsprechend profilierte Leisten hergestellt wurden, werden im modernen Holzbau wesentlich anders behandelt. Von der Anlehnung an italienische Werksteinformen sieht man ganz ab. Kapitelle, Füsse und allerhand Abbindungen des Schaftes selber werden durch kräftig unterschnittene Rundstäbe, Wulste und Kehlen angedeutet. Alle Profile sind dabei aus dem vollen Holze herausgeschnitten, was weit solider erscheint. Die Stärken dieser Pfosten sind natürlich dementsprechend weit grössere, etwa 18 bis 22 cm. Die Hauptwirkung gewinnen derartige Pfosten dann erst durch die Farbengebung. Allerhand grüne, rote und rotbraun gebrochene Farbentöne, ab und an wohl auch mit ganz dunklen Streifen durchsetzt, kommen hier zur Verwendung. Nuten und rillenartige Ausschnitte hebt man durch hellere Farben hervor, z. B. durch hellgrün oder auch durch weisslichgelb (Neapelgelb). Vergl. die Fig. 276 bis 286. In einzelnen Fällen wird eine Deckleiste dem Kapitell noch beigegeben, wenn es, wie auch hier der Fall, den Werksteinformen nachgebildet ist (Fig. 282 und 284a). Diese an das romanische Würfelkapitell erinnernde Form hat sich seit jeher in der Holzarchitektur eingebürgert, so dass sie eine gewisse Berechtigung dadurch gewonnen zu haben scheint.

Wie man aber hierbei auch ohne die den romanischen Abakus nachahmende Deckleiste auskommen kann, zeigt die in Fig. 285 gegebene Lösung.

Sehr beliebt ist es heutzutage, durch kräftige schräg laufende Einkerbungen den Schaft der Pfosten zu beleben. Er gewinnt hierdurch das Aussehen der gewundenen oder gedrehten Säulen, wie sie im Barockstile üblich sind. Hervorgehoben werden diese Einkerbungen natürlich durch die Farbengebung (Fig. 274, 276 bis 279).

Fig. 280.

Es mag auch sein, dass gerade diese Behandlung des Schaftes sich verhältnismässig gut mit den unvermeidlichen Rissen verträgt. Zunächst ist immer festzuhalten, dass für solche Pfosten nur ausgesuchtes Holz zur Verwendung kommen darf; denn es macht in der That einen fast komischen Eindruck, wenn man an zahlreichen Holzbauten sieht, wie die kunstreiche Horizontal-Profilierung

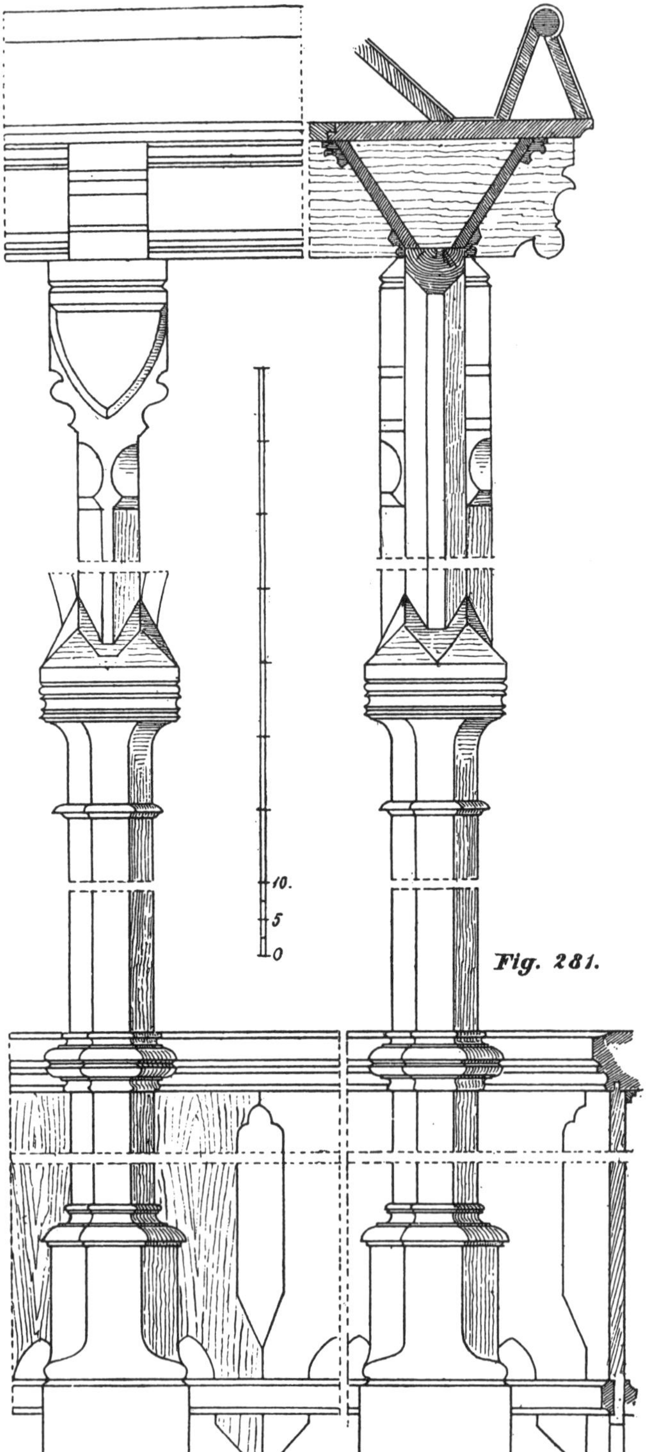

Fig. 281.

dieser Pfosten von der Natur rücksichtslos durch vertikale, oft recht weit klaffende Risse durchschnitten wird.

Die Brüstung. Zwischen den Pfosten ist die Veranda-Brüstung in der Höhe von etwa 1 m angebracht. Sie wird durch ein profiliertes Simsholz abgeschlossen, das sich meist gegen die Pfosten totläuft, und nach unten hin durch das Schwellholz begrenzt. Ihre weitere Durchbildung kann sehr verschiedenartig sein. Am häufigsten wird die Brüstung mit ausgesägten Brettern ausgesetzt. Eine solche Anordnung kann auch ganz gut wirken, wenn die aus den Brettern ausgeschnittenen Figuren nicht zu phantastisch behandelt sind und, was das Schlimmste ist, die Haltbarkeit des Holzes gar zu sehr beeinträchtigen. Alle stark geschwungenen Formen, bei denen scharfe Spitzen als Trennung der Einzelformen auftreten, sind vom Uebel, da sie der Struktur des Holzes zuwiderlaufen. Formen, wie sie in Figur 278 angedeutet sind, gehören schon zu dem Aeussersten, was hier gestattet ist. Einfacher und haltbarer sind die in den Fig. 277 und 281 wiedergegebenen Beispiele. Weiteres über ausgeschnittene Brüstungsbretter wolle man weiter unten unter Abschnitt 6 nachsehen.

Die Brüstung mit unausgeschnittenen Brettern auszusetzen, ist nicht empfehlenswert, man müsste, wie dies in Fig. 276 angedeutet ist, die Ausschnitte wenigstens auf das geringste Maass beschränken, um doch eine Trennung der Bretter anzudeuten. Geschieht dies nicht, so gewinnt das Ganze ein kistenartiges Aussehen. Trotzdem kommen an neueren Bauten auch massive Holzbrüstungen vor, die man aber dann durch allerhand ausgestochene und durch Farbe belebte Ornamente, oft unter Zuhilfenahme von eingelegten Majolikaplatten, zur Wirkung gebracht hat. Es ist nicht zu leugnen, dass bei einer derartigen Behandlung die Stilrichtung des Hauses am leichtesten inne zu halten ist. Die Kosten können natürlich recht bedeutend werden, Fig. 282 (vom Architekt Weichholdt in Dresden).

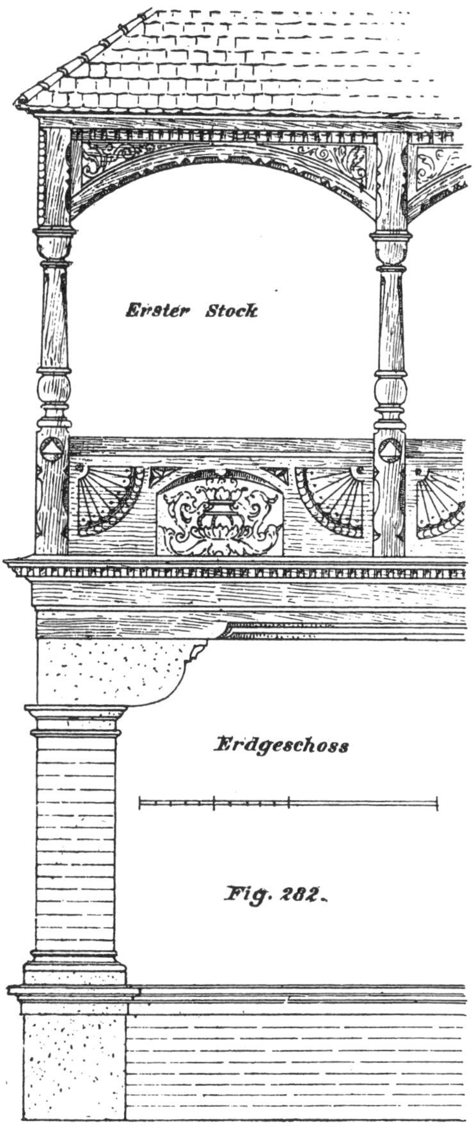

Fig. 282.

Eine einfache, haltbare und gar nicht schlecht wirkende Brüstung ist in Fig. 279 wiedergegeben. Das ganze Brüstungsfeld ist hierbei paneelartig behandelt. Denken wir uns dabei die Rahmhölzer dunkler als die Füllungen gehalten und an den Abfasungen lebhaft gefärbt, so kann sogar eine recht nette Wirkung mit diesen einfachen Mitteln erzielt werden.

Eine andere Art der Brüstungs-Ausbildung ist von dem Auslande auf uns gekommen und hat sich im modernen Holzbau schon ziemlich eingebürgert. Sie bevorzugt dünne schlichte Hölzer, die entweder vierkantig oder auch rund abgedreht als Stabgeländer das Brüstungsfeld ausfüllen. Diese Sitte hat ihren Ursprung an den englisch-amerikanischen Holzarchitekturen und ist zunächst in deren Gefolge auch bei uns eingezogen. Die Hölzer werden dabei nicht etwa als Docken behandelt, also in Gestalt von dünnen Säulchen (Fig. 145), sondern ganz glatt oder etwas gewunden, auch gefast oder mit einigen Gliederungen versehen unten in die Schwelle und oben in die Simsleiste eingelassen (Fig. 100, 274 und 286 vom Architekten Döhme-Gross-Lichterfelde). Schliesslich kann man auch, wie am Fachwerkshause selber, die Brüstung mit einfachen oder reicheren Riegelkreuzen aussetzen, wie solche in den Fig. 186 bis 210 weiter unten bereits vorgeführt sind (vergl. Fig. 285).

Der obere Abschluss der Veranda endlich kann verschiedenartige Gestaltung annehmen. Auf den Pfosten ruht zunächst ein Rahmholz, das die Dachsparren aufzunehmen hat. Wo dieses Rähm nur auf geringe Länge freiliegt, gibt man zu beiden Seiten der Pfosten, teils zur besseren Versteifung derselben, teils des schöneren Aussehens halber, kurze Knaggen hinzu und fast die weitere freiliegende Unterkante des Rahmholzes in beliebiger Weise ab (Fig. 276, 278, 285 und 286). Bei einer grösseren freiliegenden Länge des Rähmes, etwa von 2 m und darüber, verringert man dieselbe durch untergelegte Kopfbänder (Fig. 275 und 279). Eine noch grössere Sicherheit der Konstruktion erzielt man durch Kopfbänder in Verbindung mit einem Sattelholz, Fig. 277 (vom Architekten Heubach-Hannover), es ist aber darauf zu achten, dass eine solche Anordnung nicht zu schwer wirkend erscheint.

Will man den Oeffnungen zwischen den Pfosten eine bestimmte architektonische Bogengestaltung geben, so erreicht man dies in der bekannten Art durch entsprechend geformte Zwickelstücke, die mit Versatzung in das Rähm und in den Pfosten eingreifen. So ergeben die Fig. 274 und 280 eine Oeffnung

Fig. 283.

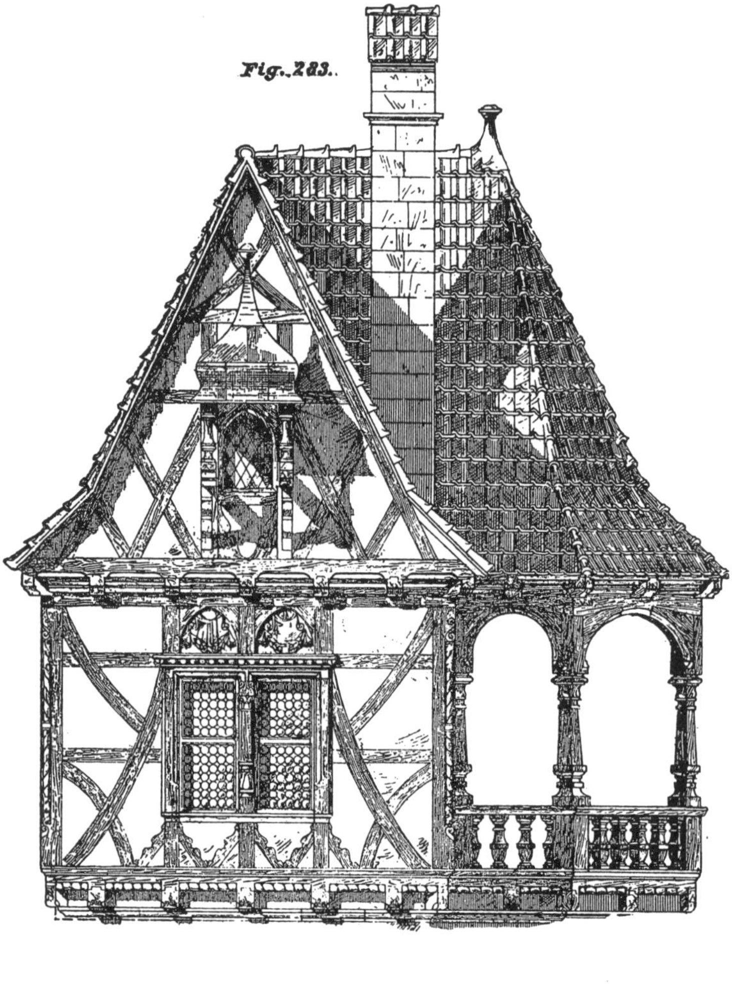

in Spitzbogenform, die sich an die übrige gotische Holzarchitektur des Hauses gut anschliesst; Fig. 278 stellt eine rundbogig abgeschlossene Oeffnung, Fig. 284a schliesslich eine solche in Segmentbogenform dar. Ueber dem Rahmholz folgt das Dach, dessen Sparren entweder sichtbar mit profilierten Köpfen hervortreten (Fig. 277 und 281), oder auch durch ein vorgeblendetes Gesims verdeckt werden können (Figur 278). Die innere Decke ist eine gerade (Fig. 277, 281, 284a und b). Der äusseren Pfostenstellung entsprechen an der Rückwand ähnliche Wandpfosten, die

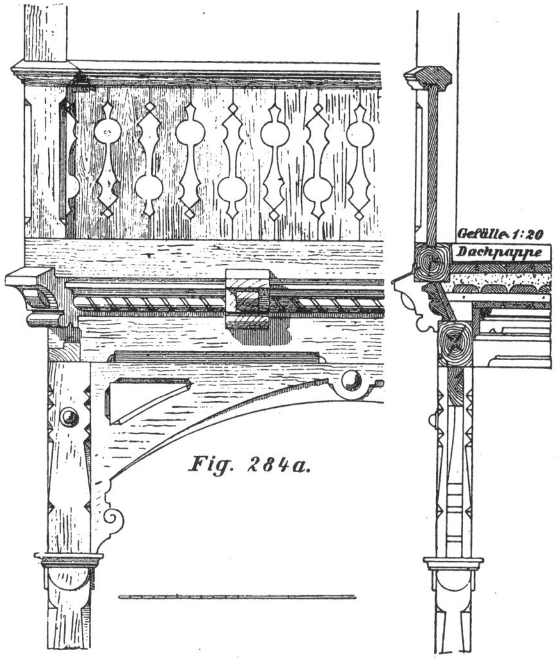

Fig. 284a.

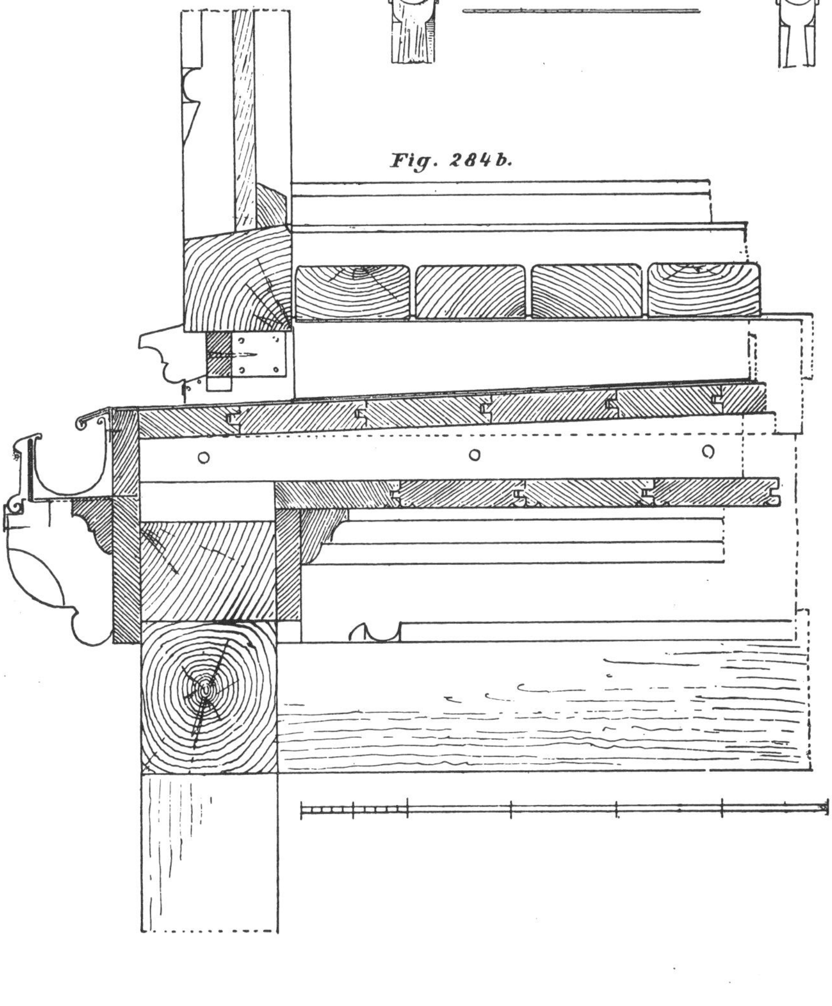
Fig. 284b.

das an der Wand liegende Rahmholz unterstützen, wenn dasselbe nicht durch kurze Knaggen, die auf ausgekragten Konsolen ruhen, abgefangen werden soll.

Altane und Balkone. Wenn ein vorgelegter Erkerbau oben nicht mit seinem Dache, sondern mit einem offenen Sitzplatze abschliesst, so nennt man solchen eine Altane. Dasselbe ist der Fall, wenn Veranden im nächsten Stockwerke als Sitzplätze ausgebildet sind. Derartige Altane über Erker-Vorbauten haben wir bereits weiter unten in Abschnitt 9a besprochen.

Liegt der offene Sitzplatz über einer Veranda, so gelten die nämlichen Vorschriften für die wasserdichte Ausbildung der Verandadecke. Von Vorteil

Fig. 285.

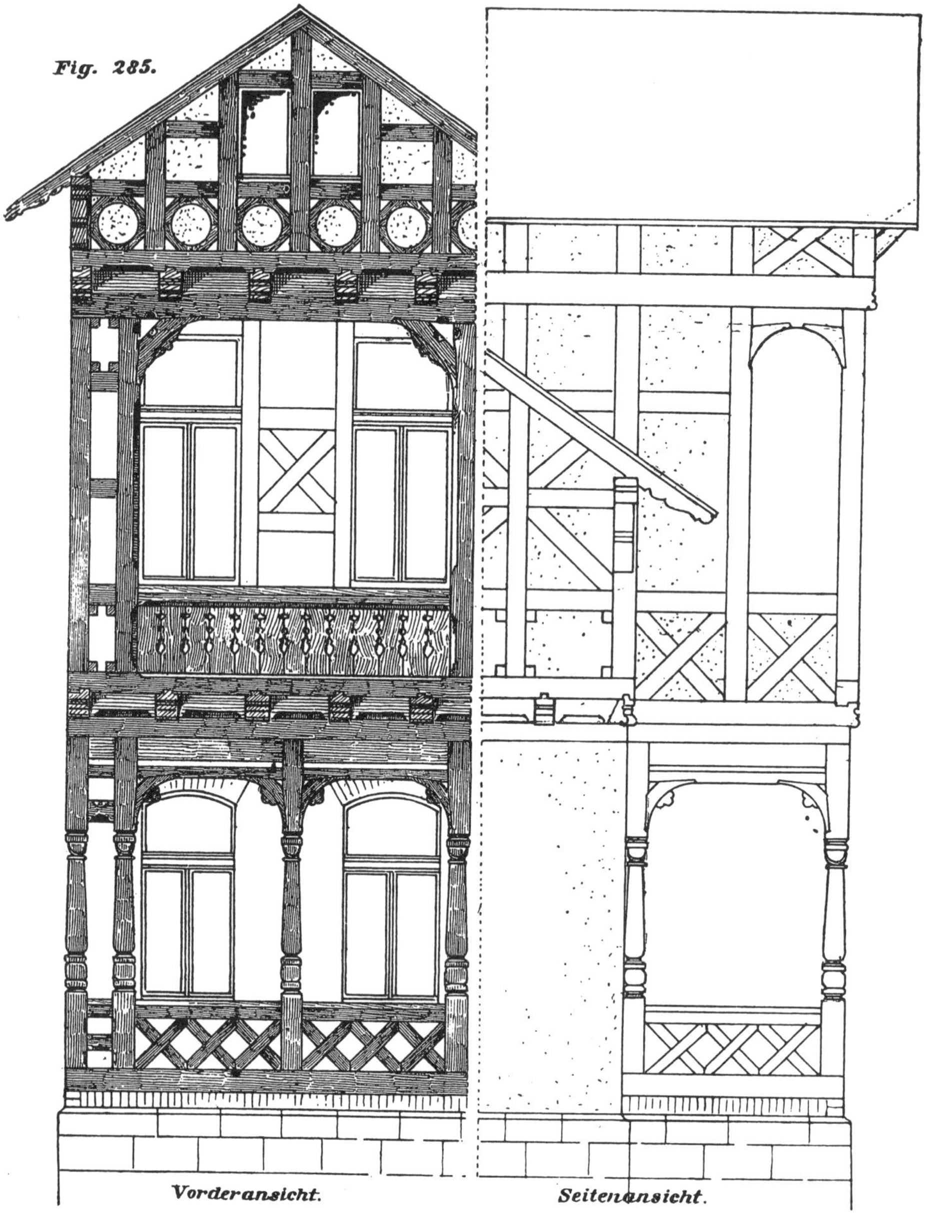

ist es immer für derartige offene Sitzplätze, wenn sie von oben her gegen den Witterungseinfluss Schutz erhalten. Dies geschieht entweder durch ein besonderes Dach (Fig. 282 und 283 vom Architekt H. Pölzig — aus: Uebungen im Stile des Mittelalters von Prof. Schäfer), oder in der Art, dass ein Giebel mit entsprechend weit herausgestrecktem Freigebinde den gewünschten Schutz gewährt. Erläutern thun dieses die Figuren 125, 136, 145, 285 und 286. Das Freigebinde findet in diesem Falle häufig eine Unterstützung in der Art, dass die Eckpfosten der Altane bis zum Giebel heraufgeführt werden (Fig. 284a, 285 und 286). Pfosten und Brüstung solcher Altanen werden in gleicher Weise wie bei den Veranden bereits erläutert wurde, durchgebildet. Ist der offene Sitzplatz im oberen Stockwerke frei vor das Haus gelegt, ohne auf einem Unterbau zu ruhen, so nennt man ihn einen Balkon. Sein Fussboden kann auf herausgestreckten Balken der allgemeinen Balkenlage ruhen; dann wird die Saumschwelle des zugehörigen Stockwerkes an der Balkonthüre ausgeschnitten, so, dass sie über Zimmer- und Balkonfussboden einige Zentimeter übersteht, damit kein Regenwasser in das hinter dem Balkon liegende Zimmer eintreten kann. Die Balkonbalken werden auch nach vorne etwas geneigt abgearbeitet, um dem aufgenagelten Fussboden ein geringes Gefälle nach vorne hin zu geben.

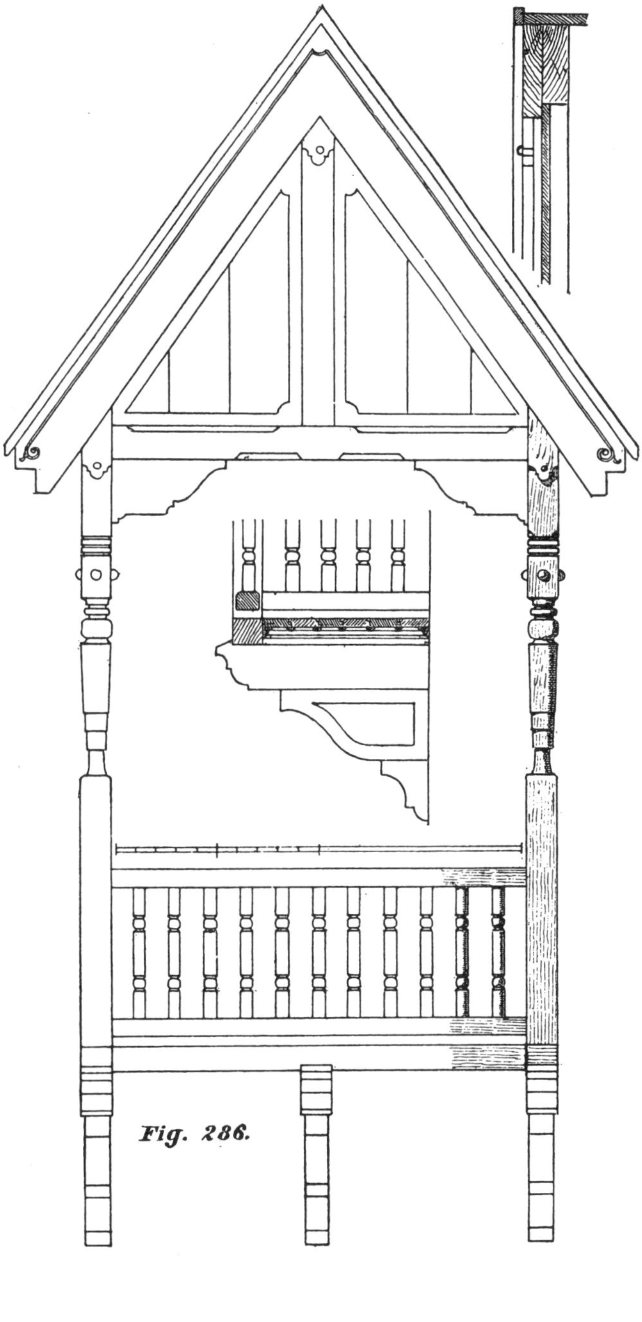

Fig. 286.

Die Deckenkonstruktion erläutern die Fig. 284a und b, sowie Tafel 11 u. 12. In Fig. 284b (nach O. Schmidt, die Werkzeichnungen des Bautechnikers) ist die solidere Konstruktionsweise dargestellt, wobei der Balkonfussboden hohl gelegt ist und das Regenwasser auf eine darunter liegende Zinkabdeckung abtropft.

In Fig. 284a läuft das Regenwasser zunächst nach vorn und wird von hier durch ein kleines Gefälle nach beiden oder nach einer Seite hin abgeführt.

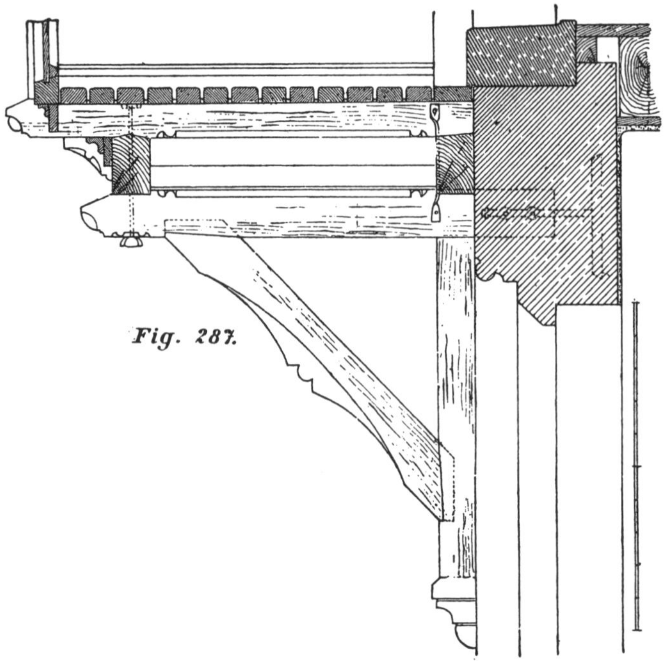

Fig. 287.

Die herausgestreckten Balkonbalken finden ihre Unterstützung durch kurze Wandstiele, die auf gemauerten Konsolen ruhen und durch in diese verzapfte Kopfbänder gerade so, wie wir dies bei den Erkern bereits vorgeführt haben. Ist die Ausladung des Balkons keine grosse, so stellt man wohl auch die Unterstützungen durch konsolenartig geformte Vollhölzer her (Fig. 286). Ist aber ein solcher hölzerner Balkon einer massiven Wand vorgelegt, so benutzt man für die Fussboden-Konstruktion besser nicht herausgestreckte Zimmerbalken, sondern verfährt in anderer Art und Weise. Laufen nämlich die Zimmerbalken in ihrer Richtung gegen die Vorderwand des Hauses, so fängt man sie, soweit der Balken in Frage kommt, im Innern des Hauses durch einen an die Wand gelegten Wechsel ab. Auf diesem Balken liegt der Zimmerfussboden und zwar bündig mit einer steinernen Balkonthürschwelle, die hinten den üblichen Ansatz und nach vorne ein gelindes Gefälle erhält. Der Balkonfussboden liegt tiefer, unterhalb dieser Steinschwelle. Er wird unterstützt durch entsprechend viele untergelegte kurze Balken von der Tiefe des Balkons. An der Wand ruhen dieselben auf einem Unterzuge, ebenso am vorderen Ende hinter den profilierten Balkenköpfen. Unter diesen Unterzügen folgen nun erst die eigentlichen Balkonträger (Fig. 287 nach O. Schmidt,

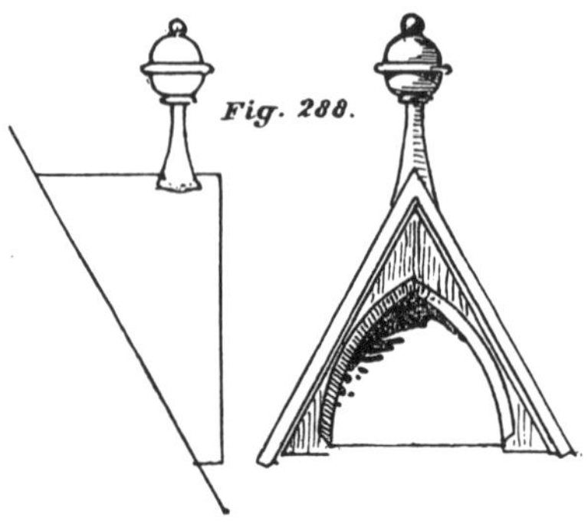

Fig. 288.

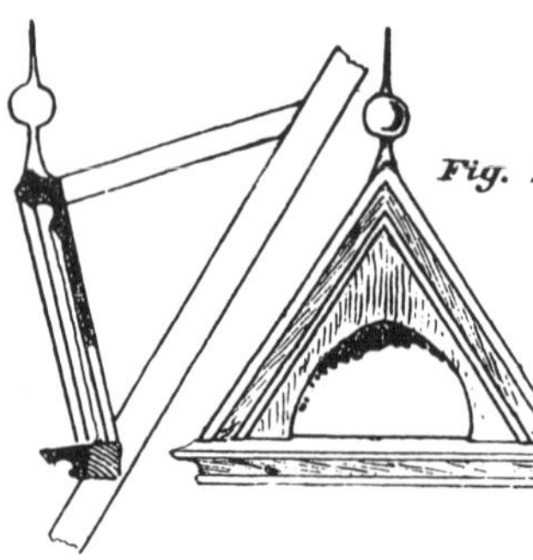

Fig. 289.

die Werkzeichnungen des Bautechnikers). Eine feste Verankerung dieser Träger mit der massiven Wand ist durchaus notwendig, ebenso eine Verbolzung mit der aufliegenden Konstruktion.

c) Dacherker und Dachgauben.

Die steilen Dächer der Bauweise des 15. und 16. Jahrhunderts, die in mehreren Stockwerken Lagerräume enthielten, machten selbstverständlich die Zuführung von Licht notwendig. Es geschah dies durch sogen. Dachluken, die

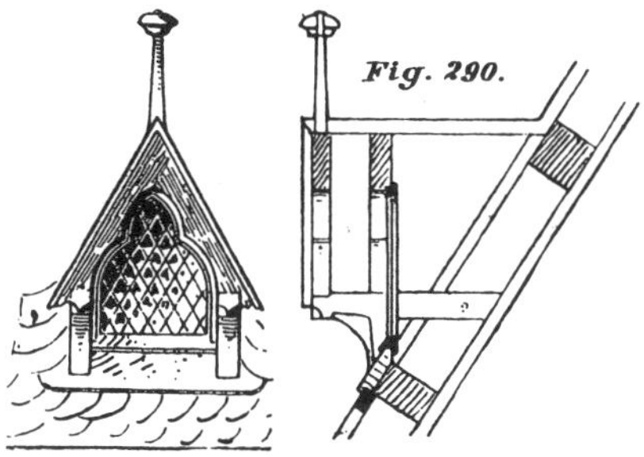

Fig. 290.

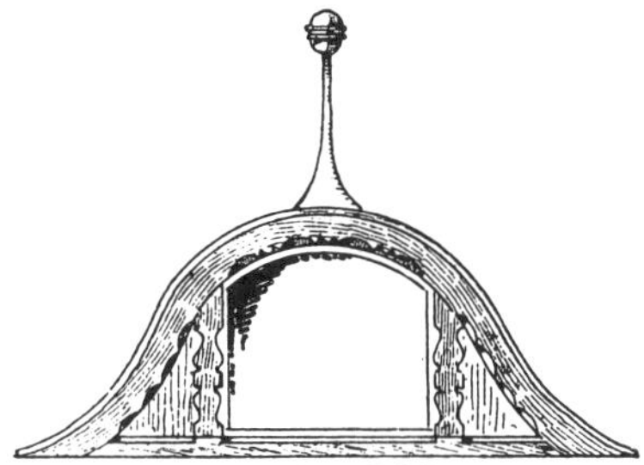

Fig. 292.

oftmals an den norddeutschen Fachwerkshäusern sich in mehreren Reihen übereinander über die ganze Länge des Daches erstreckten. Sie wurden ganz einfach behandelt so, dass kurze Knaggen oder niedrige Pfosten auf die Sparren aufgesetzt, durch ein Rähm oben verbunden und nun mit einem sehr flachen Pultdache an das Hauptdach angeschlossen wurden. Am Rhein und in Süddeutschland benutzte man solche Luken als „Windeluken". Sie mussten nun so hoch werden, dass ein Mann in ihrem Rahmen stehen konnte. Die Rolle zum Winden befand sich im Innern der Luke, so dass das Seil oder die Kette

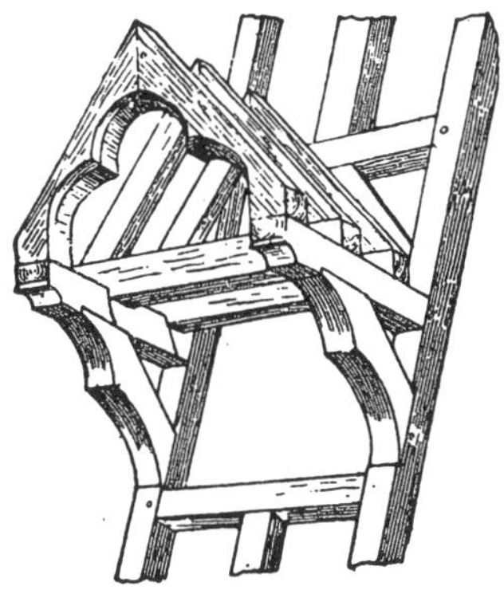

Fig. 291.

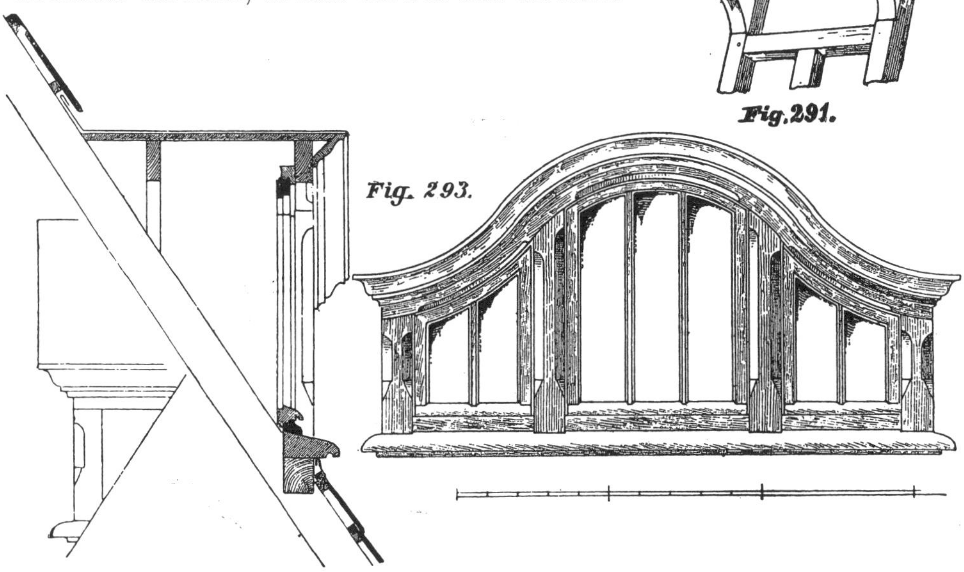

Fig. 293.

durch eine Oeffnung im oberen Lukenteil hindurchlief. Diese Windeluken fielen deutlich ins Auge; sie wurden zu kleinen selbständigen Dachausbauten, die man dann, als sie nicht ausschliesslich zur Aufnahme der Rolle dienten, mit dem Namen „Dacherker, Dachgauben, Dachfenster“ etc. zu bezeichnen pflegte. Ihre architektonische Ausbildung schloss sich nun an die Architektur des Gebäudes

Fig. 294.

Fig. 295.

Fig. 296.

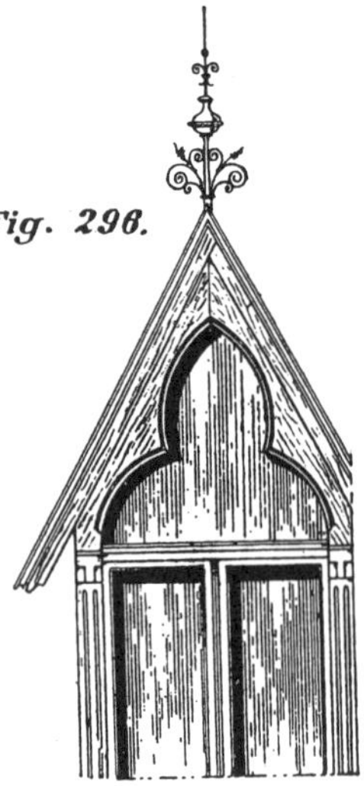

Fig. 297.

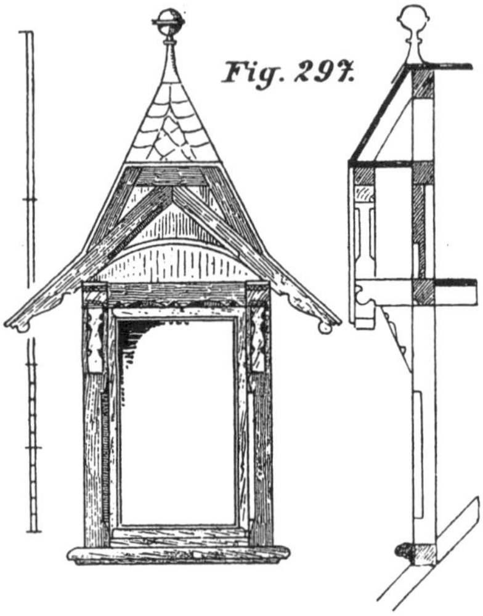

Fig. 298.

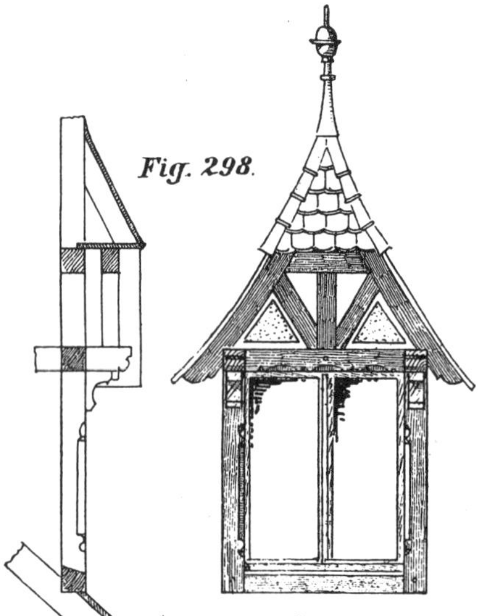

Fig. 299.

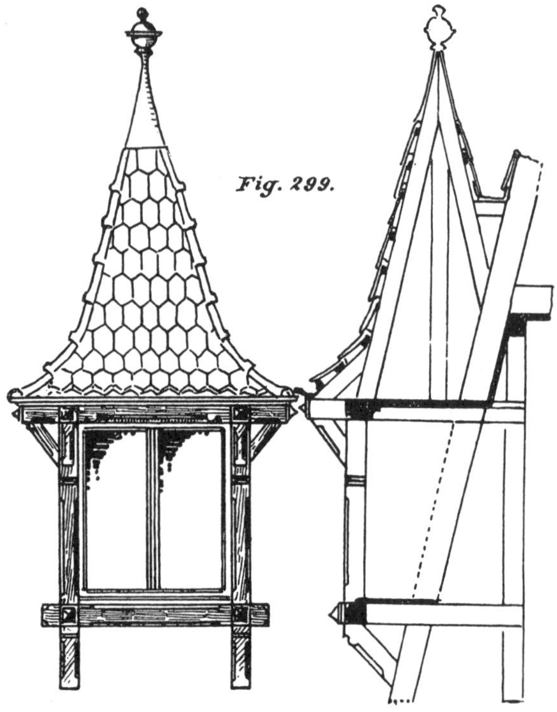

selber an und so kam es, dass sie, die meist aus Holz konstruiert waren, nicht nur in den Formen der Holz-, sondern je nachdem auch in denen der Werksteinarchitektur ausgebildet wurden. Von der letzteren Art hat uns besonders Nürnberg hervorragende Beispiele bewahrt. Die Pfosten sind hier als kannelierte dorische Dreiviertelsäulen, das Rahmholz nebst zugegebenem Gesims als Architrav und reiches italienisches Konsolengesims mit Eierstäben, Rosetten- und Anthemienschmuck ausgebildet. Auch die Brüstung, die bei modernen Ausbildungen ganz fortzufallen pflegt, wurde mit Voluten-Konsolen unter den Säulen und mit spätgotischem Maasswerk als Füllung versehen. Derartige Dachfenster, die ganz in Steinformen gehalten sind, haben auch an modernen Bauten wieder Verwendung gefunden. Wir wollen sie aber hier, bei der Betrachtung des reinen Holzbaues, ganz ausschliessen.

Im modernen Wohnhausbau spielen die Dacherker eine grosse Rolle, weil sie einmal einem Bedürfnisse entsprechen, das durch das ausgebaute hohe Dach bedingt wird und ausserdem sehr viel zur Belebung der grossen sichtbaren Dachflächen und somit des ganzen Hauses beitragen. Die Form dieser Dacherker ist dabei sehr verschieden, je nachdem wir mehr untergeordnete kleine Luken zur Beleuchtung von Dachböden anbringen oder Fenster zur Beleuchtung von Wohnräumen. Ganz kleine Dachgauben, wie sie in den Fig. 288 bis 291 wiedergegeben sind, haben eine ganz einfache Konstruktion, die aus den beigefügten Schnitten deutlich ersichtlich ist. Immer bildet ein zwischen zwei Sparren eingezogener Wechsel eine Art Sohlbank, wenn nicht die kleine Luke so hoch im Dache angebracht ist, dass eine hier durchlaufende Pfette als Sohlbank benutzt werden kann.

Fig. 300.

Die Dachform wird durch ein kleines Satteldach gebildet, dessen Sparren durch die Verschalung Halt finden. Sie ruhen, wenn das Dach weit vorgestreckt ist, je auf einem Rahmholz, das durch eine Knagge unterstützt wird (Fig. 290 und 291).

Die beiden Rahmhölzer werden an die zwei Hauptsparren resp. an zwei Wechselsparren angeblattet. Das Satteldach kann einen Krüppelwalm als Verzierung erhalten (Fig. 294), kann weit vorkragen (Fig. 290 und 291) oder auch nur um ein geringes über das Fenster überspringen (Fig. 288 und 289). Ebenso kann statt des Satteldaches hier auch ein einfaches Pultdach gewählt werden (Fig. 292).

Wenn aber grössere Dacherker zur Verwendung gelangen sollen, so ist deren Konstruktion zwar im allgemeinen dieselbe — immer aber ist zu beachten, dass hier ohne ein kräftig überspringendes Dach oder ein sogen. Freigebinde nur selten eine gute Wirkung erzielt wird. Ein solcher Dachüberstand ist ausserdem zum Schutze des Dacherkers und seiner architektonischen Zuthaten an sich schon nötig. Nur bei Dacherkern mit geschweiften Giebeln in der Art der rheinischen Vorbilder (Fig. 84 und 86) kann ein weit überstehendes Dach fortfallen. Satteldächer mit Krüppelwalm, die mit der Vorderwand des Dacherkers bündig abschliessen, wie dies wohl hier und da vorkommt, sehen wie abrasiert aus und sind nicht zu empfehlen.

Fig. 301.

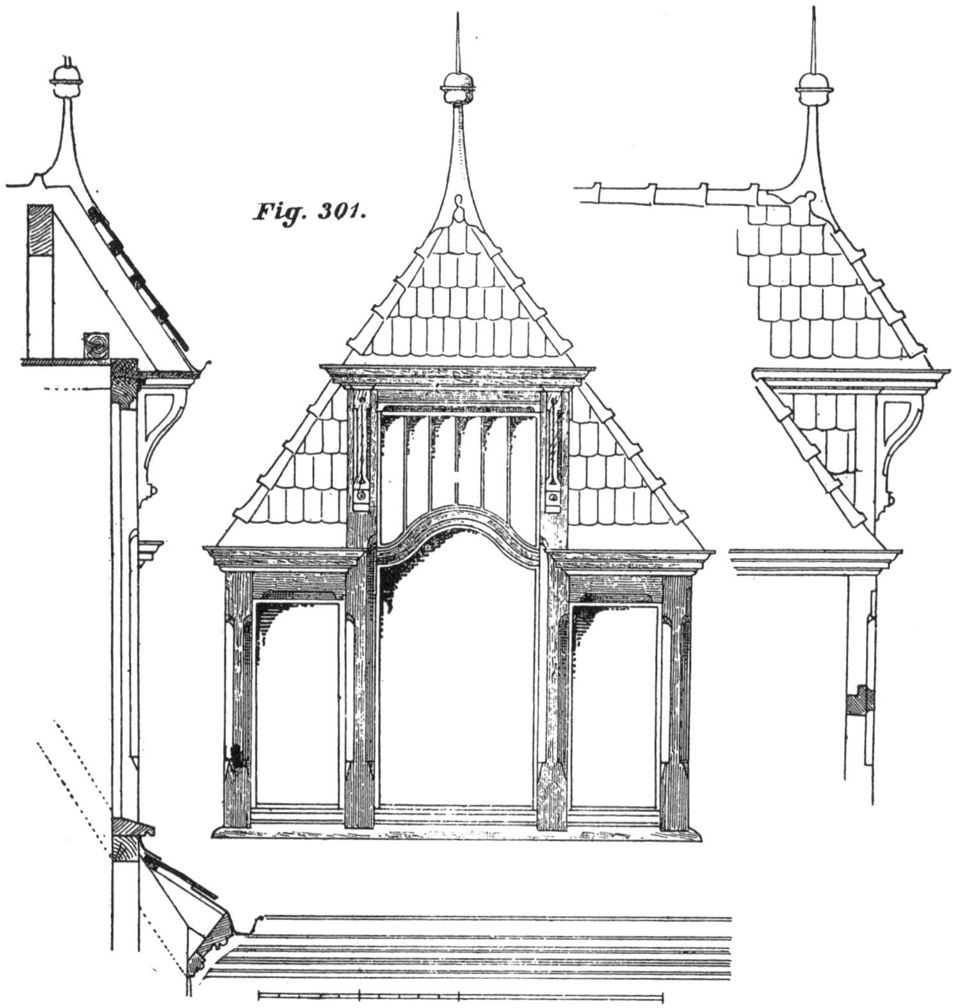

Grössere Dacherker werden durch Pfosten begrenzt, die in je einen Sparren resp. Wechselsparren eingezapft sind. Die dreieckigen Seitenwände des Erkers bestehen, wenn das Hausdach nur eine geringe Neigung hat, aus Fachwerk in der bekannten Konstruktion. Die Pfosten sind oben in ein aufliegendes Rahmholz verzapft, das mit den Sparren verblattet wird. Dieses Rähm nimmt die Sparren des Dacherkers auf. Nach vorne wird das Rähm soweit herausgestreckt, dass ein kleines Freigebinde entsteht, das nun ähnlich den unter Abschnitt 5b besprochenen Gebinden behandelt werden kann.

Kopfbänder oder Knaggen zur Unterstützung des Freigebindes werden hier notwendig.

Die Ausbildung des Daches kann verschieden sein. Die gewöhnlichste Gestaltung besteht hier in einem steilen Satteldach mit Krüppelwalm (Fig. 294, 297, 298 und 300).

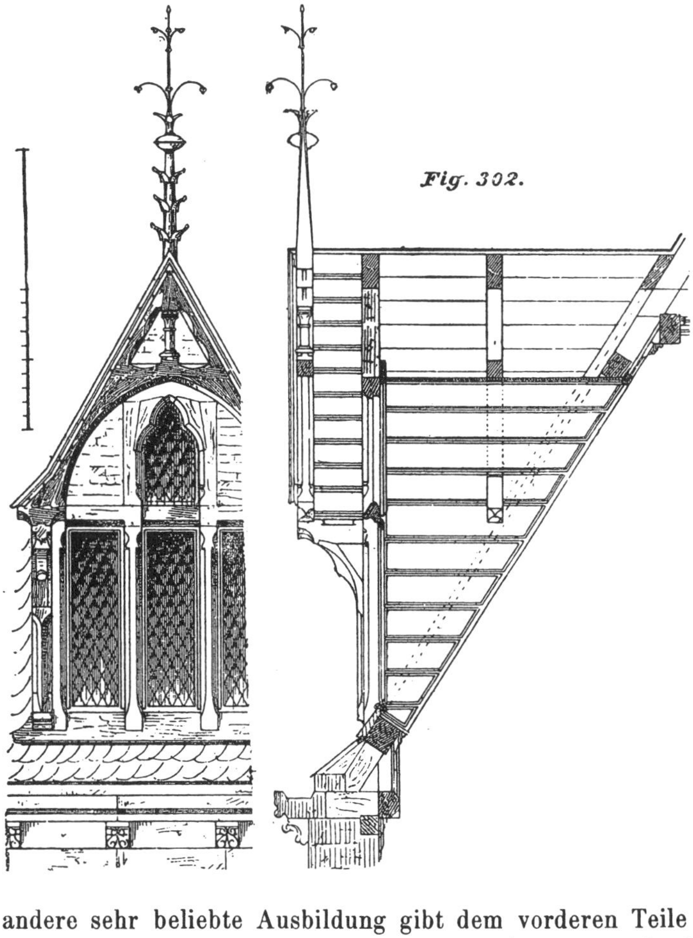

Fig. 302.

Eine andere sehr beliebte Ausbildung gibt dem vorderen Teile des Daches eine schlanke Zeltdachspitze, die rückwärts in ein Satteldach verläuft (Fig. 299). Als passenden Zierat gibt man den Dacherkerspitzen Knäufe aus Zink hinzu. Wetterfahnen haben hier, wo das Dach nicht nach allen Richtungen freisteht, keinen Zweck (Fig. 327).

Fig. 303.

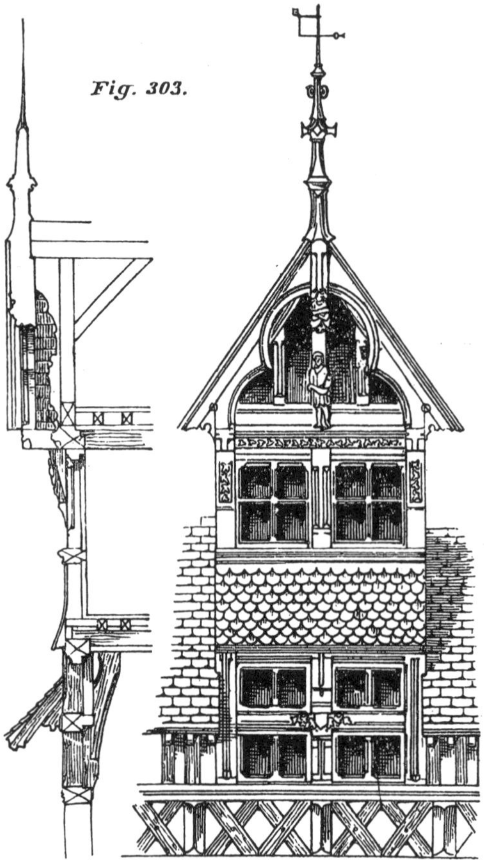

Die Form des Fensters im Dacherker kann eine ganz beliebige sein, ebenso ist die Anordnung einfacher oder gekuppelter Fenster möglich (Fig. 300, 301 und 302).

Ein äusserst reizvoller Dacherker aus dem 15. Jahrhundert ist in Fig. 302 dargestellt (nach Viollet-le-duc).

Vielfach begegnet man der Sitte, den Pfosten des Dacherkers seitlich noch ausgeschnittene Bretter anzusetzen, die in ihrer Form an die Voluten und Schnörkelbildungen der barocken Werksteinarchitektur erinnern. Solche Ausbildungen haben wir hier ausgeschlossen. Es genügt vollständig, wenn die Pfosten allein stehen.

Die Seitenwände der Dacherker werden sehr untergeordnet und einfach behandelt. Sie werden in Fachwerk ausgemauert oder auch nur verschalt und innen mit Gipsdielen bekleidet. Das Aeussere besteht meist in einer Verkleidung mit dem verwendeten Dachdeckungsmaterial.

d) Türme.

Fig. 304.

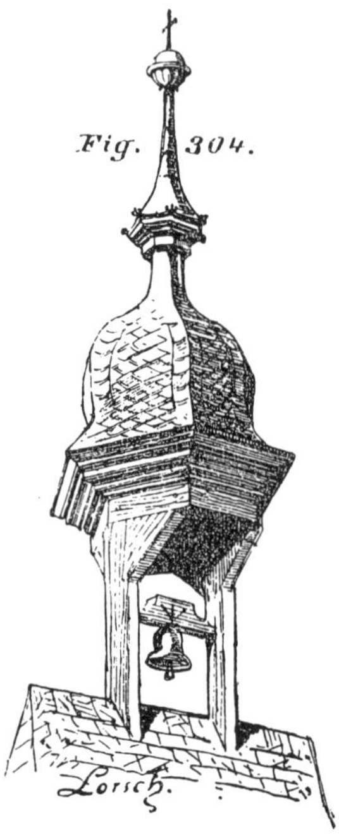

Sogenannte Erkertürmchen hatten wir bereits weiter oben unter Absatz a besprochen. An freistehenden Wohnhäusern kommen aber auch wirkliche Turmbauten vor, die von unten auf, meist zur Aufnahme der Treppenanlage, angebaut sind. Ganz kleine Türmchen, die aus dem First des Hauses herausragen, nennt man Dachreiter. Sie finden an Wohnhäusern weniger Verwendung. In Fig. 304 (Architekton. Rundschau) ist ein solcher Aufbau, der zur Aufnahme eines Glöckchens dient, dargestellt. Er könnte bei Schulhäusern, Gutshäusern, Kinderkrippen, Ferienkolonien u. s. w. passende Verwendung finden. Wirkliche Turmbauten kennzeichnen sich hauptsächlich durch ihr helmartiges Dach. Es sind hier zwar fast alle Formen von Turmhelmen im Gebrauch, doch kann man nur den guten Rat geben, mit der Anordnung übertriebener Turmbauten, besonders mit den vielstöckigen hohen Kaiserdächern, recht vorsichtig umzugehen. Denn einmal bilden derartige Anlagen zumeist an sich schon einen Luxus, den man der Vorliebe für die malerische Gestaltung des Baues zuzuschreiben hat und dann vermehren sie Bau- und Unterhaltungskosten ganz wesentlich. Selten haben sie einen grösseren als den dekorativen Wert, nämlich nur da, wo sie wirklich als Aussichtstürme von Nutzen sein können. Für uns kommen hier selbstverständlich nur solche Anbauten in Betracht, deren Architektur auch wirklich dem Holzbau entspricht. Aus Holz macht man auch sonst meist das Gerüst und natürlich den Helm des Turmes. Bei letzterem verschwindet dasselbe aber hinter dem Deckmaterial und das Gerüst wird häufig durch Zinkumhüllungen verkleidet, die in den Formen des Werksteinbaues gehalten sind. Derartige Turmbauten bieten höchstens ein Interesse bezüglich ihrer mehr oder weniger praktischen Konstruktion und für das Studium derselben verweisen wir auf

Fig. 305.

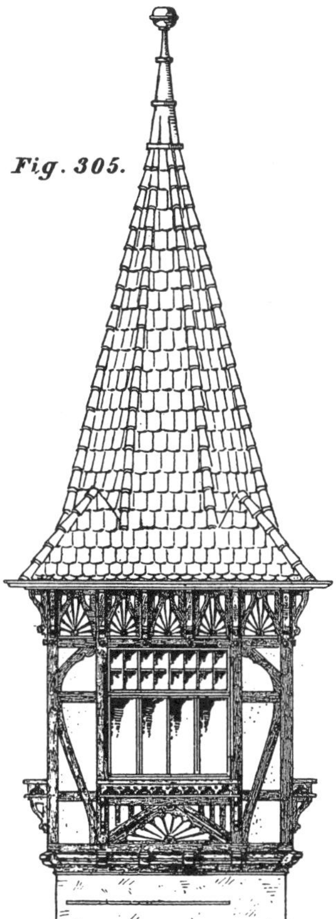

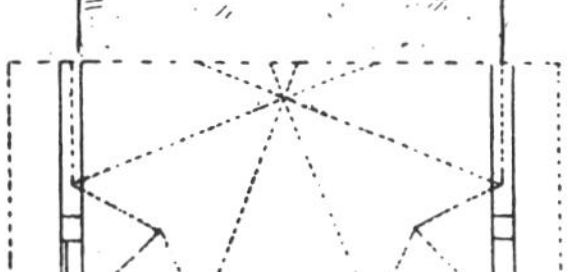

Fig. 305a.

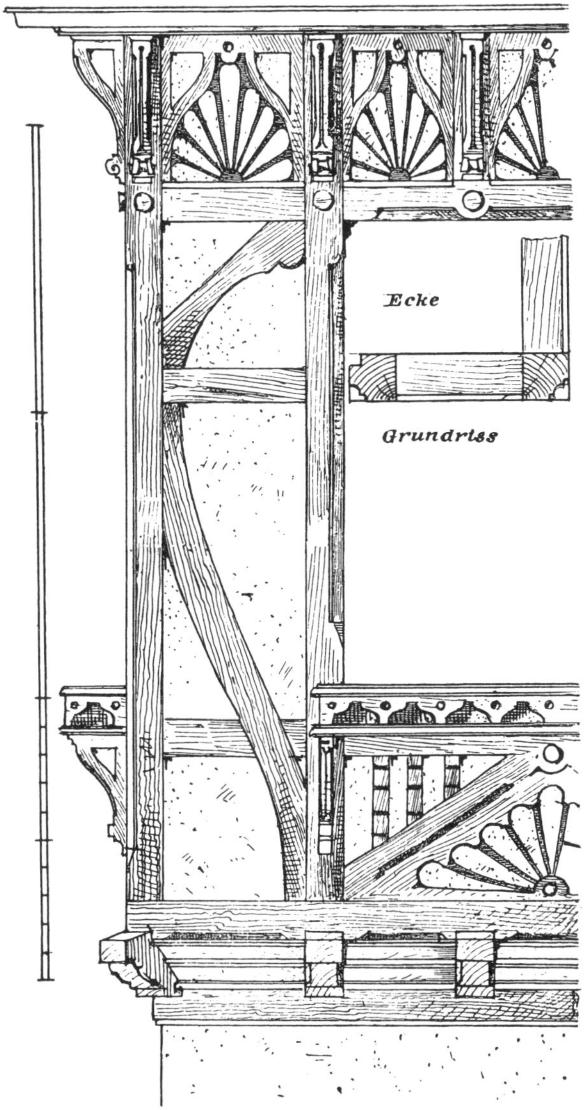

Fig. 306.

Band I dieses Handbuches, wo solche in den Fig. 586 bis 624 genügend klargestellt sind.

Im Holzbau wird zunächst immer das letzte Stockwerk des Turmes unter dem eigentlichen Helme in Fachwerk hergestellt, sodann sollen auch alle weiteren Entwickelungen des Aufbaues, z. B. die beliebten Unterbrechungen des Turmhelmes durch niedrige Zwischengeschosse, die Eigenart der Holzarchitektur aufweisen. Durch die Fig. 305 bis 318 ist dies des Näheren erläutert.

Die Umfassungswände. Da der Turmbau zu den Schmuckmitteln am Hause zu zählen ist, so wird sein Fachwerksgerüst in den Umfassungswänden recht zierlich und lebhaft zu behandeln sein. Immer sollte es auf vorspringenden Balkenköpfen herausgekragt werden. Ferner werden hier Riegelkreuze der verschiedensten Art, wie wir sie unter den Figuren 182 bis 212 des Näheren vorgeführt haben, am richtigen Platze sein, ebenso geschnitzte Eckpfosten, Fächerrosetten u. dergl. mehr. In den Fig. 305 und 306 z. B. ist ein Türmchen von einer Villa des Architekten Karst in Cassel dargestellt, das in den Feldern unter dem Traufgesimse, sowie unter den Fenstern eine ganz originelle Behandlung aufweist, die hier allerdings nur angedeutet werden konnte. Das Holzwerk sticht bei dieser Ausführung in ganz dunkler Färbung scharf gegen die weissen Felderflächen ab. In den betreffenden Füllungen ist dann genau in der Farbe des Holztones das Ornament dem Wandputze aufgemalt. In der Fig. 306 ist dies durch die verschieden behandelte Schraffierung angedeutet. Der Holzton konnte selbstredend nicht so dunkel behandelt werden, dass er der Wirklichkeit nahe käme. Sehr gewinnen wird der

Fig. 307.

Fig. 308.

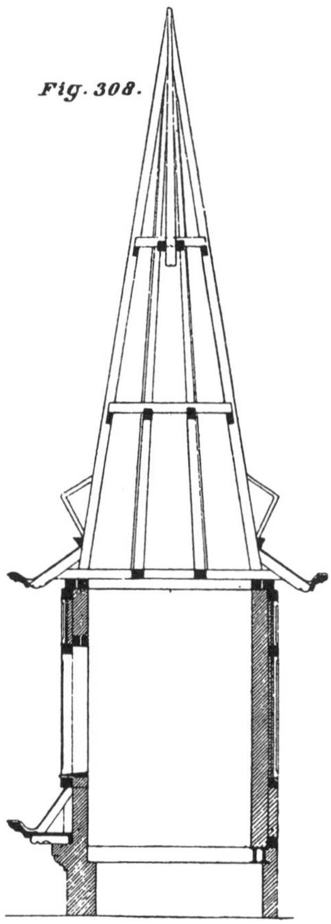

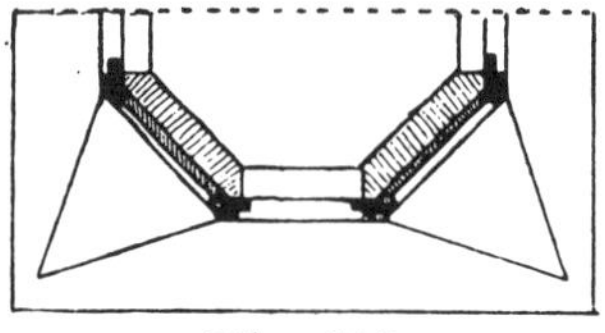

Fig. 308a.

Turm in seiner Erscheinung, wenn sein oberstes Stockwerk als Achteck aus dem viereckigen Unterbau entwickelt ist. Dies bietet keine konstruktiven Schwierigkeiten; nur im Aeusseren muss eine passende Lösung für diesen Uebergang gefunden werden. In Fig. 307 und 308a ist eine derartige Entwickelung dargestellt. Anders erscheint die in Fig. 318 vorgeführte Turmarchitektur, wo das obere Stock zwar als Achteck in den Fachwerkwänden selber ausgebildet ist, das ursprüngliche Viereck des Grundrisses aber für das Dach und die Brüstung in der Weise beibehalten erscheint, dass die Eckstiele ganz frei stehen und also kleine dreieckige Altanen an den Ecken gebildet sind. Für einen Aussichtsturm ist diese Lösung insofern von Wert, als zu diesen kleinen Altanen vom Innern aus Glas-Flügelthüren führen, deren Flügel nach innen schlagen. Es ist somit eine wertvolle Verbesserung am Aussichtsturme geschaffen.

Der Turmhelm. Für die Ausbildung des Turmhelmes lassen sich nur wenige allgemeine Vorschriften aufstellen. Zunächst wird derselbe nicht sehr hoch werden können, wenn er auf einer Fachwerkswand aufsitzt. Höhen von 6 bis 8 m sind hier die üblichen, wobei es schon ratsam ist, die Fachwerkswand im Innern 1 Stein stark zu hintermauern (Fig. 307, 308 und 308a), wenn der Turmhelm als spitzes Zeltdach ununterbrochen aufstrebt.

Fig. 309.

Für die innere Konstruktion des Helmes selber gelten die Regeln, dass zunächst bei solchen leichten und schlanken Türmen, in denen ausserdem das Holzwerk aus Sparsamkeitsrücksichten oft auf das Aeusserste beschränkt wird, eine Verankerung des Helmes mit dem unteren Mauerwerk zu empfehlen ist, sobald die Turmhöhe annähernd das Fünffache der Grundrissseitenlänge beträgt. Derartige Höhen kommen aber nur bei wirklichen Kirchtürmen vor (Figur 319).

Villentürmchen pflegen bedeutend niedriger zu sein. Wenn aber der Helm auf einer Fachwerkswand ruht und ziemlich hoch ist, so kann zur grösseren Sicherheit dieser obere Fachwerksaufsatz mitsamt dem Helme zusammengezogen und mit dem darunter befindlichen massiven Unterbau verankert werden (Fig. 314). Für grössere Türme gelten dann noch die Mollerschen Regeln: Das Innere des Turmes werde möglichst leicht konstruiert und man verstärke dagegen die äusseren Dachwände, besonders die Ecksparren oder Gratsparren. Die langen Helmstangen sind wegzulassen und auf eine kurze Hängesäule zum Tragen des Knopfes und zum Ansetzen der Sparren zu beschränken. Ecksparren dürfen nicht durch horizontale Hölzer unterbrochen werden, sondern sind, wenn sie zu kurz ausfallen, unmittelbar zu verlängern, so dass Hirnholz gegen Hirnholz presst. Die äusseren Dachwände sind so zu verbinden, dass sie keinen Seitenschub ausüben, sondern nur senkrecht auf die Mauern wirken können. Sie sind durch horizontale Kränze in 5 bis 6 m Abständen so abzuschliessen, dass hierdurch die Turmpyramide in mehrere Stockwerke geteilt wird. Alle Zapfenlöcher, in denen sich Wasser ansammeln könnte, sind von unten aufzuschlitzen und alle Balken und Mauerlatten frei auf die Mauer zu legen. Die Schwellen müssen sorgfältig isoliert und dem Luftzuge zugänglich sein, da eine Erneuerung derselben sehr schwierig ist. Schliesslich ist einer Drehung des Turmes durch Andreaskreuze, die unter den Dachwänden liegen, entgegenzuwirken (vergleiche Band I dieses Handbuches „Der Zimmermann“, Seite 189 u. ff.).

Fig. 311.

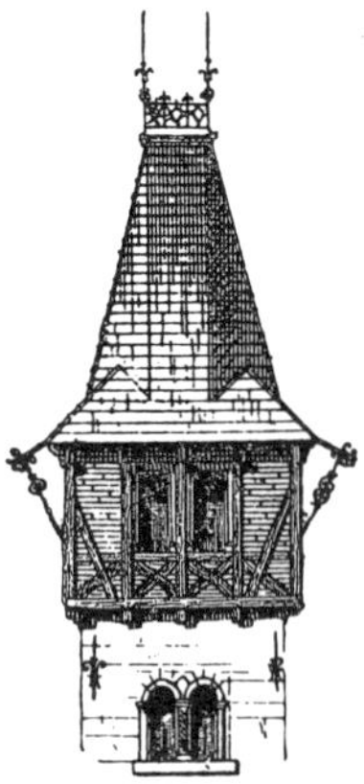

Fig. 312.

Fig. 310.

Bei Zeltdächern von grösserer Höhe wird die lange gerade Dachlinie gern durch vorgesetzte kleine Dachluken (Fig. 288 bis 290 und 316) unterbrochen. Diese sind selbstredend nur vorgeblendet, haben statt der Fenster ein schwarz gestrichenes Brett und dienen ausschliesslich in diesem Falle als Dekoration (Fig. 307).

Stärkere Unterbrechungen des Turmhelmes bewirkt man durch kleine Zwischenbauten, von denen entweder nur einer oder auch mehrere angeordnet werden können (Fig. 309, 313 und 316 bis 318). Das Turmdach wird hierdurch in zwei oder auch in mehrere getrennte

Dachflächen zerlegt, die nun, eine jede für sich, ein anders geformtes Dach erhalten können. Solche Zusammensetzungen von allerhand Dachformen, z. B. Glocken-, Zwiebel- und Zeltdächern nennt man „Kaiserdächer“.

Die Helmform entwickelt sich hier oft in einer geschweiften Linie, bei der es nur darauf kommt, dass der Entwerfende eine schöne Form dafür findet. Sie kann sowohl schlank (Fig. 316) als auch gedrungen sein. Immer aber muss sie so ausgebildet werden, dass sie in ihrer Kontur ja nicht über das Turmgeschoss hinausragt. Solche Helme machen stets den Eindruck, als ob Jemand eine Mütze trägt, die ihm viel zu weit ist. Andererseits muss die Linie nahe der Traufe eingezogen werden, um einen schönen Uebergang zum horizontalen Traufengesims herbeizuführen.

Hier sieht es wieder ganz abscheulich aus, wenn diese Einziehung übertrieben wird, gleichsam als würde der Helm an dieser Stelle abgeschnürt.

Auch bei schlanken Zelttürmen muss diese Einziehung nahe der Traufe stattfinden. Sie wird vermittelt durch Aufschieblinge (Fig. 305, 307, 309, 314).

Die innere Konstruktion der geschweiften Dächer ist stets als Zeltdach mit nie fehlender Helmstange auszuführen. Die geschweiften Flächen

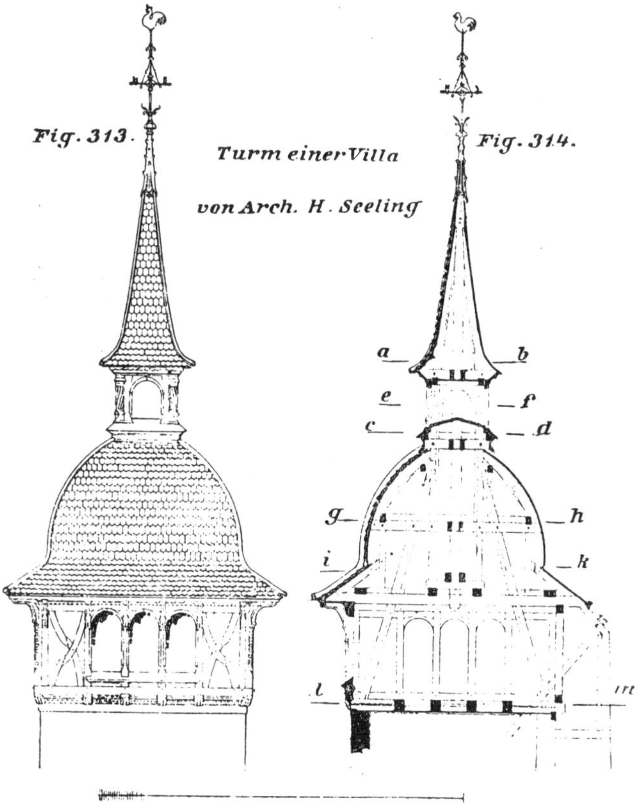

Fig. 313. Turm einer Villa von Arch. H. Seeling Fig. 314.

werden durch Schalhölzer auf der Krümmung entsprechend ausgeschnittenen Bohlen hergestellt (Fig. 314 und 317). Werden Zwischenbauten in den Helm eingeschaltet, so gehen deren Pfosten durch das darunter liegende Dach bis zur nächsten Balkenlage durch. Hier werden sie verzapft und durch angebolzte Zangen unverrückbar festgehalten (Fig. 314 und 317).

Ein Beispiel, wo der Fachwerksbau zu einem wirklichen etwa 34 m hohen Kirchturm, dessen Helm allein gegen 14 m hoch ist, herangezogen wurde, ist in den Fig. 319 und 320 wiedergegeben. Sie stellen die von dem Architekten Groothoff in Hamm bei Hamburg erbaute Dankeskirche in der Vorder- und der Längsansicht dar. Diese Kirche, die für 600 Sitzplätze berechnet ist, steht auf einer 4 m dicken Sandschicht, die auf den moorigen, schlechten Untergrund aufgebracht wurde. Nachdem sich diese Sandschicht gesetzt hatte, wurde die Kirche auf Betonfundament erbaut und zwar in Fachwerk als Ausnahme von den baupolizeilichen Vorschriften, um eine möglichst geringe Belastung des Untergrundes zu ermöglichen. Alles Holzwerk ist Föhrenholz. Von aussen sind die Gefache, wie Fig. 322 erläutert, in Mustern ausgemauert. Im Innern ist alles mit Holz ausgetäfelt. Das Holzwerk ist dann sattbraun bemalt und mit Ornamenten in nordischen Formen verziert. Interessant ist die in Fig. 322a dargestellte Abstrebung der Kämpfer des Mittelschiffes über die schmalen, nur 1,35 m breiten seitlichen Gänge (kleine Seitenschiffe) hinweg. Diese Streben sind aus Holz, 13 auf 24 cm stark und werden von entsprechend starken Deckenhölzern über den Gängen abgefangen. Dieselben sind 21 auf 24 cm stark. An den Anfallspunkten der Streben sind Bleiplatten angeordnet. Für Näheres an

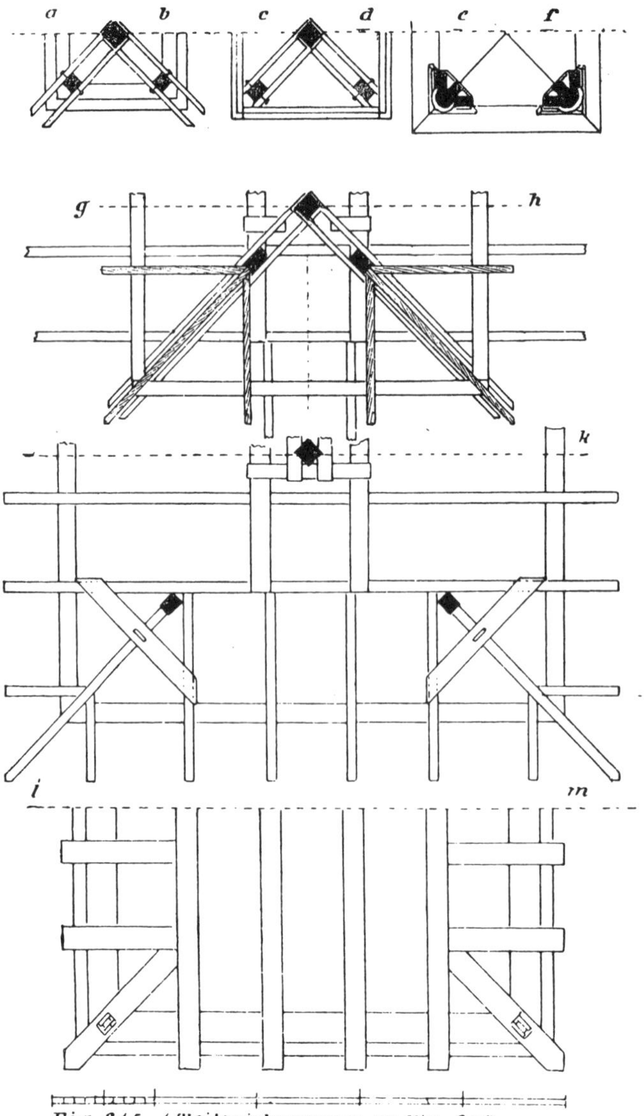

Fig. 315. (Teilzeichnungen zu Fig. 313.

Schnitten u. s. w. siehe „Neubauten von Neumeister und Häberle, V. Band, 10. Heft, Nr. 58“.

Dachspitzen und Wetterfahnen. Zur Vervollständigung eines modernen steilen Daches gehören auch die Dachspitzen, die auf Walmdächern Verwendung finden, sowie grössere, die einen Blitzableitermantel auf Türmen, Erkertürmchen, Dachgauben u. s. w. zu bilden haben. Die ersteren werden heutzutage in Zink und in glasiertem Thon hergestellt, die

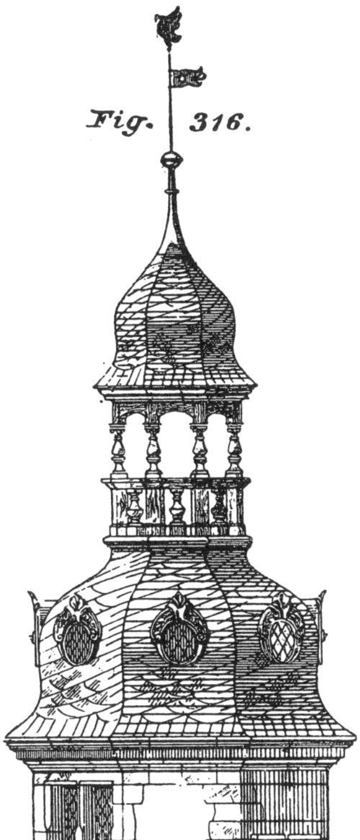

Fig. 316.

Fig. 317.

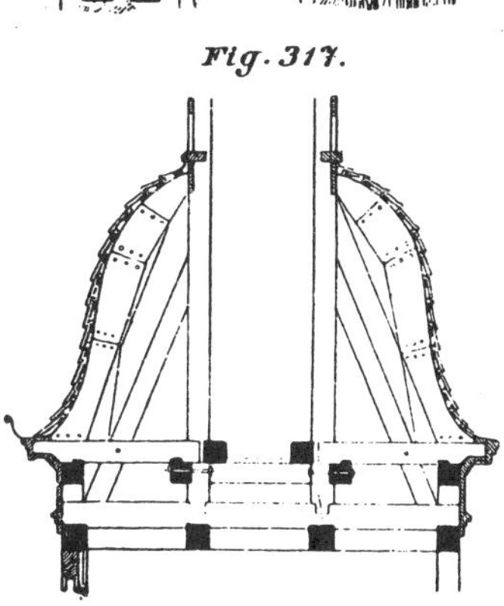

Fig. 318.

andere Art nur in Zink. Turmspitzen werden dann auch gern mit Wetterfahnen oder mit Wetterhähnen versehen. Von derartigen ornamentalen Zuthaten geben

Fig. 320. Thurmansicht

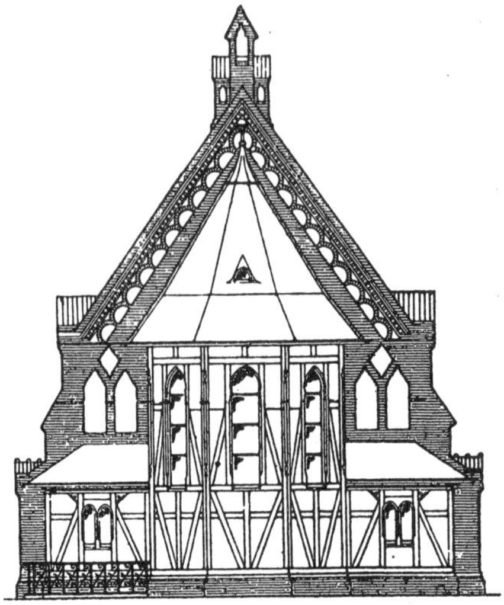

Fig. 321. Chor-Ansicht

Fig. 319. Dankeskirche in Hamm bei Hamburg.

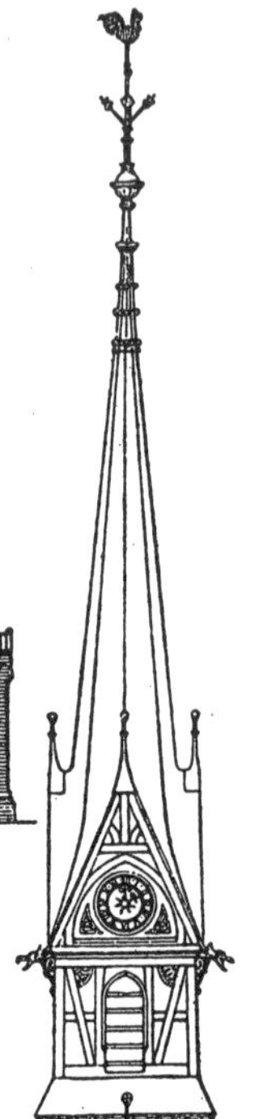

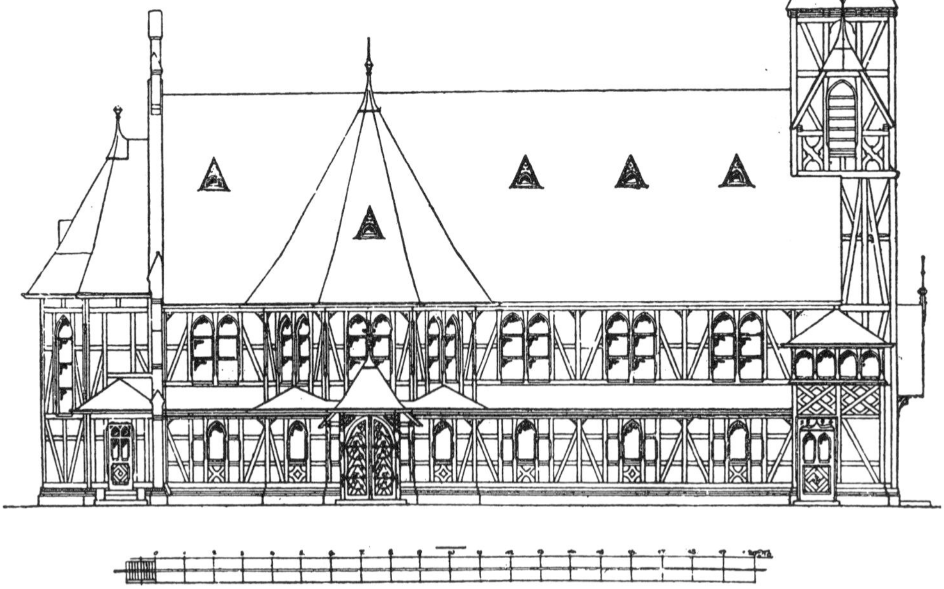

wir in den Figuren 323 bis 334 Abbildungen wieder, deren Originale der Westfälischen Metallornamenten-Fabrik von Robert Oswald Leutert zu Münster i. W. entstammen. Zur besseren Orientierung für den Praktiker fügen wir hier den einzelnen Figuren die Angabe der Originalgrösse, sowie des Preises bei,

Fig. 322.

(Teilzeichnung zu Fig. 319.)

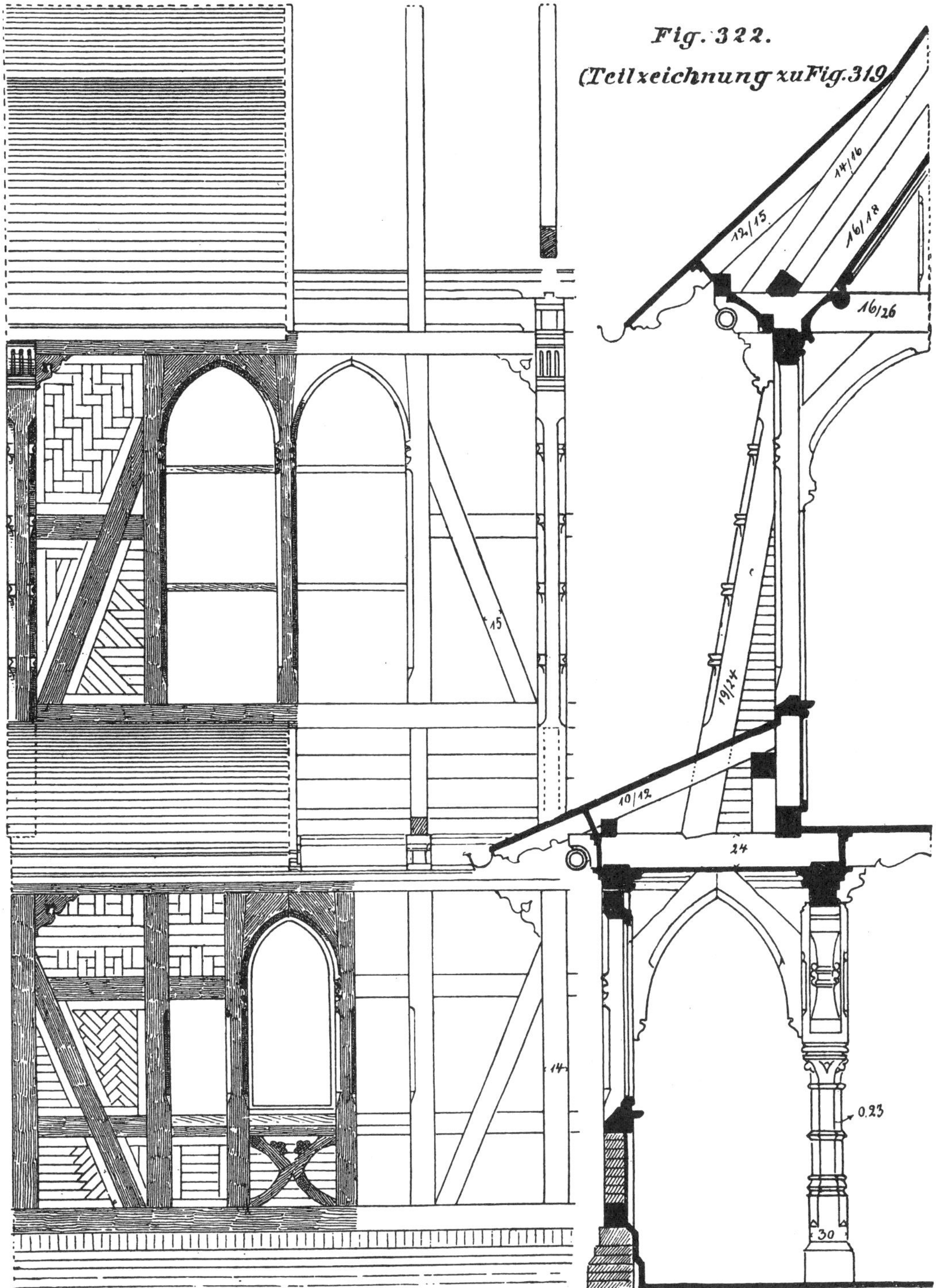

Fig. 323.

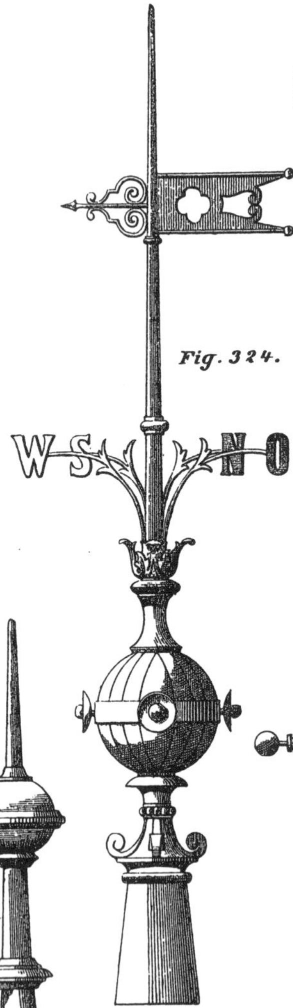

Fig. 324.

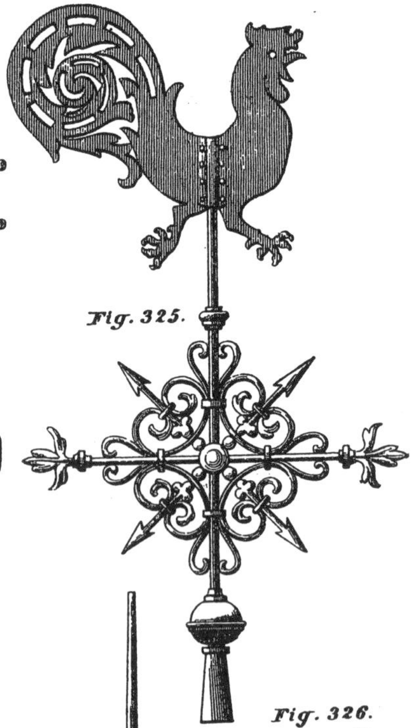
Fig. 325.

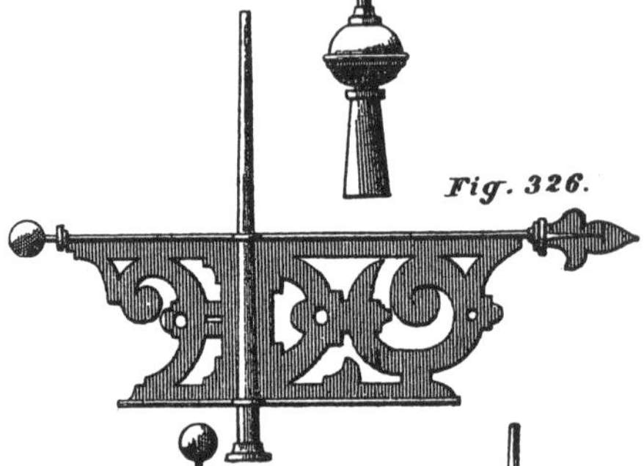
Fig. 326.

Fig. 327.

Fig. 328.

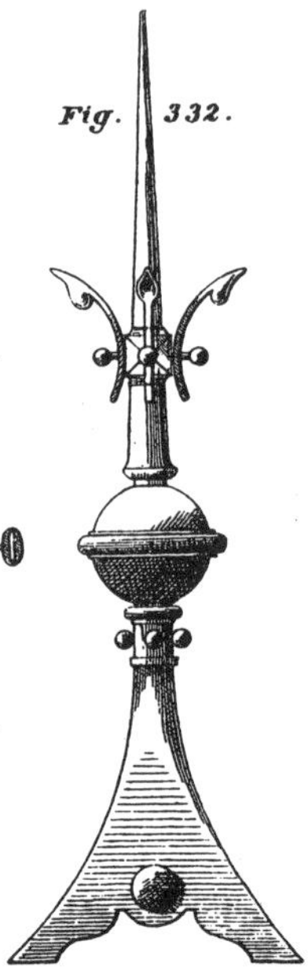
Fig. 332.

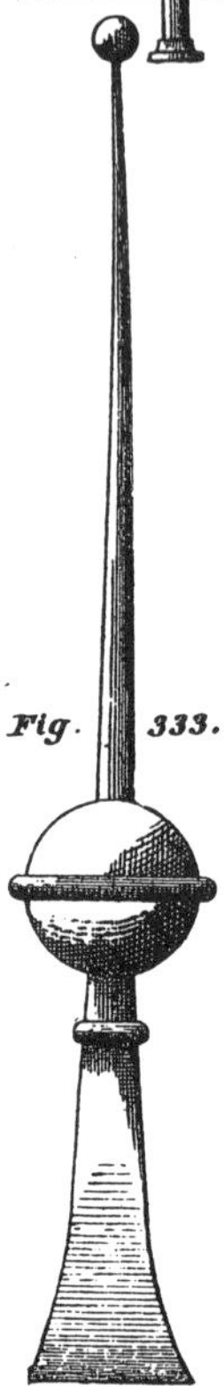
Fig. 333.

Fig. 330

Fig. 331.

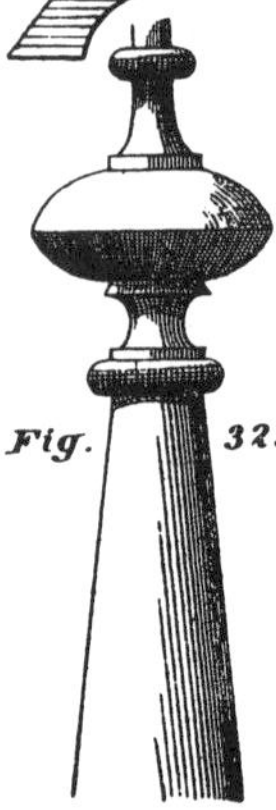
Fig. 329.

Fig. 334.

damit man sofort bei dem Entwerfen sich über hierdurch entstehende Mehrkosten ein Urteil bilden kann.

Fig. 323, eine reiche Dachspitze, ist 2450 mm lang und kostet 59,85 Mark.

Fig. 324, eine einfachere Spitze mit Fahne, ist 2000 mm hoch und kostet 32,60 Mark.

Fig. 325, ein Turmhahn, ist 1350 mm hoch und 600 mm breit und kostet 46,50 Mark.

Fig. 326 ist eine Wetterfahne in den ornamentalen Formen der Deutschen Renaissance. Sie kostet bei 600 auf 850 mm Grösse 11,40 Mark.

Fig. 327, eine einfache Spitze für ein Erkertürmchen oder einen Dacherker, ist 1050 mm hoch und kostet 10,50 Mark.

Fig. 328, eine zierliche Dachspitze für einen kleinen Helm, ist 800 mm hoch und kostet 7,10 Mark.

Fig. 329 und 330 sind sogen. Blitzableitermäntel. Der erstere ist 830 mm hoch und kostet 7,75 Mark; der andere kostet bei 950 mm Höhe 12,60 Mark.

Fig. 331 ist 950 mm hoch und kostet 12,— Mark.

Die Figuren 332 bis 334 sind reichere Dachspitzen für kleine Türme und Erkertürmchen. Die erste ist 1250 mm hoch und kostet 21,75 Mark; die zweite kostet bei 1530 mm Höhe 11,25 Mark und die dritte bei 1500 mm Höhe 25,30 Mark.

Niedrigere Spitzen werden auch aus glasiertem Thon hergestellt. Wir nennen hier die für moderne Dachdeckungen von Bedeutung gewordenen Fabriken von Carl Ludowici in Ludwigshafen und von Adam Brand in Würzburg. Diese Firmen stellen auch die für kleine geschweifte Turmdächer notwendigen kleinen Dachplatten in verschiedenartigen Schuppenformen und in allen möglichen farbigen Glasuren her.

Dachspitzen aus gebranntem Thon passen selbstverständlich nur zu Ziegeleindeckung. Die Grate bei vierseitigen oder polygonalen Türmen werden mit besonderen Ziegeln, sogen. Firstziegeln, eingedeckt (Fig. 305 und 307). Hierbei ist darauf zu achten, dass man die Grösse der Dachplatten sowohl als auch dieser Firstziegel der Grösse des einzudeckenden Objektes gut anpasst. Die Fabriken stellen z. B. Firstziegel von derselben Form in mehreren Grössen her, so dass auf den laufenden Meter $2^1/_2$, 3, 4, 5 und 6 Stück kommen. Für kleine Türme sind stets kleinste Dachplatten zu wählen, wenn das Aussehen ein gutes sein soll. Für geschweifte Turmhelme (Fig. 313, 316 und 318) hat man heute Dachplatten, die konvex oder auch konkav gebogen sind. Solcher Platten kleinen Modells gehen 60 Stück auf den Quadratmeter.

Ein Ziegeldach mit glasierten roten Dachplatten passt ganz ausgezeichnet zu dem dunkel gefärbten Fachwerk des Gebäudes. Leider erhält dasselbe aber oft ein schweres und plumpes Ansehen, wenn bei lebhafter Dachgruppierung nicht die richtigen Maasse der Dachziegeln gewählt werden. Hierauf ist ein ganz besonderes Augenmerk zu richten, um so mehr, als grössere Fabriken für Dachdeckungsmaterial diesbezüglichen Anforderungen in ausgedehntem Maasse gerecht werden können.

Dritter Abschnitt.

Der Blockbau.

Während der bisher betrachtete Fachwerksbau in früherer Zeit seine höchste Entwickelung am Wohnhause des Bürgers erreichte, finden wir den Blockbau durchweg auf dem Lande in Uebung und seine künstlerische Vollendung im Hause des Bauern. Hier bildet er einen interessanten Abschnitt der Kunstgeschichte für sich, den wir hier jedoch nur kurz berühren können.

Zu besonders malerischer Gestaltung gelangte der Blockbau allmählich in der Schweiz, weshalb bei unseren modernen derartigen Bauwerken, wenn sie feineren Lebensverhältnissen zu dienen haben, zumeist auf jenen schweizerischen Holzbau zurückgegriffen wird. Aber auch die eigenartigen Erscheinungen anderer Länder auf diesem Gebiete der Baukunst finden heute bei uns liebevolle Pflege; z. B. der aus dem norwegischen Bauernhause hervorgegangene Holzbau oder auch hier und da die Holzarchitektur des russischen Hauses, die allesamt sich mit dem Blockbau entwickelt haben.

Im allgemeinen kann man sagen, dass der Blockbau vorzugsweise der Baukunst der slavischen Völker angehört, die sich hierin von dem bei den Germanen üblichen Fachwerksbau von vornherein unterscheiden. Auch das Baumaterial war von Anfang ein verschiedenes. Denn während die Germanen der ersten christlichen Zeit, also bis zum 8. Jahrhundert, zumeist in Eichenholz bauten, verwendeten die Völker des Südens und die Slaven hauptsächlich Nadelholz. Auf letzterem Baumaterial beruht auch die ganze Konstruktionsweise des Blockbaues. Die frühesten Bauwerke von Bedeutung waren die Kirchen. Sie sind es auch allein, die uns Zeugnis von der ältesten Holzbaukunst und der Art ihrer Konstruktionen zu geben vermögen.

Derartige interessante Zeugen des früheren Holzbaues, der zum grossen Teil noch bis auf den heutigen Tag in Uebung ist, finden sich innerhalb des deutschen Reiches in Oberschlesien, in der Provinz Posen, in Ostpreussen und Pommern, in Oberbayern und im Schwarzwald, ausserhalb der deutschen Grenzen aber in der Schweiz, in Tirol, in Norwegen, in Ungarn und in Russland.

1. Die Blockwand.

a) Umfassungswände.

Der Blockbau war bereits in früherer Zeit in konstruktiver Hinsicht so vollkommen ausgebildet, dass auch für moderne Bauten alle vorkommenden Holzverbindungen dieselben geblieben sind. Da aber in den verschiedenen Ländern und Gegenden der Blockbau auch verschiedene Behandlung erfahren hat, die z. B. in der Schweiz sogar für einzelne Kantone schon bemerkbar ist, so müssen wir an dieser Stelle möglichst sämtliche Konstruktionsweisen vorführen und es dabei dem praktischen Bautechniker überlassen, welcher er für ein modernes Bauwerk den Vorzug geben will.

Im allgemeinen bedingt die Konstruktion der Blockwand gerade gewachsene Hölzer; deshalb findet das Holz der Rottanne sowie der Lärche hierzu die passendste Verwendung. Ab und an sieht man an älteren Bauwerken auch wohl eine Giebelschwelle aus Eichenholz. Immer hat die untere Schwelle eine grössere Stärke als die Wandhölzer, z. B. 18 auf 33 cm, 17 auf 30 cm, während die eigentliche äussere Blockwand gewöhnlich aus Hölzern von 12 bis $13^1/_2$ cm Dicke bei etwa 20 cm Höhe besteht. Die Grundschwellen werden oft nach innen verstärkt (Fig. 335).

Die Balken werden dabei meist vierkantig aus dem Kerne des Stammes gehauen und nehmen nach ihrem Zopfende hin an Stärke ab. In der Wand verlegt man sie so, dass abwechselnd ein Wurzel- und ein Zopfende aufeinander kommen. Hierdurch müssen die Fugen zwischen zwei Stämmen steigen und fallen.

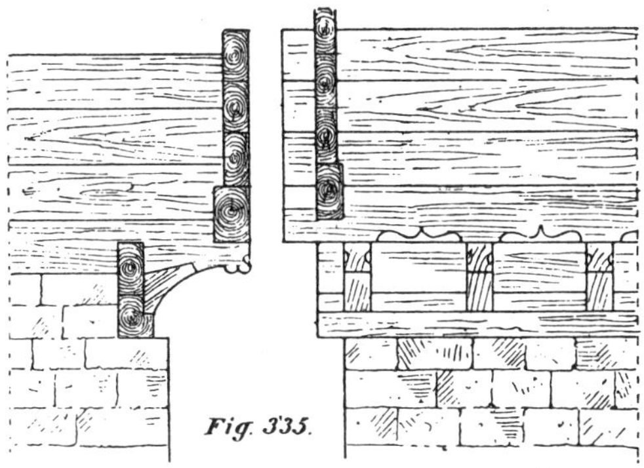

Fig. 335.

Die Schwellen der Blockwände liegen auf einem mehr oder weniger hohen massiven Unterbau. Hierbei wird die Anordnung auch so getroffen, dass die Giebelwand des Hauses über den massiven Unterbau vorgekragt erscheint, ähnlich wie wir dies bei den Stockwerken im Fachwerksbau gesehen haben. Es treten in diesem Falle die Kellerbalken um etwa 40 bis 50 cm über zwei übereinandergelegte Grundschwellen vor und tragen die vordere Blockwand. Der Uebergang wird durch eingezapfte Konsolen vermittelt. Da aber die Giebelschwelle immer etwas tiefer liegt als die Grundschwellen der Seitenmauern (der Ueberblattung halber), so sehen wir hier in Fig. 335, wie dieselben erst mit der zweiten Giebelschwelle in Verbindung treten.

Die Wandbalken liegen hochkantig und werden an den Kreuzungspunkten der Aussenwände miteinander in der Weise überblattet, dass jedem Balken die halbe Holzstärke verbleibt (Fig. 336). Die Balkenköpfe selber ragen nach beiden Seiten 15 bis 18 cm über die Kreuzung hinaus. Man nennt diesen Vorsprung einen „Vorstoss“. Er verhindert ein Abscheeren der Köpfe. In Fig. 336 ist ausserdem noch eine kleine, etwa $1\frac{1}{2}$ cm tiefe seitliche Versatzung beigegeben, die diese Kreuzung gegen Drehen sichert. In anderen Kantonen der Schweiz gibt man dem Blatte an der Kreuzung eine schwalbenschwanzförmige Nute hinzu, die zu grösserer Dichtigkeit dieser Verbindung, sowie zur Verhinderung des Werfens der Balken dienen soll (Fig. 337).

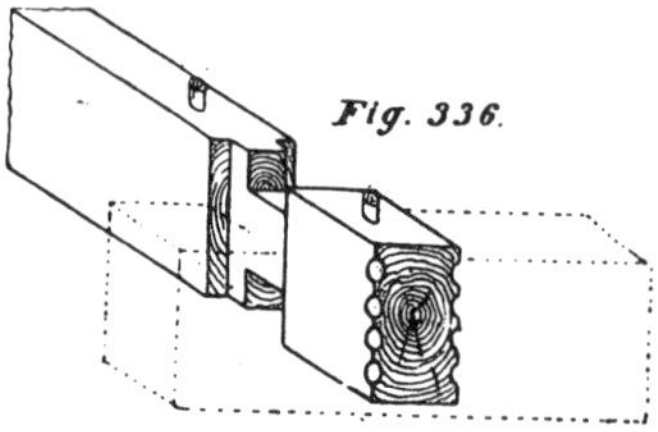
Fig. 336.

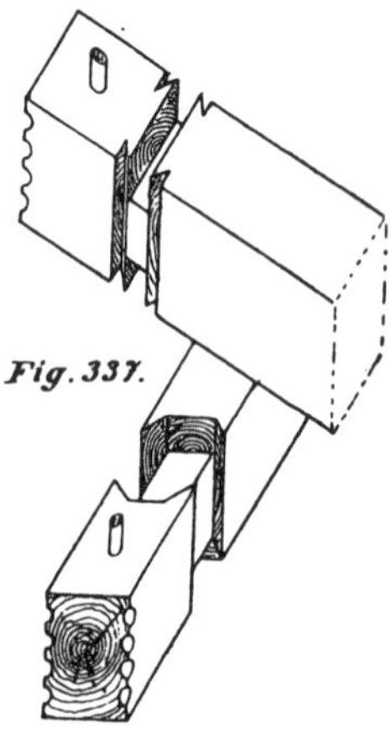
Fig. 337.

In einzelnen Gegenden finden wir aber auch andere Arten der Eckverbindungen im Gebrauch. So sieht man an oberschlesischen Blockbauten, z. B. an Bürgerhäusern in Braunau u. s. w., die Ecken ohne Vorstösse ausgebildet. Als Verband dient hier, ähnlich wie beim Fachwerksbau, eine einfache Schwalbenschwanz-Ueberblattung, öfter auch eine solche mittels des Hakenblattes (Fig. 338 u. 339).

In der Schweiz wiederum gibt es Gegenden, wo die Blockhäuser ganz mit Schindeln im Aeusseren bekleidet sind. Dabei sind die Vorstösse der Balken im Wege und werden deshalb nicht ausgeführt. Man stellt nun die Verbindung der Wandbalken an den Knotenpunkten durch eine ziemlich schwierige Verzinkung her, bei der ausser der schwalbenschwanzförmigen Ausbildung des Balkenkopfes noch eine Nut und ein Zapfen von einigen Zentimetern Stärke zur Verwendung kommen (Fig. 340). Diese Art der Knotenpunkt-Verbindungeu ist aber wieder nicht überall üblich, wo Schindelbekleidung der Blockwände auftritt, vielmehr sehen wir in anderen Kantonen trotzdem Vorstösse ausgeführt, die dann in zierlichen Mustern ebenfalls mit Schindeln, oft sogar mit gefärbten, benagelt worden sind. Einen anderen Schutz gegen die Witterungseinflüsse gibt man den beschnittenen Ecken durch vorgenagelte senkrechte Bohlen, die in manchen Fällen verziert sind und eine ganz nette Ecklösung im Aeusseren ergeben.

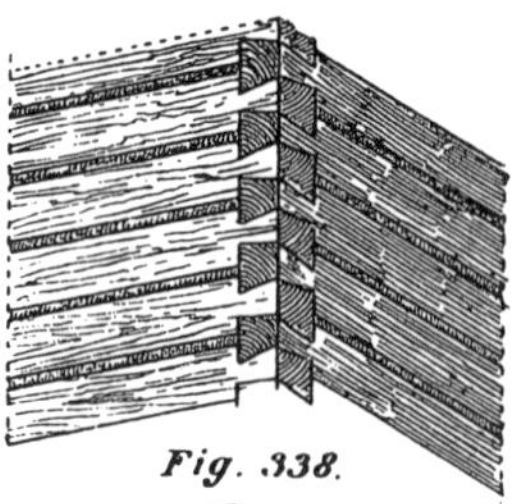
Fig. 338.

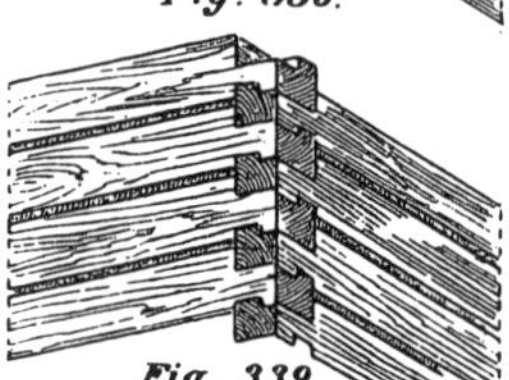
Fig. 339.

Die Wandbalken legt man ohne weitere künstliche Verbindung aufeinander. Sie werden aber in Abständen von etwa $1\frac{1}{2}$ m durch lange hölzerne Nägel in ihrer Lage festgehalten, die einen noch innigeren Verband dadurch herbeiführen, dass sie in jeder einzelnen Holzlage unter sich versetzt angebracht sind. Die Fugen werden mit Moos ausgestopft.

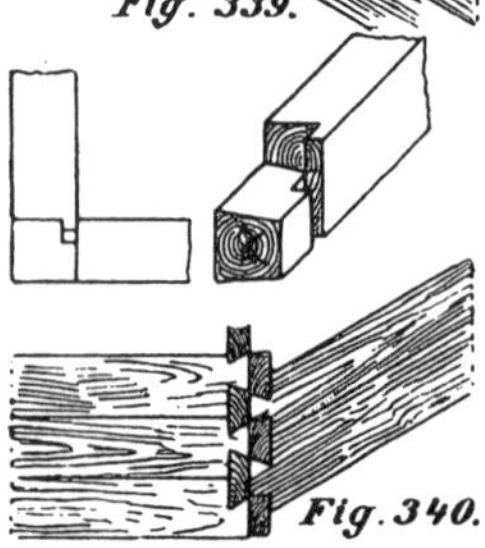
Fig. 340.

Eine andere Behandlung erfahren die Blockwände an den Bauernhäusern in Russland, an Scheunenbauten der Schweiz und auch an norwegischen Bauernhäusern. Hier sind die Stämme rund belassen oder nur sehr wenig behauen. Die Verbindung an den Knotenpunkten geschieht dabei in der üblichen Weise mit Verstössen (Fig. 341).

Im Innern wird an den russischen Bauernhäusern die Blockwand mit der Säge geebnet und die Fugen werden mit Werg gedichtet.

Wo aber bei Scheunenbauten das untergebrachte Heu dem Luftzuge ausgesetzt werden soll, da hat man an allen schweizerischen Blockbauten dieser Gattung die Verbindung der Wandbalken so hergestellt, dass sich dieselben an den Ecken zwar überblatten, aber nur so weit, dass ein etwa 5 bis 6 cm breiter Zwischenraum übrig bleibt. Hierdurch entstehen zwischen den einzelnen Wandbalken entsprechend breite Fugen, die in Zwischenräumen von etwa 1 m mit passenden Klötzchen ausgesetzt werden, um ein Durchbiegen der Wandhölzer zu verhindern (Fig. 342, 345).

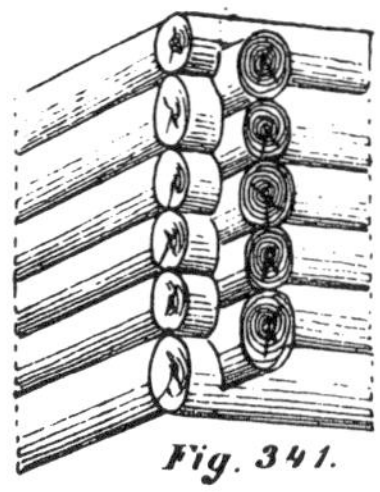
Fig. 341.

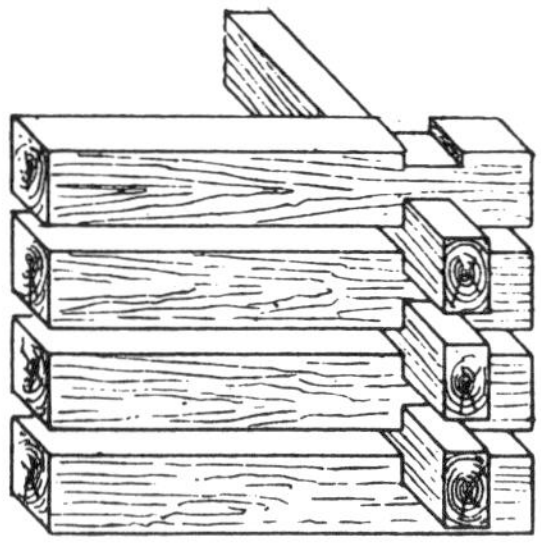
Fig. 342.

Diese bisher vorgeführten Konstruktionen der Aussenwände haben sich seit Jahrhunderten bewährt, so lange die Abmessungen derartig konstruierter Räume gewisse Erfahrungszahlen nicht überschreiten. Es dürfte dies für die lichte Höhe etwa 2,25 m und für die freitragende Länge nicht mehr als 6 m sein. Treten grössere Verhältnisse auf, so werden weitere Versteifungen notwendig. Zunächst werden diese bei einem Wohnhause auf natürliche Weise gebildet durch die Scheidewände.

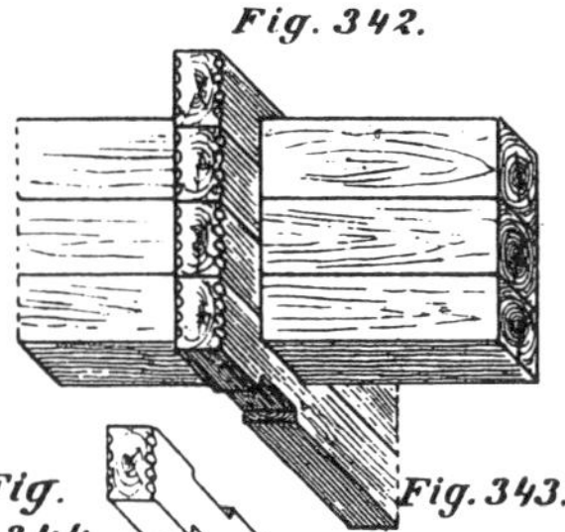
Fig. 343.

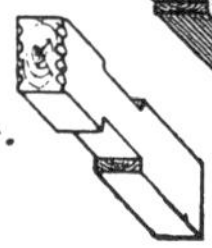
Fig. 344.

b) Die Scheidewände

sind in der Aussenkonstruktion des Blockbaues dadurch sichtbar, dass auch sie mit Vorstössen von etwa 15 cm Stärke versehen werden (Fig. 343). Sie sind meist im Holze schwächer als die Aussenwände, 10 bis 12 cm dick (Fig. 343). Treffen aber auf eine äussere Blockwand bei mehr als 6 m Länge keine Scheidewände, so müssen die Wandbalken selber versteift werden. Dies kann, wie in Fig. 344 angedeutet ist, in der Art geschehen, dass Vorstösse blinder Scheidewände, die im Innern kurz abgeschnitten sind, die Aussenwände verstärken. Oder es werden beiderseitig lotrechte starke Bohlen angeschraubt, die ein Durchbiegen der Wand verhindern. Derartige Bohlen verklammert man auch mit der Blockwand durch einzelne Vorstösse (Fig. 345 [n. Gladb.]).

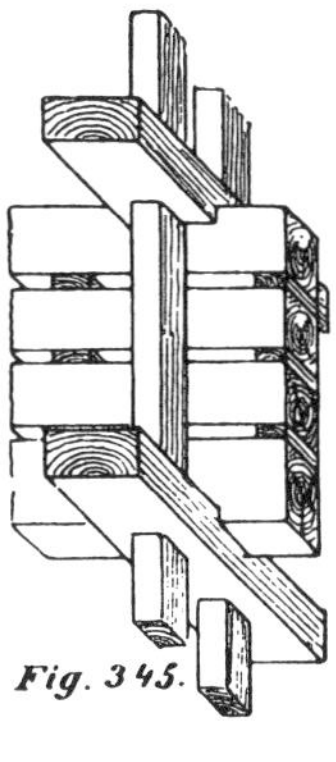
Fig. 345.

2. Thüren und Fenster.

Die Eingangsthüren (Hausthüren) werden bei den Blockbauten verschiedenartig behandelt, je nachdem Sitte und Gewohnheit des Landes hier mitsprechen. An den Blockbauten der Schweiz ist der massive Unterbau so hoch, dass er die Hausthür in sich aufnimmt. Dieselbe ist also ganz unabhängig vom eigentlichen Blockbau und in ihrer architektonischen Umrahmung meist höchst einfach gehalten. Wo eine Freitreppe zu einem sog. Hochparterre hinaufführt, das auf dem massiven Kellerbau nun als Blockbau ausgeführt ist, da wird die Thüröffnung durch einfache Pfosten begrenzt, die oben und unten in die Wandbalken eingezapft sind (Fig. 346 [n. Gladb.]). Sie nehmen die Anschlusswände rechts und links in ausgestochenen Nuten auf. An norwegischen Blockhäusern der ältesten Art sind diese Hauseingänge einfach aus der Blockwand herausgeschnitten. In anderen Gegenden werden derartige Ausschnitte oben und seitlich durch vorgelegte Bohlen begrenzt. An den russischen Blockhäusern liegt die Hausthür sehr häufig unter einem Vorbau (Fig. 350) in der Blockwand selber. Die untere Diele ist dabei über dem Erdboden stark erhöht. Eine kleine Treppe führt seitwärts in das Haus hinein.

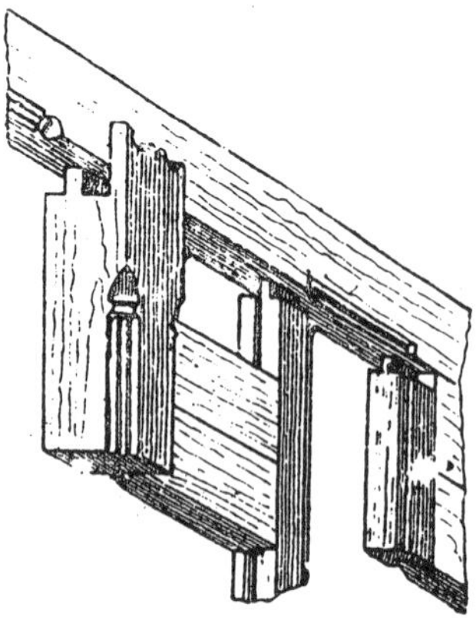

Fig. 346.

Fig. 347.

Die Thürbekleidung selber wird durch eingesetzte Pfosten begrenzt, die häufig mit zierlich ausgeschnittenen Brettern bekleidet werden. Bei Wohnhäusern feinerer Art, besonders an sogen. Sommervillen, erhält der Eingang eine ungemein phantastische Gestaltung, wobei die eigentliche Oeffnung durch geschweifte Bohlenstücke begrenzt und mit seitlichen Bekleidungen in reicher Schnitzarbeit versehen wird (Fig. 348). Der Haltbarkeit thut aber diese dem Blockbau hinzugefügte Bretterarchitektur durchaus keinen Vorschub; im Gegenteil ist diese Art des Holzbaustiles, wenigstens in der Dekoration, äusserst vergänglich. Dagegen findet hier sowohl als auch im schweizerischen und norwegischen Blockbau die Anordnung eines Vordaches oder einer Vorhalle bei der Thüre, wie wir dies schon im vorigen Abschnitt gezeigt haben, gerechtfertigte Verwendung (Fig. 347 (n. Lehfeld] und Fig. 360).

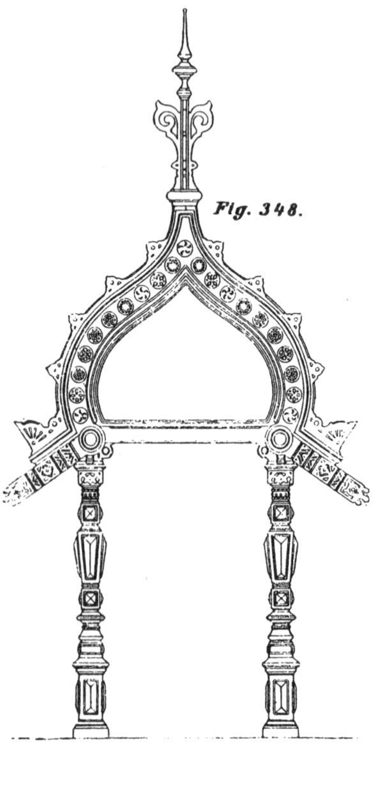

Fig. 348.

Die Fenster. Die Anordnung der Fenster tritt im Blockbau nicht einheitlich auf. Im reichen und grossen Schweizerhause finden sie sich gruppenweise in den Giebelstockwerken und hier und da auch noch an der Langseite des Hauses verteilt (Fig. 351 u. 361). An den russischen, norwegischen und oberschlesischen Blockbauten sind sie vereinzelt angeordnet (Fig. 349, 350 und 375). Immer sind ihre Lichtmaasse, entsprechend den niedrigen Stockwerkshöhen von höchstens 2,25 m, nur geringe. An den Blockbauten der Schweiz sind sie etwa 70 bis 80 cm breit und 1 bis 1,10 m hoch. Die Scheiben sind sehr klein. Ihre Umrahmung ist bei allen älteren Blockhäusern, namentlich solchen des Berner Oberlandes, ungemein schlicht. Sie besteht aus den einfachen, zwischen die Wandbalken eingezapften Trennungspfosten. Später wurden dieselben gefast oder auch mit schlicht profilierten Bretterrahmen bekleidet (Fig. 352). In anderen Kantonen und mit der Mitte des 17. und dem Anfange des 18. Jahrhunderts treffen wir lebhafter gestaltete Fenster-Umrahmungen an, die entweder gleich eine ganze Gruppe umfassen oder jedem einzelnen Fenster beigegeben sind. Sie bestehen in ausgeschnittenen und bemalten Bretterbekleidungen, deren Ornamente an Akanthusranken erinnern.

Fig. 349.

Bei den älteren Blockbauten des Bernes Oberlandes trat an die Stelle der Fensterbänke eine durchlaufende vorspringende Bohle, die immer mit einem sogen. Würfelfries verziert war (Figur 352 (n. Gladb.).

Einen Hauptschmuck erhalten die Fenster vieler älterer und natürlicher Weise auch neuer Blockhäuser durch die farbig bemalten Fensterläden. Diese sind meist als Schiebeläden konstruiert. Es kommen zwar auch Klappläden vor, aber bei der mehr und mehr um sich greifenden ungemein dichten Anordnung der Fenster selber waren sie später nicht mehr anzubringen. Die Konstruktion des Schiebeladens bietet nun zwei grosse Vorteile, gegenüber jeder anderen Ladeneinrichtung. Einmal war sie ganz unabhängig vom Hause selbst, so dass sie später, als der Blockbau mehr dem Riegelbau weichen musste, sich ebenso gut verwenden liessen, sodann bilden sie einen grossen Schmuck für das Feld unter oder über dem Fenster. Man lässt sie entweder von oben herab oder zieht sie von unten herauf.

Fig. 350.

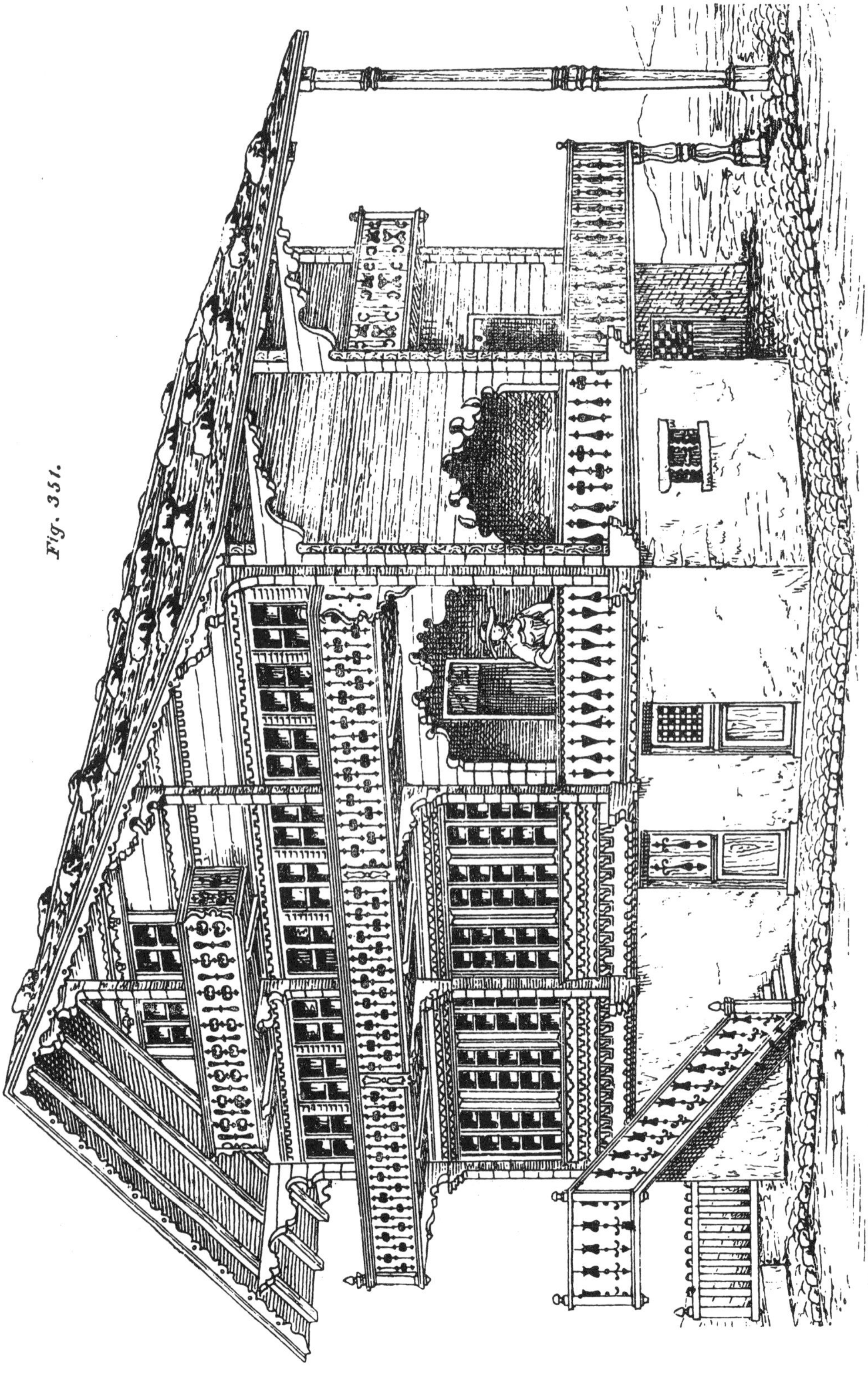

Fig. 351.

Hier und da kommen auch solche Fensterläden vor, die seitwärts geschoben werden. Die Anbringung der Läden selber ist sehr einfach. Es werden (nach Gladbach) starke Bohlen von 4 bis 7 cm Dicke und 9 bis 18 cm Breite seitwärts ausgenutet und mit 2 bis 3 starken Nägeln an die Holzwand oder mit Steinschrauben an das steinerne Fenstergestell befestigt. Die runden, meist verzinnten. Nagelköpfe werden sichtbar gemacht. Die Laden selber laufen, auf beiden Seiten mit Federn versehen, in den Nuten und werden mit einem dünnen Seile auf- und abgezogen. Ueber ihre farbige Behandlung siehe weiter unten „Die Schmuckmittel des Blockbaues“ (Fig. 386 bis 388).

Fig. 352.

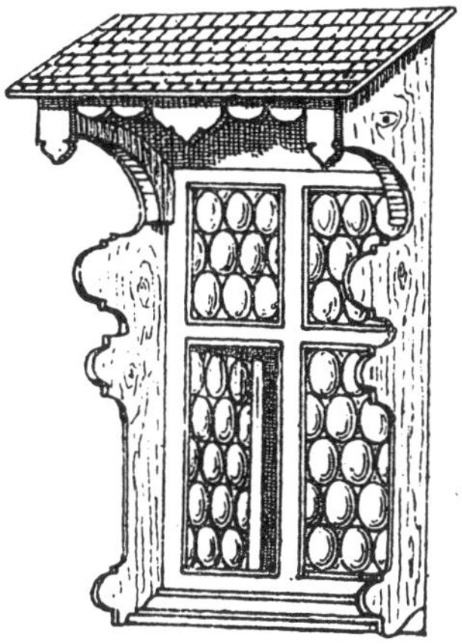

Fig. 355.

Eine obere Bekrönung des Fensterrahmens kommt in verschiedener Gestalt vor. Sie wird bewirkt zum Teil durch ein aus Holzleisten gebildetes horizontales Verdachungsgesims, auf welches sich manchmal noch weitere phantastische, aber durch die Barockarchitektur beeinflusste, aus Brettern geschnittene Bekrönungen aufsetzen (Fig. 353 u. 354 nach Varin).

Fig. 353.

Fig. 354.

In anderen Gegenden haben klimatische Rücksichten zu einer eigenartigen Entwickelung der Fensterarchitektur geführt. Um dieselben gegen starke Stürme zu schützen, wurden sie einzeln zwischen breiten Pfeilern angeordnet und mit einem sogen. Klebdache versehen. Dasselbe erhält seine besondere Dachdeckung von Schindeln u. s. w. und schliesst seitlich dicht an, indem profilierte Flügelbretter an den Rahmen hinabgeführt

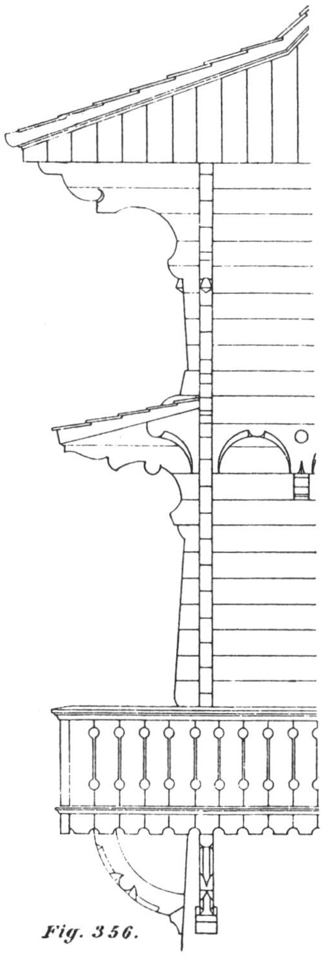

Fig. 356.

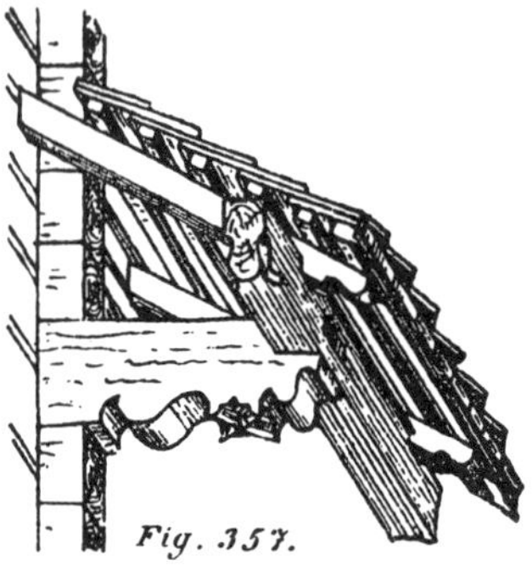

Fig. 357.

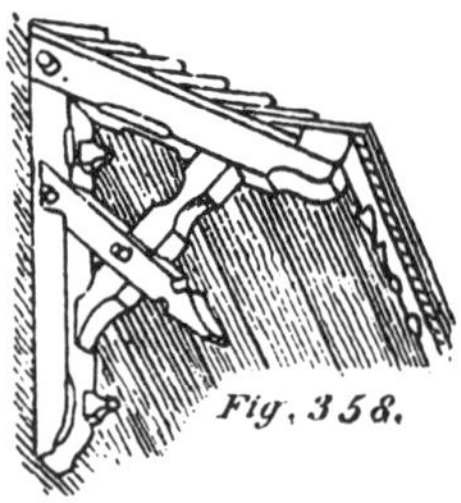

Fig. 358.

sind (Fig. 355 [nach Varin]). Schliesslich sehen wir an solchen Blockbauten, deren Dächer am Giebel keinen bedeutenden Vorsprung aufweisen, die Fenster in der Weise gegen den Einfluss der Witterung geschützt, dass gleich über die ganze Fensterreihe eines jeden Stockwerkes ein durchgehendes Klebdach angeordnet ist. Die zugehörigen Stützpfosten werden mit Nägeln und Keilen an die Blockwand befestigt (Fig. 357 und 358 [nach Gladb.]). Damit hierbei die unteren Klebdächer nicht von dem herabfallenden Wasser der darüber liegenden getroffen werden, gibt man den oberen Schutzdächern eine stockwerksweise zunehmende Ausladung (Fig. 356).

3. Das Dach und die Giebelbildung.

Bei den Blockbauten der verschiedensten Völker slavischer sowohl als auch germanischer Art bildete der Giebel die Hauptfront des Hauses. Das Dach ist in allen Fällen mithin ein Satteldach. In den schweizerischen Kantonen*) wird dasselbe verschiedenartig behandelt. Im Berner Oberlande herrscht durchaus das flache Satteldach, das annähernd $^1/_5$ der Spannseite als Höhe erhält. Es wird mit Schindeln gedeckt und mit grossen Steinen belastet. Im Unterlande finden wir mehr ein steileres, mit feinen Schindeln oder auch mit Ziegeln gedecktes Satteldach im Gebrauch. An beiden Arten kommt dabei ein sogen. Krüppelwalm vor. Die Dächer im Berner Oberlande kragen sehr weit über den Giebel und über die Traufseiten vor, etwa 2 bis 3 m. Die andere Dach-

Fig. 359.

*) Der Blockbau der Schweiz wird eingehend behandelt in den beiden Werken: „Der Schweizer Holzstil“ von E. Gladbach und „L'architecture pittoresque en Suisse“ von Varin, die wir hier mehrfach angezogen haben.

Fig. 360.

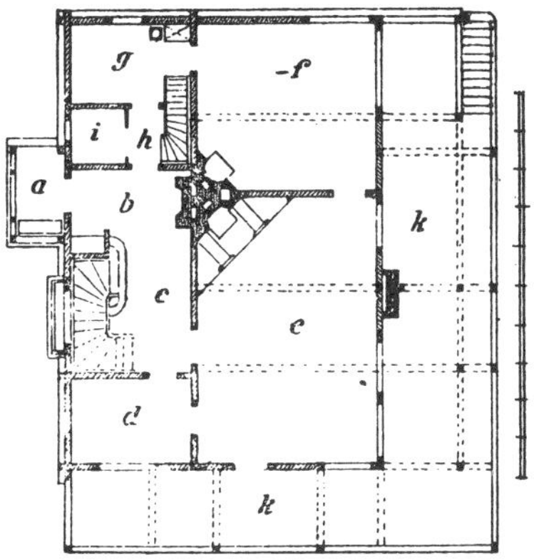

Fig. 360 a. Erdgeschoss.

a Vorhalle. b Eingang. c Halle. d Vorzimmer. e Salon. f Speisezimmer. g Kabinett. h Küchengang. i Kabinett. k Balkon.

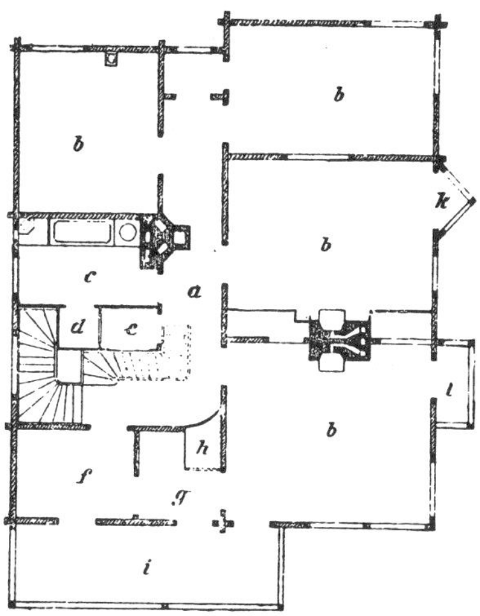

Fig. 360 b. I. Stock.

a Korridor. b Schlafzimmer. c Badezimmer. d Kammer. e Garderobe. f Ankleidezimmer. g Waschtoilette. h Garderobe. i Balkon. k Erker.

form hat nur eine Ausladung von 80 bis 90 cm, wobei die Fenster an der Giebelseite besondere Schutzdächer erhalten. Auf den Sparren sind starke Schalbretter befestigt, die untereinander ausserdem vernutet werden. Bei steileren Dächern liegen die Schindeln auch auf einer Lattung.

An den norwegischen Blockbauten ist der Dachüberstand am Giebel ebenfalls betont, wenn auch nicht so bedeutend, als bei den Blockhäusern der Schweiz. An der Giebelseite finden sich mit Vorliebe Rundbogen-Arkaden mit Säulchen angeordnet, ein Motiv, das schon an den zweistöckigen Holzbauten aus dem 14. Jahrhundert Verwendung fand (Fig. 375)*).

Durch weit vorgekragte und nach einem Kreisbogen ausgeschnittene Blockhölzer wird häufig die Giebelwand auch seitlich verbreitert, so dass auch hier ein Arkadengang angebracht werden kann (Fig. 374 und 398).

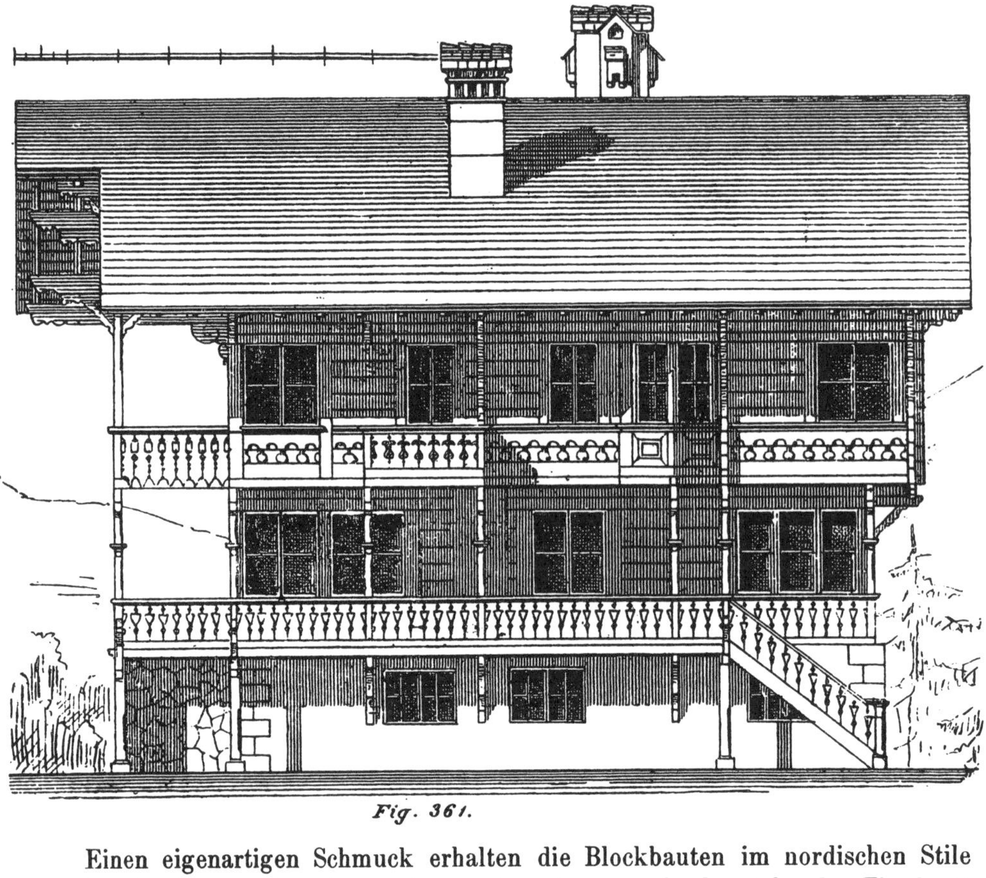

Fig. 361.

Einen eigenartigen Schmuck erhalten die Blockbauten im nordischen Stile am First des Daches, der durch ein durchbrochenes aufrecht stehendes Firstbrett hervorgehoben erscheint. An den beiden Enden geht dasselbe in phantastisch gestaltete Zierbretter über, die man wohl als Drachenköpfe bezeichnen kann (Fig. 375 und 396).

*) Die Figuren 373, 375 und 376 bilden Verkleinerungen aus dem Tafelwerke: „Der Holzbaustil" von Olaf Christiansen, im Verlag von Bernh. Friedr. Voigt in Leipzig, auf das wir zu weiterem Studium der norwegischen und russischen Holzarchitektur hiermit hinweisen wollen.

Das Dach des russischen Blockhauses wird bei reicheren Bauwerken äusserst phantastisch behandelt. Hier kommen alle die Zwiebel- und Glockenformen, die den orientalischen Bauweisen eigentümlich sind, zur Verwendung (Fig. 350 und 378). Durch überreiche Zuthaten von ausgeschnittenen Zierbrettern der mannigfaltigsten Gestalt gewinnt das Haus zwar eine äusserst lebhafte Wirkung, dagegen macht es nicht gerade den Eindruck der Wetterbeständigkeit und der soliden Konstruktion. Ganz anders wirkt dagegen das Dach der schweizer Blockbauten, das wie ein schützender Schirm, mächtig und einfach in seiner Konstruktion, die oft zierlich behandelte Giebelfassade überragt. Die stützenden Träger bestehen aus übereinandergelegten Blockbalken. Alle Haupt- und Scheidewände werden am Giebel herausgekragt und bilden nun kräftige Konsolen, die das Dach mit

Fig. 362. Teilzeichnung.

seinen Pfetten aufnehmen. Die Profile dieser Konsolen werden dabei verschieden ausgebildet. Entweder erhält jeder einzelne Blockbalken ein Profil für sich, so dass sich nun viele solche zu einer Konsole zusammenreihen, oder grössere geschwungene Profile werden ohne Rücksicht auf ihre durchbrochene Kontur über

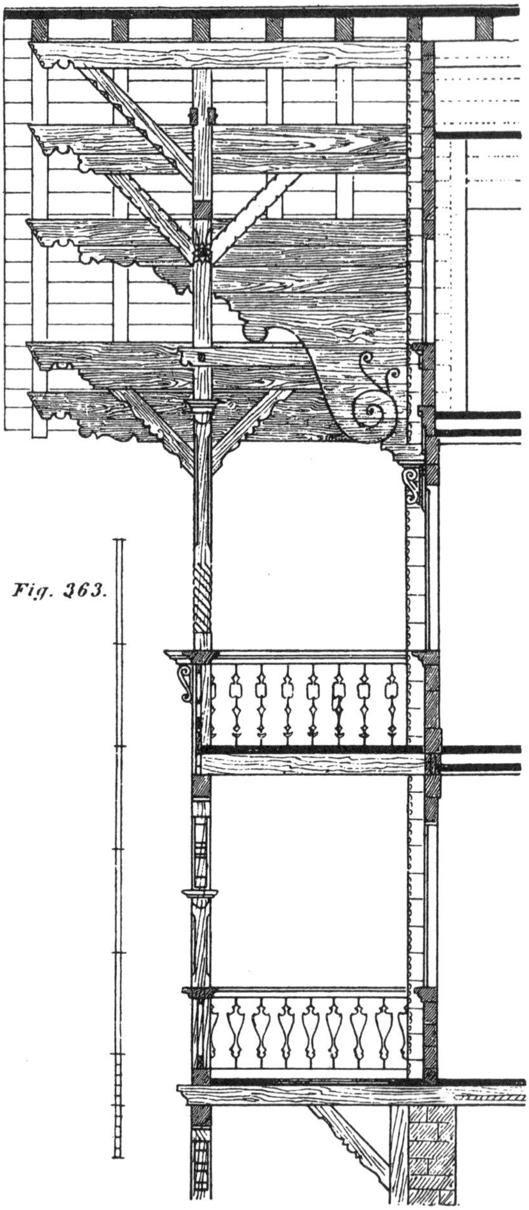

Fig. 363.

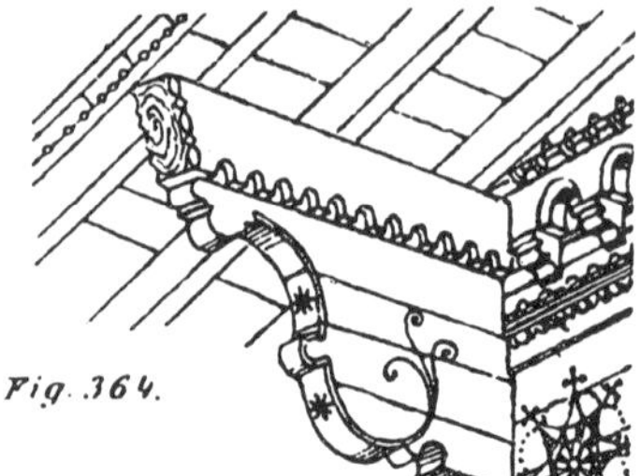

Fig. 364.

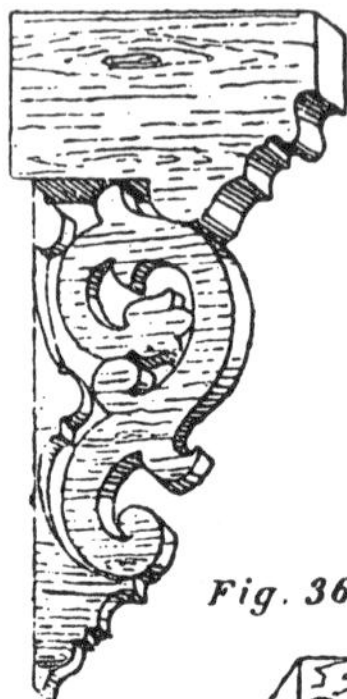

Fig. 365.

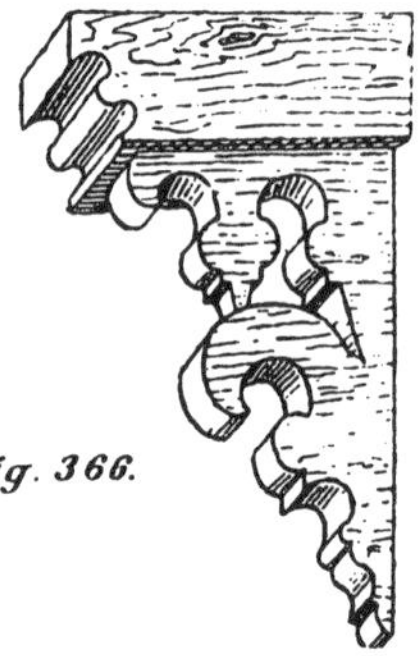

Fig. 366.

mehrere Blockbalken hinweggeführt und bilden nun mit angereihten Uebergangsgliedern an einzeln behandelten Hölzern zusammen den Dachträger (Fig. 351 [nach Varin], Fig. 363 [nach Arch. Ernst], Fig. 364 [nach Gladb.], Fig. 372 [nach Arch. Hauberisser] und Fig. 374 [nach Arch. Greif]).

An den älteren Blockhäusern der Schweiz findet sich dieser konstruktiv schlicht durchgeführte Giebel mit den flach geneigten Sparren und den kräftigen stützenden Wandkonsolen fast als einzige und immer wiederkehrende Form. Aber selbst diese konservativen Gebirgsbewohner konnten sich dem Einflusse der überall eindringenden Renaissanceformen nicht verschliessen und so sehen wir, wie mit dem 17. Jahrhundert auch hier die Formen mannigfaltiger und die Häuserfassaden grösser und reicher wurden. Diese Veränderung macht sich auch am Giebel bemerkbar, wo nun der Krüppelwalm das Giebeldreieck beschneidet und damit das Giebelfeld der Fassade eine trapezförmige Gestalt erhält. Dieses Trapez wurde in der Unteransicht mit Brettern verschalt und darauf mit reichen Rankenornamenten bemalt. Oft sogar wurde die Trapezform zu einer einheitlichen Bogenform ausgeglichen und ebenfalls verschalt.

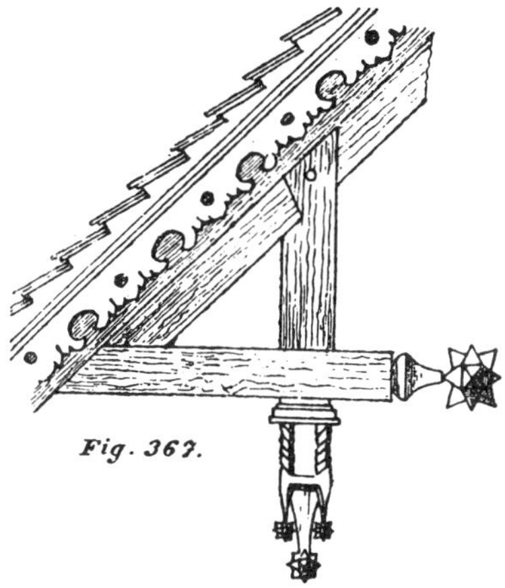

Fig. 367.

Machte man, wie das ebenfalls hie und da geschah, das Dach steiler, so wurden an den Verbindungsstellen des äussersten Sparrens mit den Pfetten kleine dekorative Dreiecksbildungen eingeschoben, die jedenfalls dazu beitrugen, die etwas langweilige schräge Dachlinie in phantasie- und geschmackvoller Weise zu unterbrechen (Fig. 367).

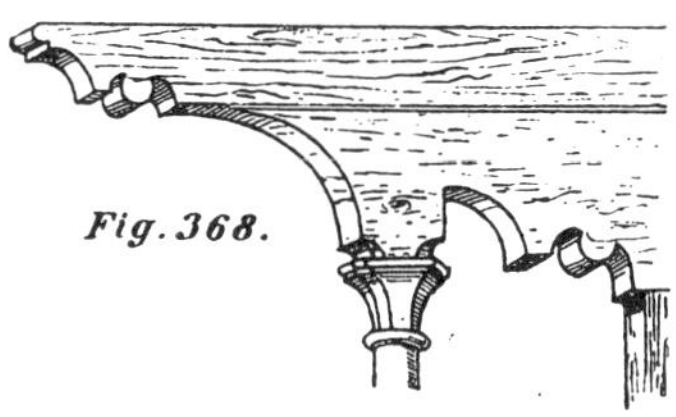

Fig. 368.

So gestaltete sich diese Giebelwand immer lebhafter und reicher, besonders als auch die Lauben und Galerien von den Seitenfronten auf die Vorderfront übertragen wurden (Fig. 351).

4. Seitenlauben und Galerien.

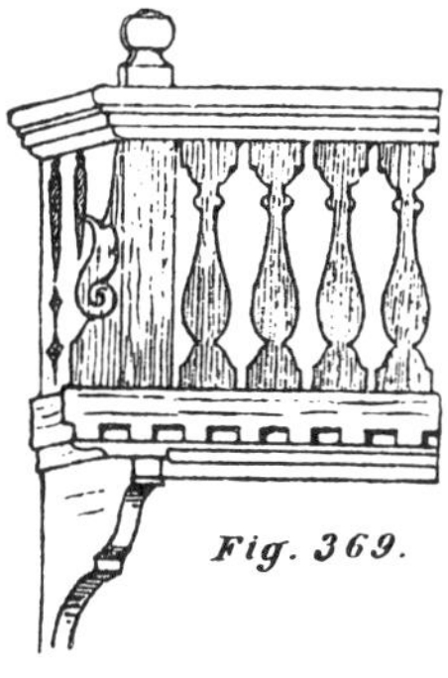

Fig. 369.

Einen ebenso originellen wie praktischen Schmuck erhielten die Blockhäuser der Schweiz, Norwegens und auch in Oberschlesien durch ausgebaute Lauben. Dieselben fanden zunächst an dem hinteren Giebel und an den Seiten des Hauses ihren Platz. Erst in späterer Zeit werden sie auch den Giebelfassaden beigegeben, wodurch der hier sonst übliche Schmuck an breiten geschweiften Gurten als nunmehr überflüssig fortfiel (Fig. 351).

Fig. 370.

An modernen Blockbauten, die gern im Schweizerstile errichtet werden, verwendet man die alten Motive, wie und wo man sie gerade gebraucht. Es kommt uns heutzutage hierbei nicht auf die Beachtung bestimmter Eigenarten einzelner Kantone oder Zeitperioden an; für den wissenschaftlich gebildeten Techniker ist aber die Kenntnis ihres Ursprunges immerhin interessant genug, dass wir deren flüchtige Vorführung hier nicht für überflüssig hielten. In der Schweiz selber denkt man hierüber natürlich anders; hier kann bestimmten Anforderungen nur durch eine ganz gründliche Kenntnis der heimatlichen Bauweise entsprochen werden.

Im allgemeinen gibt man den Lauben, d. h. den überdeckten Galerien, im zweiten Geschoss eine Breite von 1,10 bis 1,60 m. Das diese Breite überdeckende Dach wird wieder durch konsolenartige Träger abgefangen, die, ähnlich denen am Giebel, entweder in einer schlichten Kreislinie (Fig. 374) oder in mannig-

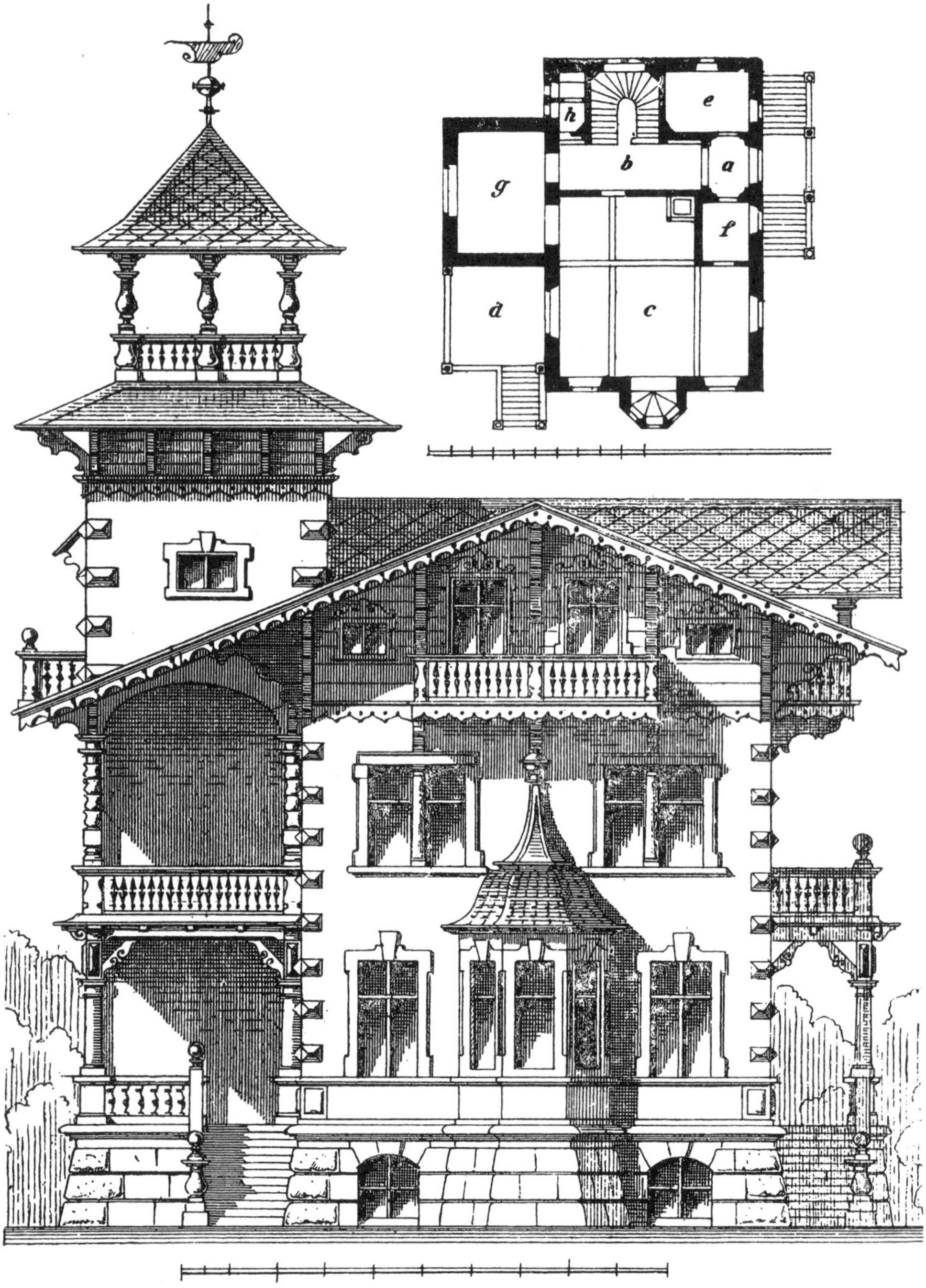

Fig. 371.

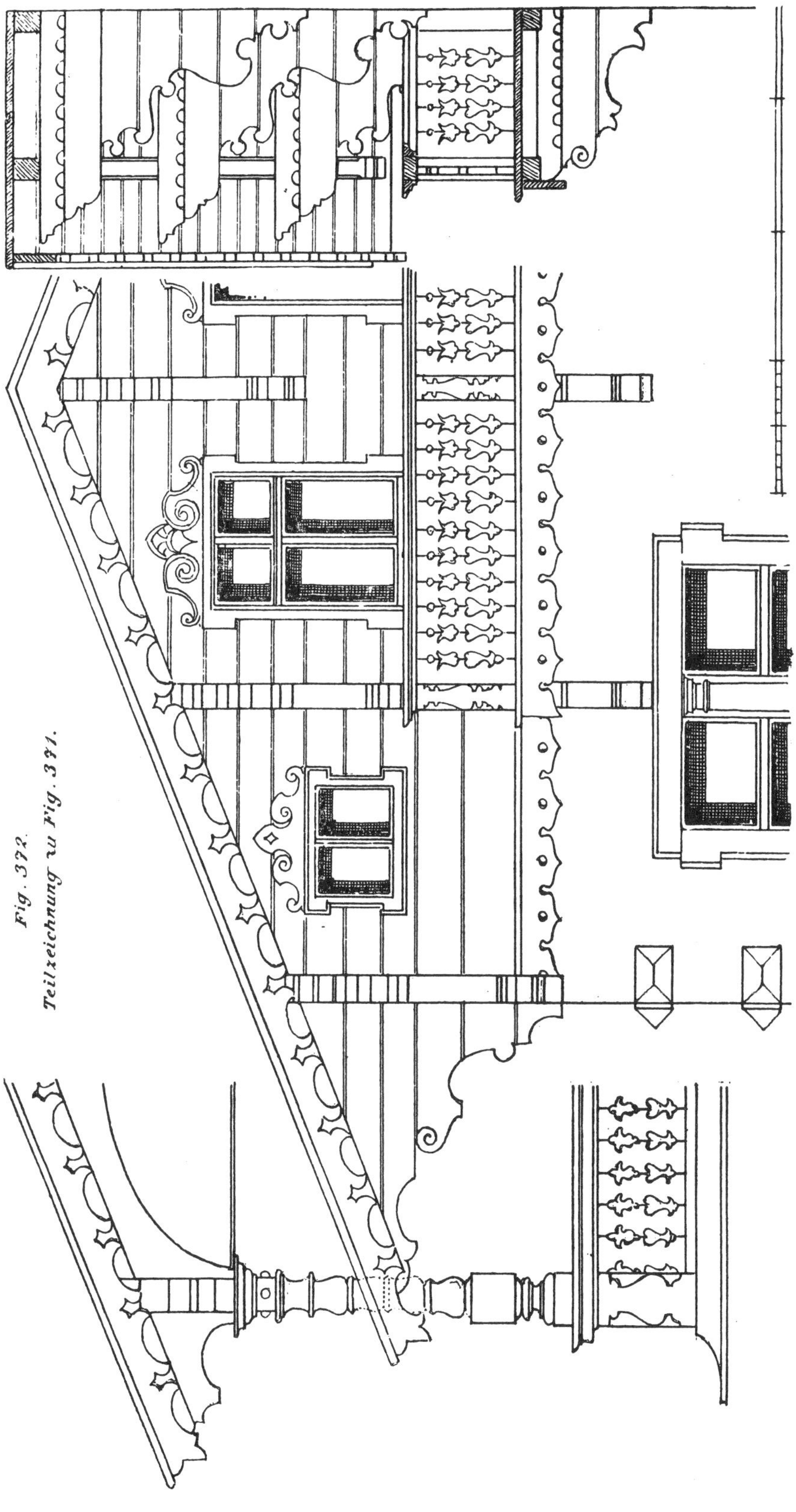

Fig. 372.
Teilzeichnung zu Fig. 371.

faltigen Profilen ausgeschnitten werden können. Ihre äusserste Ausladung findet dann zumeist eine besondere Unterstützung durch untergelegte Pfosten, die auch als Säulchen ausgebildet sich vorfinden (Fig. 368 und 374). Die Brüstungen der Lauben haben Füllungen von ausgeschnittenen Brettern. Derartige Ausschnitte, die auch bei den herumlaufenden Galerien vorkommen, sind im Muster entweder symmetrisch von der Mitte aus nach oben und nach unten hin gestaltet (Fig. 370) oder abwechselnd, die Richtung einmal nach oben und einmal nach unten betonend (Fig. 351 und 374) oder durch Zwischenräume getrennt. In diesem Falle gleichen sie in der Profilierung kleinen Docken, die hier flach aus Brettern geschnitten sind (Fig. 369). Auch für diese Bretterausschnitte haben sich in der Schweiz für gewisse Kantone ganz bestimmte Muster ausgebildet, eine Erscheinung, die wir im Fachwerksbau auch bei uns für die Gestaltung der Fensterbrüstungen beobachtet haben.

An früheren sowohl als an modernen Blockbauten lässt man die unterstützenden Blockbalken-Konsolen für Lauben und Galerien häufig ganz fort und ersetzt dieselben durch profilierte Ständer mit Kopfbändern (Fig. 359 [nach Varin von einem Hause in Interlaken] und Fig. 360 bis 363).

Fig. 373.

Auch Erkervorbauten kommen, wenn auch seltener, in Verbindung mit Blockhäusern vor; zu ihrer Konstruktion muss aber Ständerwerk herbeigezogen werden. Damit fällt die Konstruktion dieser Ausbauten im Grunde mit denen des Fachwerkbaues zusammen.

Am norwegischen Bauernhause der früheren Zeit finden sich ebenfalls vorgelegte Lauben, die durch einfach behandelte Säulchen unterstützt werden. Zumeist liegen sie aber als Vorhallen oder Umgänge im Erdgeschosse und zeigen die von der altertümlichen Holzkirche entnommene Art der Arkadenbehandlung (Fig. 375, 397 und 398).

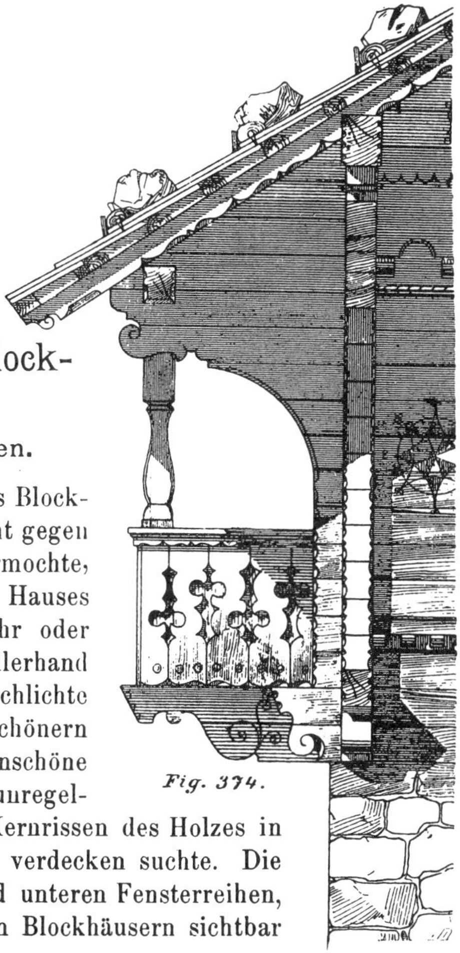

Fig. 374.

5. Die Schmuckmittel des Blockbaues.

a) Geschnitzte Wandverzierungen.

Sobald die einfache Konstruktion des Blockhauses dem Menschen eine sichere Zuflucht gegen die Unbilden der Witterung zu bieten vermochte, mithin die nächstliegende Aufgabe des Hauses erfüllt war, sehen wir überall mit mehr oder weniger Geschick und Phantasie allerhand Schmuckformen hinzutreten, die das schlichte Aeussere des Hauses beleben und verschönern sollten. Zunächst forderte hierzu die unschöne Erscheinung der Wände mit ihren unregelmässigen Fugen und den entstehenden Kernrissen des Holzes in der Weise auf, dass man dieses Uebel zu verdecken suchte. Die breiten Flächen zwischen den oberen und unteren Fensterreihen, wie sie an den grösseren schweizerischen Blockhäusern sichtbar

Fig. 375.

wurden, belebte man durch aufgelegte Gurtungen von geschnitzten Bohlen, von denen die oberste Reihe am weitesten vorsprang und die tiefsten und kräftigsten Ausschnitte vertragen konnte. Man gab ihnen die Form von kleinen aneinander gereihten Bögen und bezeichnet diese sich immer wiederholende Verzierung mit dem Namen Bogenfries. Die Bögen wurden aus dem ganzen Balken herausgeschnitten und erscheinen in der unteren Lage durch kleine profilierte Knaggen unterstützt. Die kleinen Bogenfelder erhielten dann wohl aufgenagelten oder weiteren geschnitzten Schmuck. Darunter folgt ein Zahnschnitt oder ein neuer Bogenfries, der aber in seinen einzelnen Teilen von Bögen und Knaggen nur kleiner und zierlicher behandelt wird. Derartige Gurtungen laufen dann in mehrfacher Wiederholung über das Giebelfeld. Die Ausschnitte aller Ornamente wurden nach Aufzeichnung erst am fertigen Gebäude hergestellt. Oder aber das Haus wurde probeweise auf dem Zimmerplatze aufgeschlagen, hierauf die Zeichnung der ornamentalen Teile auf dem Holze aufgerissen und dann nach erfolgtem Abbruche an die einzelnen Balken angearbeitet (vergl. Fig. 359 und 362).

Eine besondere Gurte pflegte man unter den Fenstern entlang laufen zu lassen. Es ist dies der schon mehrfach erwähnte „Würfelfries" (Fig. 352), dem sich dann weitere Friese von mannigfacher Gestaltung anschlossen (Fig. 359).

Fig. 376.

Alle diese Friesverzierungen behaupteten natürlicherweise nur so lange ihren Platz, als die Giebelseite nicht mit Lauben (wie an den Tiroler Blockhäusern) oder Galerien versehen wurde.

Einen schönen und gediegenen Schmuck erhielt die Giebelseite des schweizerischen Blockhauses durch die unter dem Giebeldreieck angebrachten kernigen oder frommen Inschriften (Fig. 359 und 362). Alle übrigen Zuthaten an geschnitzten Pfosten, Fensterbekleidungen, Vordächern, Lauben, Galerien, Kopfbändern, Konsolen und Giebelsparren haben wir bereits weiter oben kurz vorgeführt.

Fig. 377.

So reich und scheinbar überladen aber auch so ein mächtiges Schweizerhaus mit all seinen ornamentalen Zuthaten in der Zeichnung erscheinen mag, seine Wirkung ist doch eine durchaus ruhige und harmonische. Der warme samtbraune Ton des alten Tannenholzes überzieht alle Einzelformen mit einem prächtig ruhigen Gewande und vereinigt sie hier zu einem Gesamtbilde, das in edelster Wechselwirkung zu seiner nächsten grünen Umgebung und zu der einrahmenden Grossartigkeit der schweizerischen Landschaft tritt.

Gehen wir vom Süden hinauf nach dem Norden, so finden wir am Blockhause des norwegischen Bauern von geschnitztem Zierat nur wenig in Anwendung. Wohl zeigen hier und da die Hausthürrahmen geschnitzte Bohlenbekleidung, die an die Thürpfosten der uralten romanischen Stabkirchen erinnern. Reichverschlungenes Rankenwerk wechselt darin mit Fratzen und Tierköpfen. Die übrige, meist einstöckige Fassade ist ziemlich schmucklos, wenn wir von den einfachen Säulen der Laubengänge oder hier und da auch von ausgeschnittenen Bretterbrüstungen absehen. Das Ganze macht eben einen ernsten und strengen Eindruck, wie er dem Wesen und dem Lande des Nordländers entspricht. Reichere

Fig. 378.

Gestaltung nehmen nur jene kleinen, vom Wohnhause getrennten Vorratshäuschen an, die man zur Aufnahme von Kleidungsstücken etc. errichtete und mit dem Namen „Stabur" bezeichnete. Hier finden sich neben Kerbschnittverzierungen auch eigenartig geschnitzte Ecksäulchen und ausgeschnittene Bretterfüllungen.

Die oberschlesischen, aus der slavischen Bauweise hervorgegangenen Blockbauten sind im allgemeinen noch schlichter in ihrer Erscheinung und beschränken sich an Schmuckmitteln auf äusserst einfach geschnitzte Ständer an den Galerien, deren Brüstung meist nur mit glatten Brettern ausgesetzt ist, auf plumpe Säulen, die durch geschweifte Kopfbänder zu Arkaden verbunden erscheinen und auf geschweifte Giebelsparren, die aber das aus Ständerwerk hergestellte obere Stock in der Hauptfront abschliessen.

In Russland bekundet der noch heute übliche Blockbau den Sinn für üppige und phantastische Verzierung. Ausgeschnittene Bretter mit kleinlichen feinen Verzierungen bedecken den Giebelsparren und ragen in der Gestalt von sogen. „Handtüchern" weit über denselben hinaus (Fig. 348, 376, 377 und 378). Derartige breite Stirnbretter am Giebel finden sich übrigens an allen Bauernhäusern, die mit Stroh gedeckt sind. Sie sind hier notwendig, um das überhängende Stroh seitwärts zu halten. Freihängende geschnitzte Bretter legen sich ausserdem als Schmuck vor die Fuss- und Firstpfetten des Giebels vor. Das mittlere Pfettenbrett, meist in Rosettenform geschnitzt, wird in der Regel zum hervorragenden Schmucke des Giebelfeldes.

Fig. 378a.

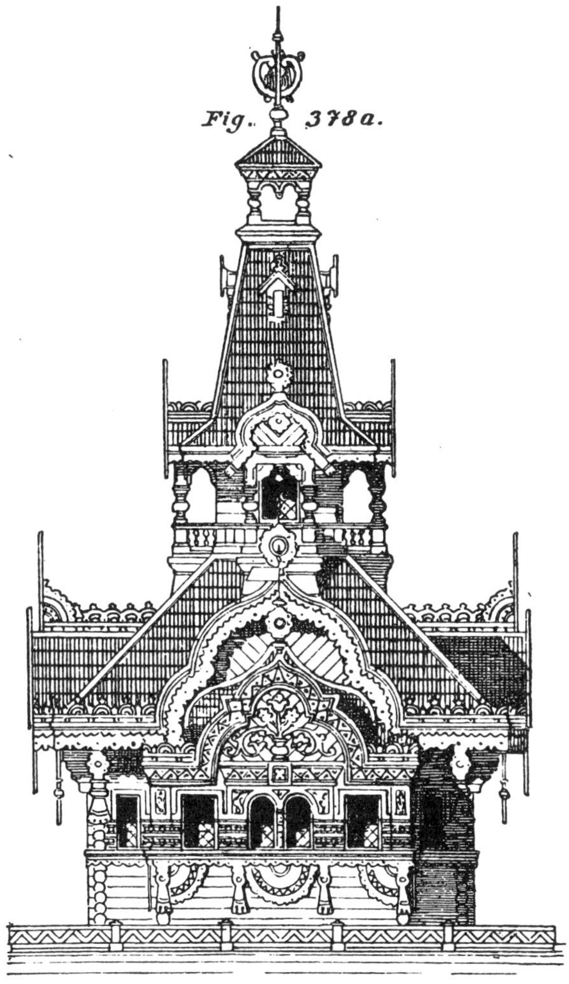

Derartig verzierte Bretter finden überhaupt am reich verzierten Blockhause die mannigfachste Verwendung. Sie umsäumen die Thür- und Fensteröffnungen, sie begleiten die Trauflinie des Daches, ziehen sich als Gurten bei Stockwerkstrennungen über die Fassade und sind in horizontaler und vertikaler Richtung der Blockwand vorgesetzt (vgl. Fig. 378 und 378a). Dieselben stellen einen reich dekorierten Pavillon von der Gewerbe- und Kunstausstellung in Nishni-Novgorod im Jahre 1896 dar, der vom Architekten A. P. Grigorieff in russischer Holzarchitektur entworfen ist. Die Formen des Schnitzwerkes an freistehenden Pfosten sind weniger originell. Sie erinnern an alle möglichen Motive aus der Werkstein-Architektur, besonders derjenigen der Renaissance. All dieser Schmuck an hölzernem Schnitzwerk bedarf aber zu seiner vollen Wirkung noch der Zuthat an Farbe, ein Schmuckmittel, das wir überall im Blockbau mit mehr oder weniger Geschmack verbreitet finden.

b) Die Anwendung der Farbe im Blockbau.

Das Holz der Rottanne, das am meisten Verwendung im Blockbau findet, hat von Natur aus schon einen schönen Ton, der mit der Zeit noch kräftiger und tiefer wird. Treten nun an einzelnen Teilen der geschnitzten Zieraten noch

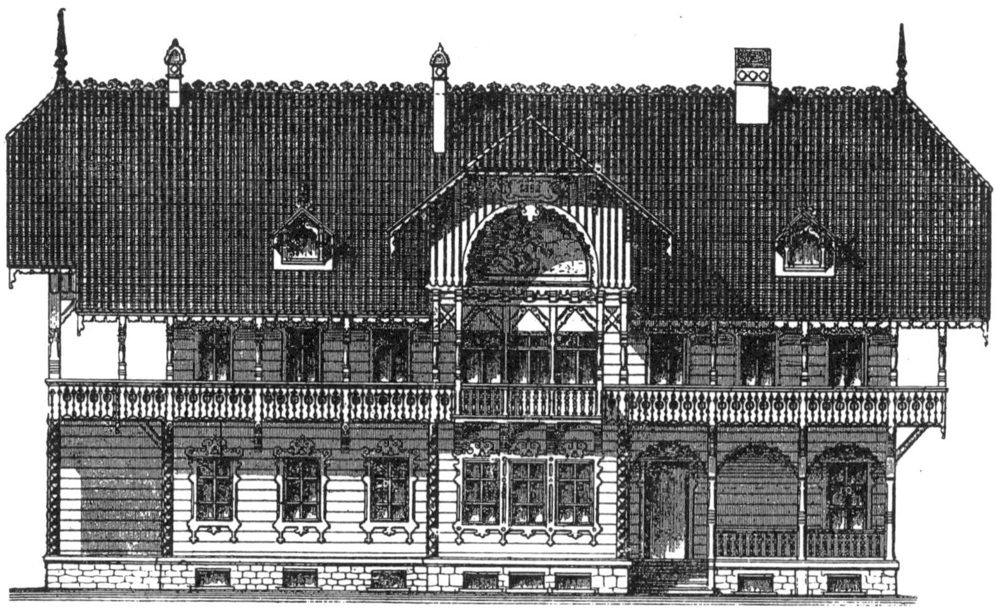

Fig. 379.

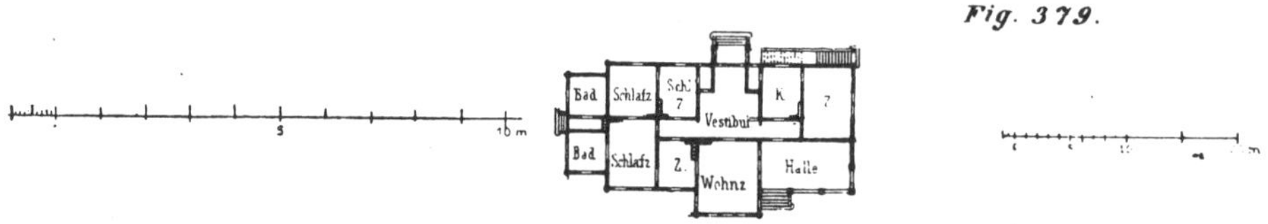

andere Farben in lebhaftem Kontrast hinzu, so kann eine ungemein prächtige Wirkung an solchen Fassaden erzielt werden. Die einfachste Farbengebung sehen wir an den oberschlesischen Häusern, wo die Blockwand selber durch verschiedene Farbenabtönungen in horizontale Streifen gegliedert erscheint. Farbentöne, wie schwarz und weiss, blau und braun, grün und weiss, sind hierfür die üblichsten.

Die russische Holzarchitektur am Blockhause bevorzugt zur Auffrischung der geschnitzten Zuthaten an Pfosten, Fenster- und Thürumrahmungen und allerhand Zierbrettern zu dem natürlichen Farbentone des Holzes die Farben rot und blau. Grün, braun und weiss kommen seltener zur Anwendung.

Auch das Blockhaus der Schweiz verschmäht die farbige Zuthat nicht, wenn solche auch nur in sparsamen Malereien zur Geltung gelangt. Zunächst waren es die geschnitzten Inschriften der Giebelfront, die zu ihrer Hervorhebung der Farbe bedurften.

Fig. 380.

Man malte deshalb die gotischen oder lateinischen Buchstaben mit schwarzer Farbe nach und färbte den Grund weiss, so dass sich nun ein breites weisses Schriftband über den Fenstern unter dem Giebeldreieck über die Front hinzog. Besäumt wurde es wohl ausserdem durch farbige Ornamente, die zu ihrer Zeichnung einer reichen Farbenskala bedurften. Blau, rot, weiss und schwarz, auch wohl gelb, violett und grün, spielen dabei eine Rolle. Ebenso wurden die breiten Verschalungen des überstehenden Giebeldaches mit farbigen Ornamenten verziert, nicht minder auch die konsolenartig ausgebildeten Vorstösse der Dachträger, die aber nur an der schmalen Vorderseite mit farbigem Schmucke versehen wurden. Den reichsten Farbenschmuck erhielten die Schiebeläden der Fenster, soweit solche bei Blockhäusern vorhanden waren.

Auch die gesamte Umrahmung der Fenster aus geschnitzten Brettern wurde durch farbige Zuthat noch kräftiger zur Wirkung gebracht (vgl. Fig. 372, 386 u. 387). Die Ornamente der Fensterläden vereinigen die Farben rot, gelb, grün, braun, weiss und schwarz. Sehr beliebt ist z. B. rote Malerei mit weisser Scheibe auf grünem Grunde bei weisser Einfassung. Die Palmetten der gemalten Sohlbank färbte man grün auf rotem Grunde. Die geschnitzten Seitenbretter der Fenster tragen mit Vorliebe zu weissem Anstrich eine rote Einfassung. Auch feststehende bemalte Brüstungsbretter, hinter denen die Läden versteckt sind, kommen vor. Im allgemeinen hielt man die farbige Verzierung auf dem dunklen Grunde in weisen Schranken, so dass die ruhige architektonische Wirkung der Gesamtfassade nicht gestört wurde.

Schliesslich wollen wir noch in Kürze hier der bereits weiter oben erwähnten Inschriften gedenken. Sie wurden auf weiss gemalten Bändern mit schwarzer Schrift an der Giebelfassade angebracht. Da der hier gebotene Platz ein ziemlich bedeutender ist, so sind auch dementsprechend die aufgemalten Sprüche weit wortreicher, als sie beim Fachwerkbau auf den Schwellen Platz finden konnten. Einige Beispiele mögen dies erläutern. Da lesen wir:

> „Zufriedenheit im kleinen Haus — Macht viel ein gröss'ren Reichtum aus — Als der in grossem Hause prangt — Und nie Zufriedenheit erlangt — Der Lieb und Leid an Gott befiehlt — Der hat das beste Loos gespielt“

oder ein anderer:

> „Ich baue hier auf diese Erde — In Hoffnung diese Wohnung auf — Dass sie zur Friedensstätte werde — In diesem kurzen Lebenslauf — Und alle, die dies Haus bewohnen — Sie wolle Gottes Güte lohnen — Für Glaub und Treue in der Zeit — Mit einer frohen Ewigkeit“.

Derartige Inschriften sind sich so ähnlich, dass sie auf ein und denselben Urheber schliessen lassen, den wir jedenfalls im Ortsschulmeister zu suchen haben.

Vierter Abschnitt.

Der schweizerische Ständer- und Riegelbau.

Neben dem Blockbau findet sich in der Schweiz eine Art von Holzbau vor, die man mit dem Namen „Ständerbau" bezeichnet hat. Derselbe tritt entweder ganz für sich auf oder kommt auch in Vermischung mit dem Blockbau vor, so dass z. B. der untere Stock des Holzhauses in Ständer- und der obere in Blockbau mit flachem Dachabschluss ausgeführt worden ist. Reiner Ständerbau findet sich nur an älteren Gebäuden und zwar bis zum Anfange des 17. Jahrhunderts. Von da ab wurde der Ständerbau durch den Riegelbau verdrängt.

Die Schwellen bestehen beim Ständerbau zumeist aus Eichenholz. An den Knotenpunkten (Ecken) der Wände wurden sie mit Schlitzzapfen und Holznägeln miteinander verbunden (Fig. 383 und 383a). Die langen Zapfen stehen nach aussen vor. Die Schwellen sind meist sehr stark, etwa 48 bis 66 cm hoch und 30 bis 36 cm breit. Die Pfosten reichen durch zwei Stockwerke hindurch und haben an den Seiten Nuten. In diese werden die Wandbohlen von etwa 6 cm Stärke, die unter sich wiederum vernutet sind, eingeschoben (Fig. 381 und 382). Sie sind von Tannenholz, während die Sturzriegel der Fenster- und Thüröffnungen meist aus Eichenholz bestehen. Thür- und Fensterpfosten sind oben und unten eingezapft. Zur weiteren Versteifung dieser sich kreuzenden Wandhölzer dienen kurze Streben, die nur die halbe Dicke der Ständer haben, so dass die Bohlen dahinter durchlaufen können. Die inneren Scheidewände zeigen dieselbe Konstruktion wie die Aussenwände, nur gehen ihre Pfosten nicht durch zwei Stockwerke hindurch. Die äussere Erscheinung des Hauses ist in der Fassadenbehandlung einfacher als beim Blockbau. Die über die Wand laufenden reich geschnitzten Gurtungen fallen hier natürlich fort, ebenso die Vorstösse der Wände. Alle Auskragungen ruhen auf reich geschnitzten Kopfbändern. Wo dem Giebel Galerien vorgelegt sind, werden sie durch Kopfbänder und Konsolen (Fig. 365 und 366) getragen.

Die in Gruppen angeordneten Fenster haben profilierte Deckleisten über dem Fenstersturz und ausgeschnittene Zierbretter an den Seitengewänden (Fig. 386 bis 388).

Das Dach des Ständerbaues ist meist steiler als das zum Blockbau gehörende flache Dach. Selbstredend fehlen hier auch die Steine zur Belastung der Dachschindeln. Sein Vorsprung wird durch herausgestreckte Pfetten unterstützt, deren Last profilierte Kopfbänder auf die Wandständer überführen. An den Knotenpunkten der Pfetten sind am äussersten Sparren des Freigebindes verzierte Dreiecksverbindungen eingeschoben, wie sie durch die Fig. 367 und 384 und 389 erläutert werden. Nach der Traufe zu läuft das Dach mit Aufschieblingen flacher aus. Die Schindeleindeckung des Daches ruht hier, wo die Neigung ziemlich steil ist, auf Latten von $4^1/_2 \times 9$ cm Stärke, die etwa 27 cm von Mitte zu Mitte auf die Sparren genagelt sind. Die Schindeln von Rottannenholz überdecken sich fast zwei Drittel ihrer Breite und drei Viertel ihrer Länge.

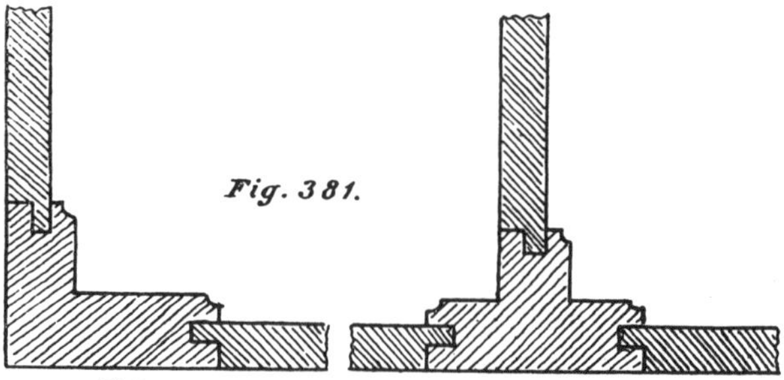

Fig. 381.

Ecke — Scheidewand

Fig. 382.

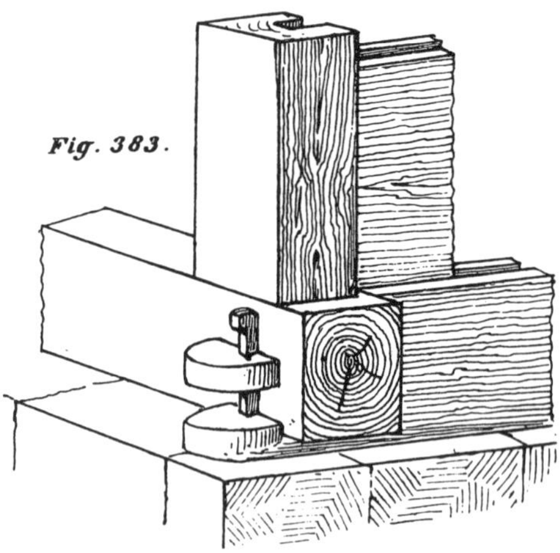

Fig. 383.

Fig. 383a.

Seine hauptsächlichste Ausbreitung fand der Ständerbau in. den Kantonen Zürich, Thurgau und Schaffhausen. Seit dem 18. Jahrhundert hat sich der Riegelbau eingebürgert, der auf denselben Konstruktions-Grundsätzen beruht wie der weiter oben bereits besprochene Fachwerksbau. Starke Auskragungen der Stockwerke, wie in Deutschland, kommen hier jedoch nicht vor, und wo sie angedeutet sind, tragen sie keine Schmuckformen. Dafür wird das Riegelwerk der Wände sehr lebhaft und vielseitig gestaltet. Es erinnert mit seinen vielfachen Kreuzriegeln und krummen Streben an die rheinische und süddeutsche Fachwerksbehandlung. Die geputzten Felder wurden manchmal in der Weise belebt, dass in den weissen Mörtel rote Steinstücken sorgfältig eingedrückt sind. Grün gestrichene Läden mit rot gefärbtem Riegelwerk bei weissen oder gesprenkelten Fachwerksfeldern geben zusammen diesen Bauten ein ungemein freundliches Aussehen. Die Dächer sind steil, mit Aufschieblingen auslaufend und mit Ziegeln gedeckt. In dem Freigebinde treten dieselben Dreiecksverbindungen auf, die wir beim Ständerbau unter den Fig. 367, 384 und 398 erwähnt hatten. Klebdächer über den Fenstern laufen oft über die ganze Giebelbreite, ebenso Galerien.

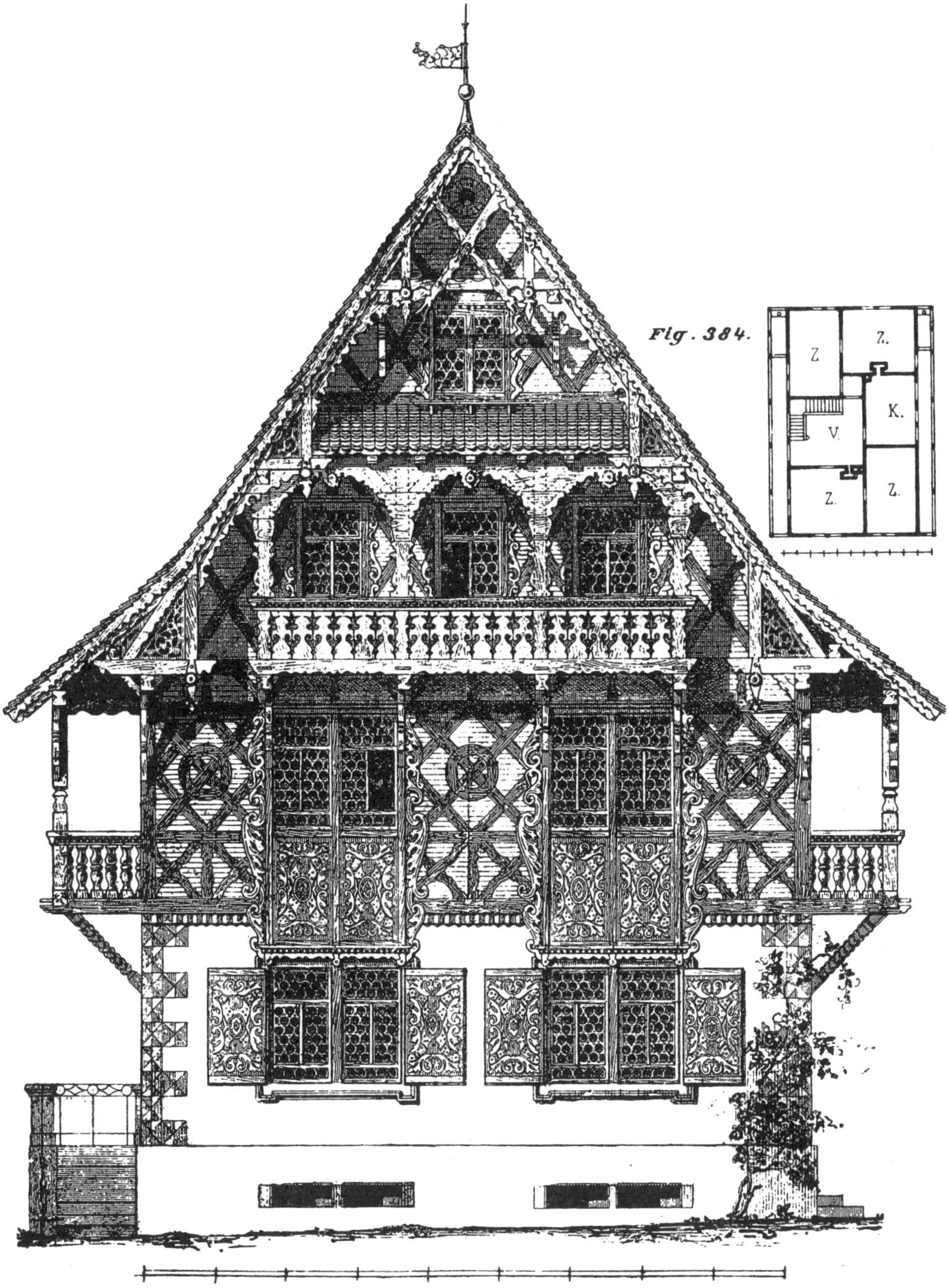

Fig. 384.

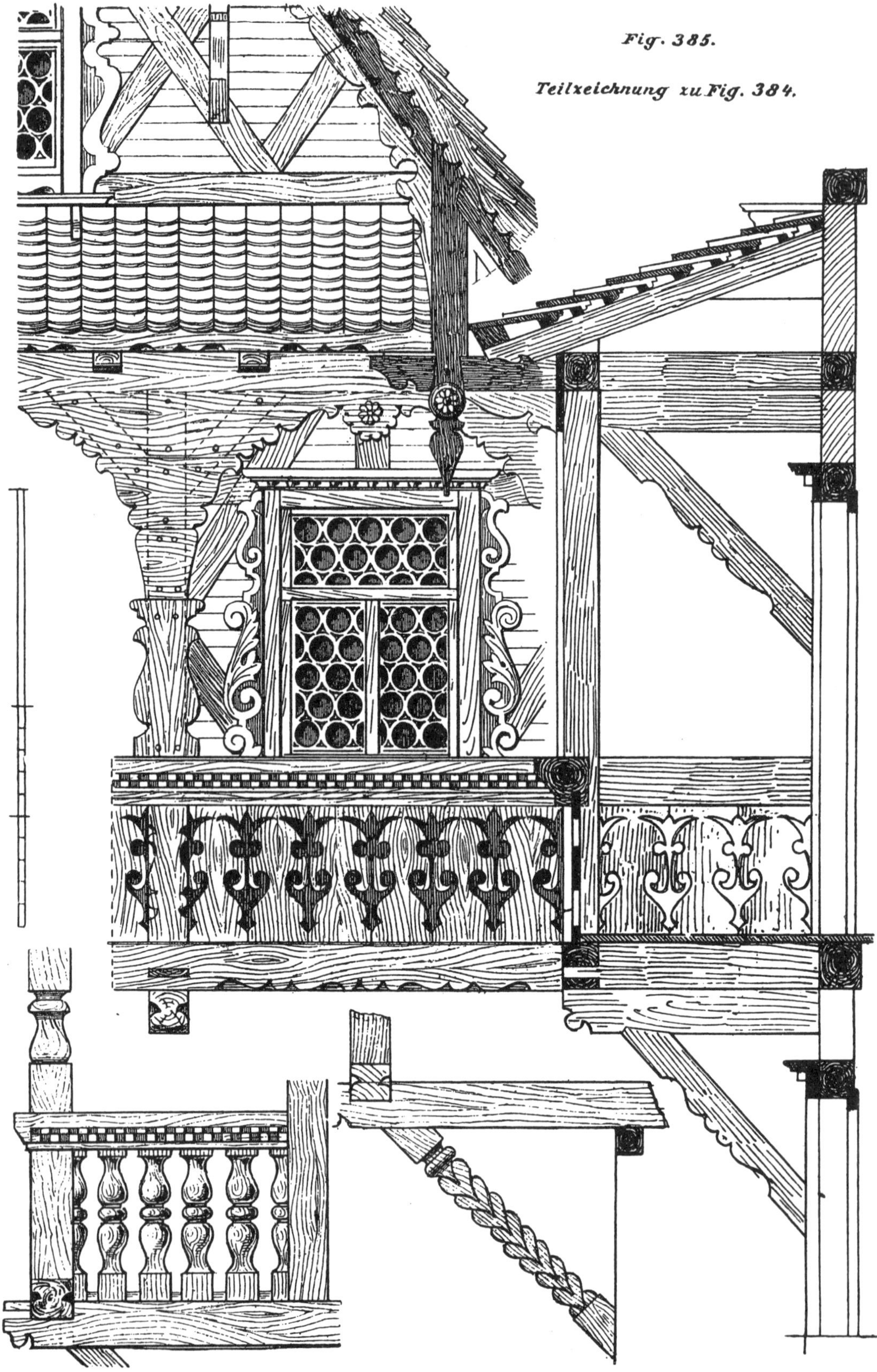

Fig. 385.

Teilzeichnung zu Fig. 384.

In den Fig. 384 und 385 ist ein modernes Riegelhaus mit schweizerischen Zierformen dargestellt, das den verstorbenen Professor Gladbach, einen der besten Kenner der schweizerischen Holzarchitektur, zum Urheber hat. Es trägt dieser moderne Riegelbau alle charakteristischen Merkmale des schweizer Holzstiles an sich. Die Fenster sind unten mit Klappläden, darüber mit Schiebeläden versehen, die helles Ornament auf dunklerem Grunde tragen. Sehr hübsch wirkt die Laube mit ihren drei Oeffnungen und dem Klebdach darüber.

Fig. 386.

Fig. 387.

Fig. 386 gibt die Teilzeichnung zu den Fenstern des ersten Stockes, Fig. 389 eine solche für die Giebelspitze. Ein ähnliches Fenster ist in der Fig. 387 dargestellt, das wir nach einer Aufnahme des Architekten Schlatter wiedergeben (Neumeister und Häberle: Holzarchitektur).

Von dem in Deutschland üblichen Fachwerksbau unterscheiden sich diese schweizerischen Riegelbauten in der Haupt-

Fig. 388.

Fig. 389.

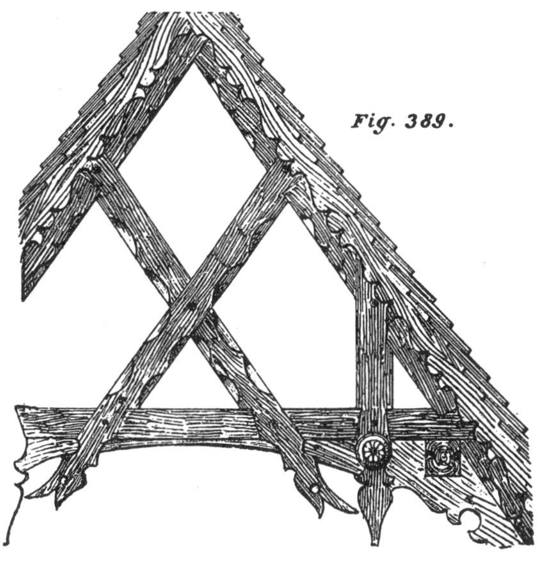

Fig. 390.

Hoch - Parterre

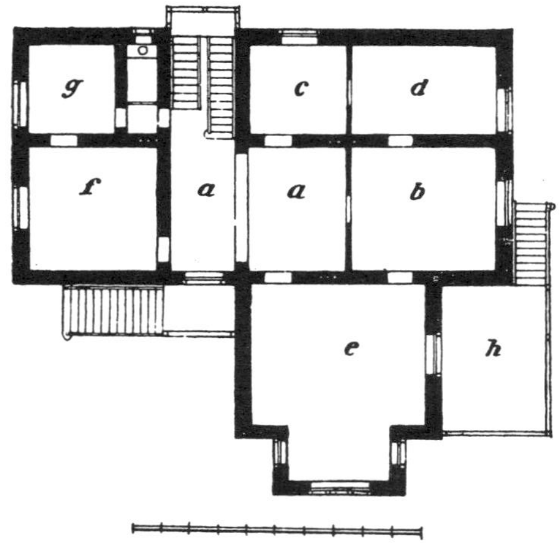

a Vorplatz.
b Wohnzimmer.
c Arbeitszimmer.
d Bibliothek.
e Speisezimmer.
f Küche.
g Speisekammer.
h Veranda.

sache dadurch, dass einmal die Giebelseite stets die Hauptfassade ist. Sodann haben sie eine grössere Ausladung des Daches, sowohl vorn am Giebel, als ganz besonders an den Traufseiten, wo häufig offene Galerien vom Hauptdache mit überdeckt werden müssen (Fig. 384). Auch die Anordnung durchlaufender Klebdächer über den Fenstern ist eine hierher gehörende Eigentümlichkeit; nicht minder diejenige der Lauben und Galerien. Eingeschnitzte Sprüche fehlen am Schweizer-Riegelhause.

Fig. 391.

Fig. 392.

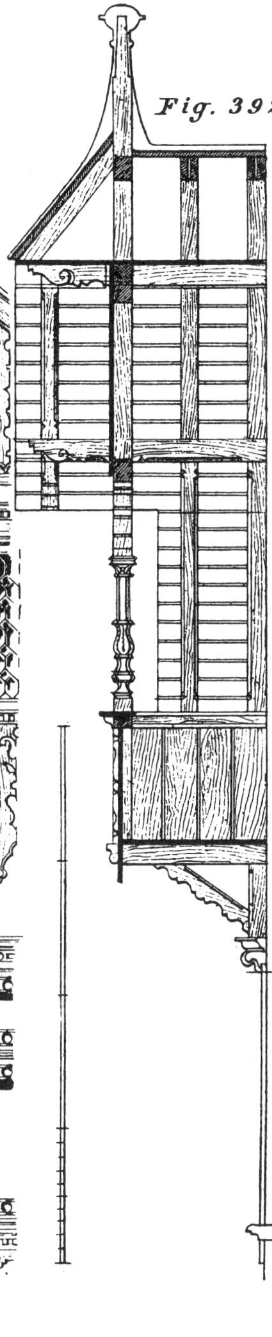

Weit ausladende Dächer finden sich auch an solchen Riegelbauten der Schweiz, wo keine seitlichen Galerien angebracht sind. Immer wird hier die Ausladung bewirkt durch Aufschieblinge, die auch durch verzierte Streben und Dreieckskonstruktionen in den Hauptgebinden unterstützt werden. An der Giebelseite ist der Dachüberstand dabei häufig ein weit geringerer. Eine gute Wirkung ist derartigen Riegelhäusern nicht abzusprechen, und dass ein tüchtiger Schutz gegen die Witterung hierdurch gegeben ist, liegt auf der Hand. Ueberhaupt gewähren diese Wohnhäuser, die selbstverständlich frei stehen, ein reiches Spiel von Licht und kräftigem Schatten durch die Vorsprünge der Haupt- und der Klebedächer. Bei den eingebauten Riegelhäusern der Städte ist diese Wirkung an der Giebelfassade eine hervorragende.

In den Fig. 390 bis 392 ist schliesslich ein Landhaus dargestellt, dass in Oberbayern zu Partenkirchen durch den Architekten Hans Griesebach erbaut worden ist. Die Formen der in den Fig. 391 und 392 klargelegten Holzarchitekturen erinnern an schweizerische Vorbilder, weshalb sie hier Platz gefunden haben.

Eine Vermischung von Formen des Block- und des Riegelbaues ist in den Fig. 379 und 380 wiedergegeben. Sie stellen eine Villa im Glatzer Gebirge (Schlesien) dar, die den Architekten Zahn als Urheber hat (Architektonisches Skizzenbuch). In der Fig. 388 ist ausserdem die Umrahmung eines Fensters aus dem Erdgeschosse des Mittelbaues dargestellt. Die Einzelformen dieses Holzbaues erinnern ebenfalls an schweizerische Holzarchitekturen, die hier allerdings ungemein frei und originell gestaltet worden sind.

Aus diesen in den Fig. 379, 384 und 390 mitgeteilten Beispielen moderner Holzarchitekturen möge ersichtlich sein, wie sich die alte Kunstweise des Schweizer Zimmerlings mit Vorteil auf Villenbauten und Wohnhäuser im Gebirge übertragen und neu gestalten lässt.

Fünfter Abschnitt.

Der norwegische Stabbau.

Eine höchst eigentümliche Behandlung des Holzbaues sehen wir an den alten norwegischen Holzkirchen, die zugleich die ältesten auf unsere Zeit überkommenen Holzbauten darstellen. Sie stammen zum Teil noch aus dem 12. Jahrhundert und sind weder im Riegelbau noch im Blockbau errichtet. Sie zeigen eine ganz eigenartige Konstruktionsweise, die wir in der Uebersetzung ins Deutsche mit „Stabbau“ (von Stev-Stamm) zu bezeichnen pflegen. Senkrecht und wagerecht gestellte Balken bilden das Gerüst des Baues. Die offenen Zwischenräume werden durch Bohlen gedeckt, die in einen oberen und unteren Falz der Stämme eingelegt und untereinander vernutet sind. Diese Bohlen erhielten eine ungewöhnliche Stärke, denn die erforderlichen Holzstämme wurden hierzu nur einmal

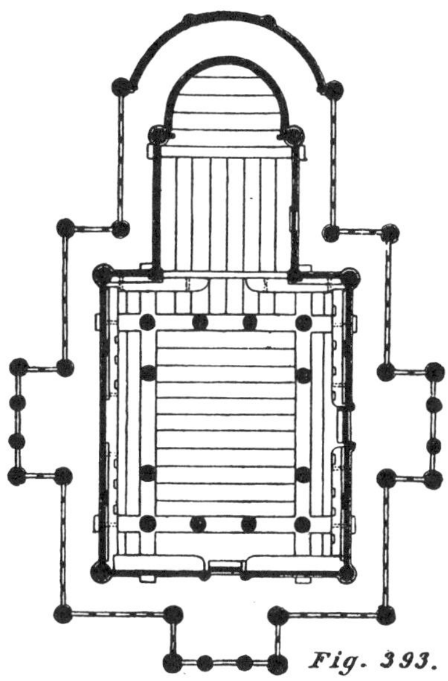

Fig. 393.

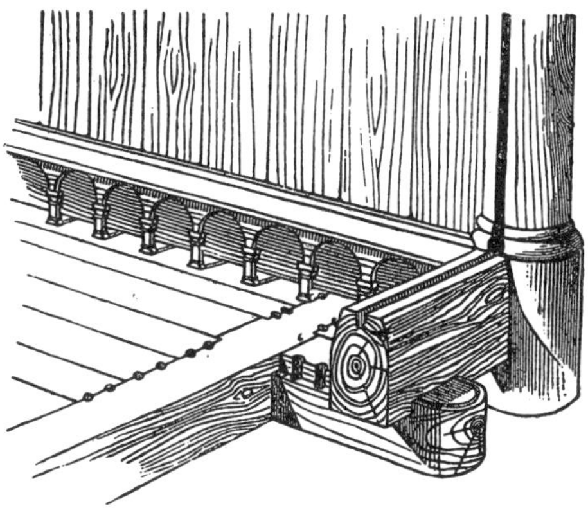

Fig. 394.

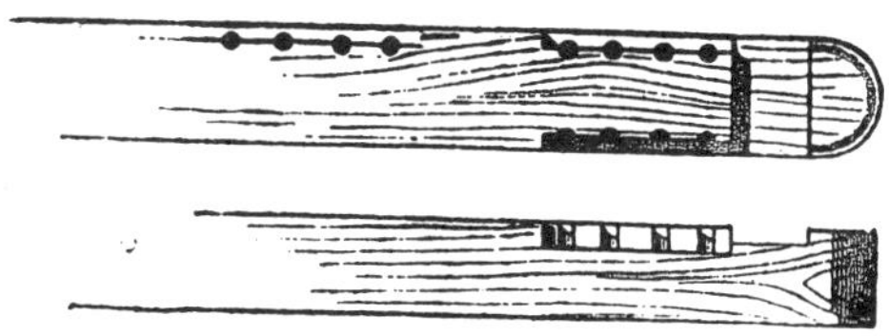

in der Mitte gespalten und an den Seiten flach behauen. Das Sägen war damals noch unbekannt. Zu den Säulen in der Stabkirche (Fig. 393) wurde der ganze Stamm verwendet. Alle horizontalen Teile wurden vierkantig zugehauen, z. B. Rahmen, Schwellen, Sparren und Balken. Die Verbindungen der einzelnen Hauptkonstruktionsteile wurden durch Einzapfen bewirkt, so dass das zugehauene Ende eines Balkens durch den anderen Balken gesteckt und an der Aussenseite durch

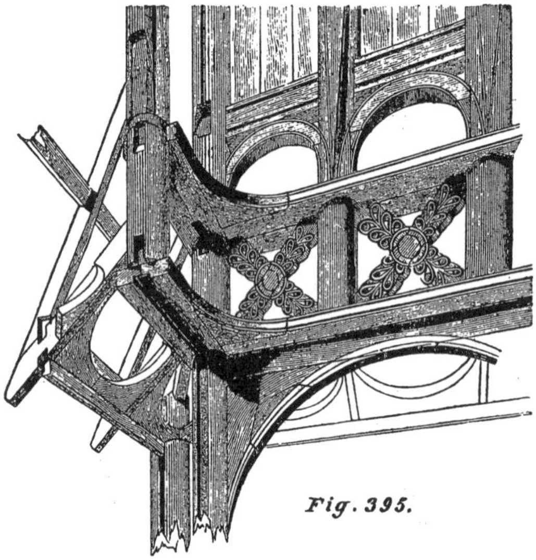

Fig. 395.

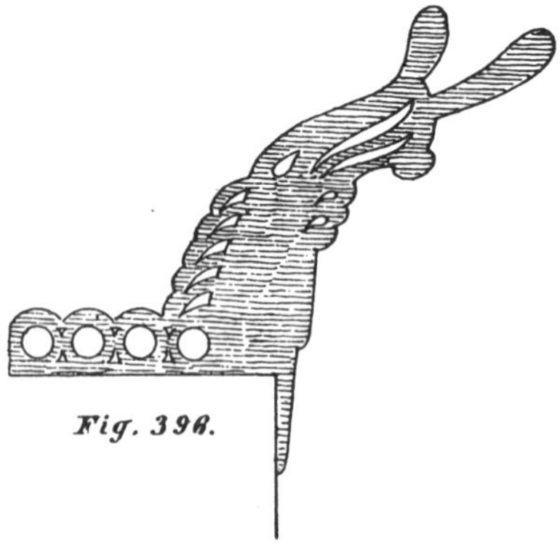

Fig. 396.

einen hölzernen Keilriegel festgehalten wurde. Diese Verbindung hatten wir bereits am Schweizer Ständerbau bei den Knotenpunkten der Schwellen kennen gelernt (Fig. 283 und 383a).

Fig. 397.

Die Wände tragen beim Stabbau nicht, sondern wirken nur umschliessend. Sie bestehen aus den bereits erwähnten flach gehauenen starken Bohlen. Ihre Konstruktion gleicht derjenigen der Spundwände, die bekanntlich ebenfalls oben mit einem „Holm“ abgeschlossen werden.

Vier mächtige Eckstäbe nehmen in entsprechende Einschnitte die Schwellen, die Bohlen und den Holm auf (Fig. 394). Die Stäbe des Mittelschiffes wurden über die Seitenschiffe hinausgeführt, durch horizontal liegende Zangen umklammert und durch die zwischengefügte Triforienwand unter sich abgesteift. Ausserdem sind die inneren Säulen mit der Aussenwand durch abgleitende schräg liegende Balken verbunden, die zwischen dem Holm der unteren Wand und dem der oberen eingeklemmt werden. Die aufrecht stehenden Säulen des Mittelschiffes sind unten und, soweit sie im offenen Dachraume der Seitenschiffe liegen, durch gebogene Knaggenstücke versteift (Fig. 395). Dasselbe geschah mit den schräg ansteigenden Balken zwischen den Säulen und der Aussenwand, ebenso mit den unteren Enden der Dachsparren.

Das Dach der Seitenschiffe ist als Pultdach ausgebildet. Darüber steigt die Wand des Mittelschiffes auf, aus der die Mittelschiff-Säulen halbrund hervortreten. Auch diese hoch geführte Wand schliesst mit einem Holme ab, der rings um das Mittelschiff herumläuft. Darauf setzt sich das Satteldach der Kirche auf. Die Giebelfelder sind, genau wie die übrigen Aussenwände, als Bohlenwände ausgebildet.

Die Dachkonstruktion besteht aus Bindern und Leergebinden. Die Binder haben Binderbalken, die zwischen den Wandholm und ein darüber gelegtes Rahmholz eingeklemmt sind. Weiter besteht der Binder aus zwei Sparren, zwei gekreuzten Streben und einem Hahnenbalken, der gegen die Sparren wieder durch bogenförmig ausgebildete Knaggen versteift wird. Ein starker Firstbalken geht von Giebel zu Giebel. Darauf sitzt ein durchbrochener Firstkamm, der ursprünglich in grosse Drachenköpfe endigte (Fig. 396).

Unter den Sparren liegen dann ausserdem noch zur Verstärkung des Längenverbandes sogen. Windrispen. Auch die Aussenwände wurden durch derartige Hölzer im Innern versteift. Auf die Sparren sind dann einige starke Latten befestigt; darauf liegen die Schalbretter mit der Schindelbedachung. Der gesamte Dachstuhl war vom Innern der Kirche aus sichtbar. Erst in der ersten Hälfte des 17. Jahrhunderts wurde eine flache oder eine

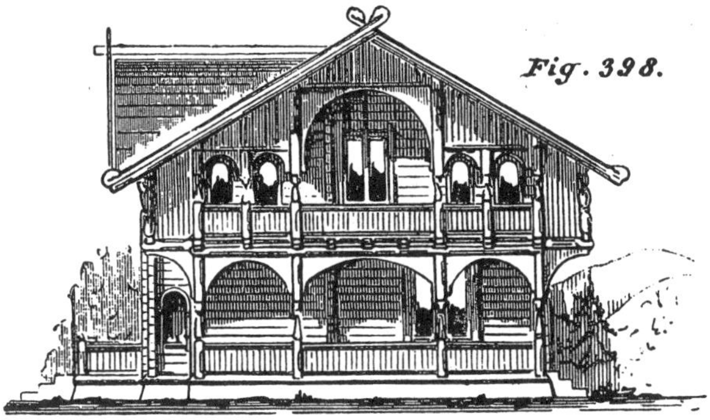

Fig. 398.

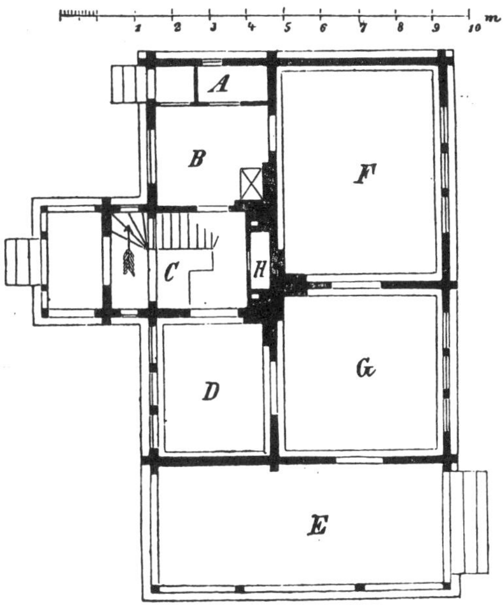

Fig. 398a.

A Speisezimmer. B. Küche. C. Vestibul u. Treppenhaus. D Zimmer der Frau. E Veranda. F Speisezimmer. G Gartenzimmer. H Garderobe.

gewölbte Verschalung angebracht. Ueber dem emporgeführten Mittelschiffe sitzt ein Dachreiter, der ebenfalls mit einem Satteldache abgeschlossen wurde. Weitere Turmaufsätze fügte dann erst die spätere gotische Zeit dem Kirchenbaue hinzu.

Fig. 399.

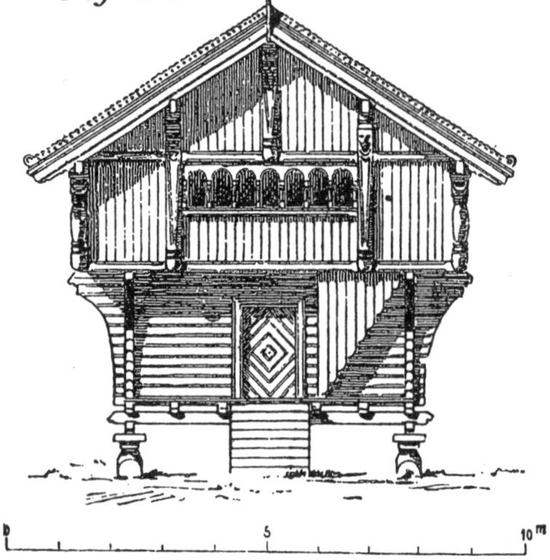

Fig. 399a.

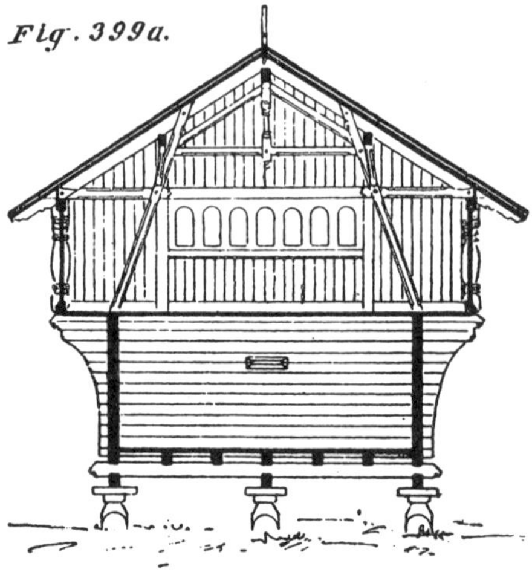

Um die Kirche zog sich ein Laufgang. Er soll die Wände derselben schützen und ist nnr lose an das Gebäude angehängt. Sein Dach ist ein Pultdach (Fig. 397).

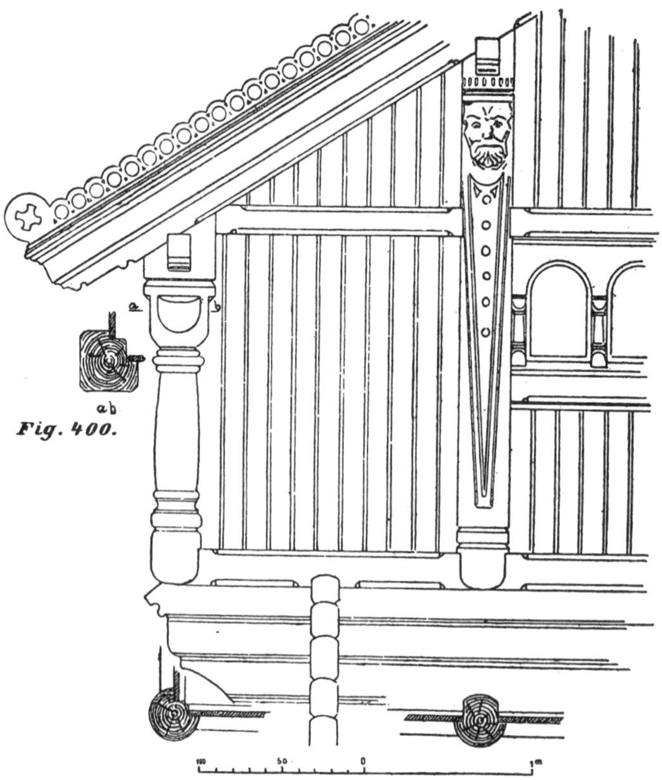

Fig. 400.

Der weitere zugehörige ornamentale Schmuck der Kirchen hat für uns nur ein historisches Interesse. Seine Vorführung würde den Rahmen dieses Handbuchs weit überschreiten.

Zu seinem Studium verweisen wir auf das Werk „Die Holzbaukunst Norwegens" von Dietrichson und Munthe, dem auch die Fig. 393 bis 397 und 399 bis 400 in verkleinertem Maassstabe entnommen sind.

Die norwegischen Bauernhäuser sind **Blockbauten**, die bereits im dritten Abschnitte Erwähnung gefunden haben.

Auch in Norwegen finden die alten Konstruktionen und Schmuckformen des Holzbaues neue Pflege bei modernen Wohnhausbauten, ganz besonders bei den Sommervillen auf dem Lande (Fig. 398 und 398a vom Architekten Gustav Berg in Christiania und Fig. 375 vom Architekten Christiansen). Die Umfassungs- und Zwischenwände bestehen hier aus überkämmten Balken, der Sockel aus Stein.

Eine besondere Gattung von Gebäuden, die unmittelbar an Vorbilder der historischen Profan-Architektur erinnern, bilden die Stabure (Fig. 399 und 400 vom Architekten v. Hanno in Christiania).

In früherer Zeit diente der Stabur fast ausschliesslich als Vorratshaus und Raum zum Aufbewahren der Kleider. Man suchte das Gebäude dem Einflusse der Erdfeuchtigkeit und dem Schaden durch Ratten zu entziehen. Deshalb sehen wir das Häuschen auf sechs starken freistehenden Holzblöcken (Stav) stehen, die aufwärts gerichtet und am oberen Ende durch starke Schwellen untereinander verbunden sind. Die Holzblöcke tragen das ganze zweistöckige Blockhaus frei. Die zugehörige Freitreppe steht (der Ratten wegen) nicht in Verbindung mit dem Gebäude, sondern ist im Abstande eines kräftigen Schrittes angeordnet.

Ganz ähnliche Blockbauten finden sich auch in der Schweiz, wo sie als Käsespeicher bezeichnet werden. Ihre äussere Erscheinung ist genau in den Zierformen des Blockhauses gehalten. Das flache, mit Steinen belastete, weit ausladende Schindeldach wird durch die seitlichen, als Konsolen herausgekragten, Umfassungswände unterstützt. Am First ist eine Firstpfette in ähnlicher Weise angebracht. Statt der in Norwegen beliebten Rundbogen-Arkaden finden sich hier einfache Fensterchen in der mit horizontalem Sturz bekannten Konstruktionsweise. Einige am Giebel durchlaufende Ziergurten als Würfel oder Bogenfriese beleben die Wandfläche. Ein Gestell aus überkreuzten Schwellen mit kurzen Eck- und Zwischenstielen hebt den Speicher über das Gelände empor und schützt seinen Inhalt vor Nagetieren.

Sechster Abschnitt.

Einzelteile moderner Holzbauten.

Zur weiteren Erläuterung der unter Abschnitt 2 vorgeführten Grundsätze für die Entwickelung zeitgemässer Holzbauten haben wir in den Tafeln 2 und 3, 4 und 5, 6, 9 und 10, 11 und 12 grössere Einzelteile wiedergegeben, die einer kurzen Erklärung bedürfen.

Der auf der **Doppeltafel 2 und 3** dargestellte Giebel nebst Erkertürmchen gehört zu einem grösseren Miethause, das ausserdem ein Erdgeschoss und zwei Stockwerke umfasst.

Der Entwurf hat den Architekten Josef Mockenhaupt als Urheber. Die Holzarchitektur ist einfach, den übrigen Werksteinformen in Frührenaissance entsprechend gehalten. Die Giebelstockwerke sind übergesetzt, was immer gut wirkt. Das oberste Giebeldreieck ist in den bekannten Thüringer oder Schweizer Riegelkreuz-Formen behandelt. Das Erkertürmchen soll in seinem oberen Fachwerkteile rein dekorativ wirken.

Bedeutend lebendiger und wirkungsvoller, natürlich auch mit Zuhilfenahme reicherer Mittel, ist dasselbe Motiv in der **Doppeltafel 4 und 5** ausgestaltet. Der Giebel nebst Erkertürmchen entstammt einer vom Architekten Karst in Kassel erbauten Villa. Wie aus dem Grundrisse ersichtlich, ist hier die Giebelwand selbst so weit zurückgesetzt, dass sich eine breite Altane vor dem Giebelzimmer hinzieht. Diese liegt bündig mit dem Erkertürmchen. Die Formen der Holzarchitektur sind einfach, weil das Holzwerk tief dunkelbraun gefärbt ist. Der gesamte Aufbau wirkt aber durch seine lebhafte Gruppierung ganz ausgezeichnet. Die Dacheindeckung besteht aus dunkelroten glasierten Dachplatten.

Ein Giebel mit einem einfachen, aber geschickt zusammengesetzten Freigebinde ist auf **Tafel 6** wiedergegeben. Die ganze Giebelfassade findet sich im Texte unter Fig. 133. Links oben ist ein Schnitt durch das Giebelfenster, daneben eine Teilzeichnung der gekuppelten Fassadenfenster und links weiter die Ecke der übergesetzten Fachwerkswand dargestellt. Alle Holzarchitekturen sind äusserst einfach gehalten; das Ganze macht trotzdem eine vorzügliche Wirkung.

Ein in den Konstruktionsformen einfaches Freigebinde, das aber mit allerhand geschnitztem Zierat geschmückt ist, ist auf der **Doppeltafel 9 und 10** zur Anschauung gebracht. Dasselbe ist dem Werke „Stadt- und Landhäuser“ von Richard Landé, das auch den Fachwerksbau berücksichtigt, entnommen (Stadt- und Landhäuser von Richard Landé, Architekt in Leipzig. Verlag von Bernh. Friedr. Voigt in Leipzig). Besonders die Pfetten erscheinen hier in reich geschnitzten figürlichen Formen. — Weitere derartige Freigebind-Unterstützungen sind in den übrigen Figuren dargestellt, wobei auch Rücksicht auf die für den Kopf des Sattelholzes beliebte Form der Drachen- und Tiergestalt genommen worden ist. Die beiden sich kreuzenden Giebelbretter mit Pferdeköpfen stellen ein Motiv dar, das sich am niedersächsischen Bauernhause als Giebelzierde noch vielfach erhalten hat.

Eine äusserst reizvolle kleine Giebelfassade gibt die **Tafel 11** wieder. Dieselbe ist für ein Ateliergebäude in Karlsruhe vom Bauinspektor E. Lang entworfen. Wir stellen die Abbildung nach einer Veröffentlichung in der Architektonischen Rundschau, aber in vereinfachter Weise, dar.

Auf **Tafel 12** ist schliesslich ein kleines Blockhaus veranschaulicht, das vom Architekten Fedotoff für die Gewerbe-Ausstellung in Nishni-Nowgorod (1896) in russischer Holzarchitektur entworfen worden ist.

Alle diese hier dem modernen Fachwerksbau entnommenen architektonischen Ausbildungen zeigen, wie mit den einfachsten Mitteln, ohne bedeutende Aufwendung von künstlerischen Zuthaten, eine vorzügliche Wirkung erzielt werden kann. Ja, man kann geradezu sagen: Je einfacher die Formen, um so wirkungsvoller das Gesamtbild. Hauptsache ist und bleibt es immer, dass der Entwerfende im stande ist, sich im Geiste ein klares Bild seiner architektonischen Schöpfung in Verbindung zugleich mit ihrer Umgebung zu veranschaulichen.

Einfachheit der Einzelformen bedingt dann weiter geschmackvolle Gruppierung der Massen. Mit diesen beiden Mitteln, denen sich dann noch die Farbe in bescheidener Weise hinzugesellen kann, ist alles zu erreichen, was für den modernen Wohnhausbau in der wiederbelebten Holzbaukunst erstrebt wird.

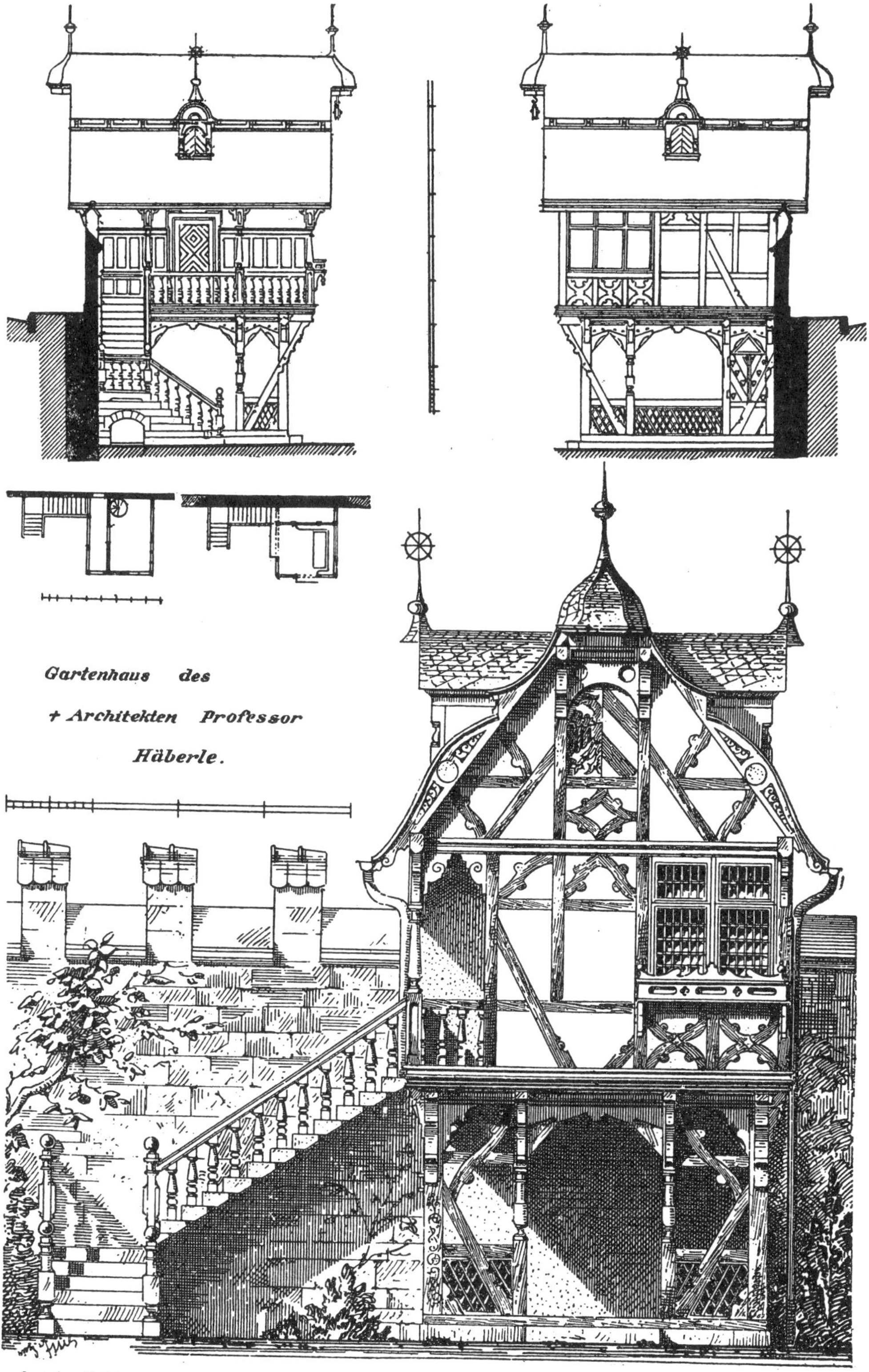

Gartenhaus des † Architekten Professor Häberle.

Taf. 2 u. 3.

Issel, Der Holzbau.

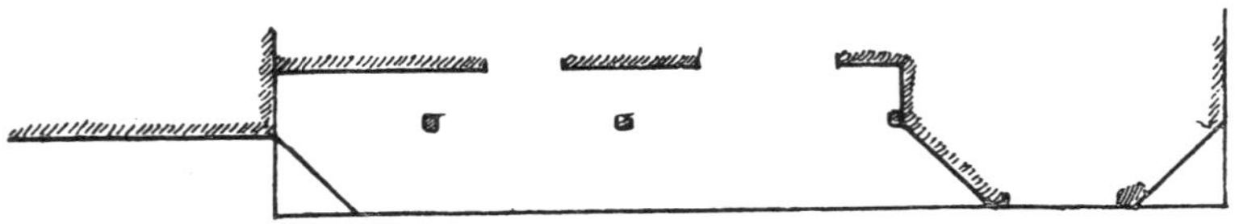

Grundriss

Villa in Cassel vom Arch. A. Karst

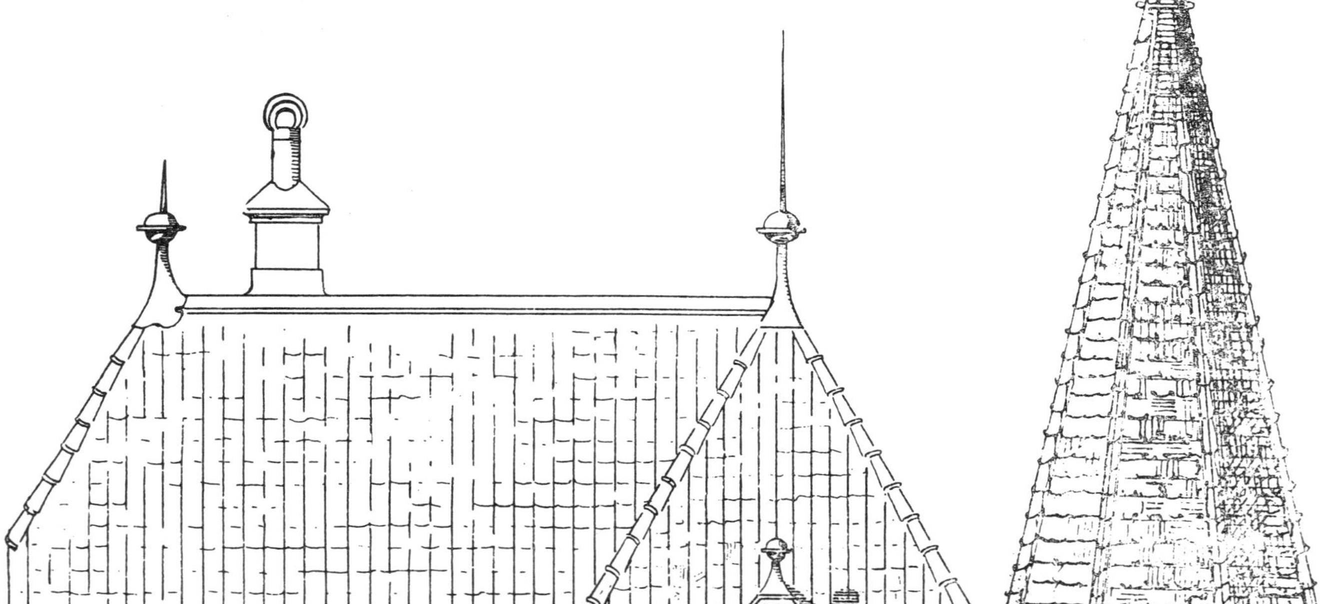

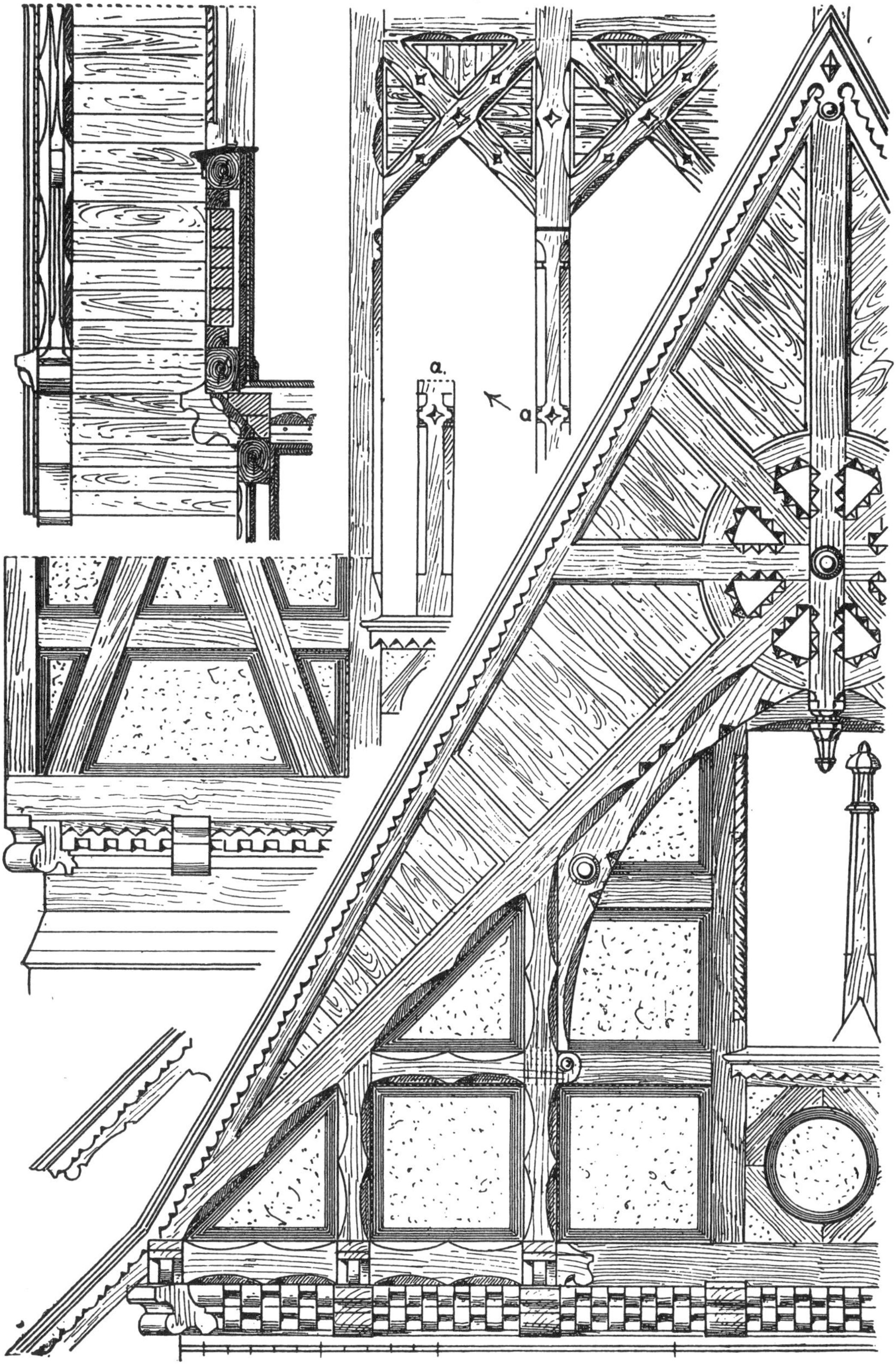
a.
a

Fig. 1.

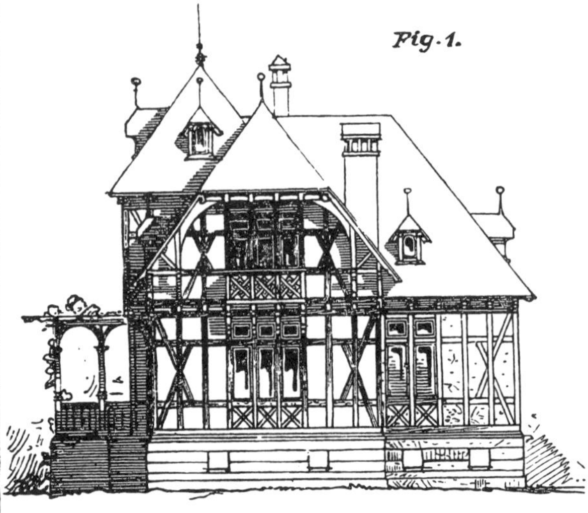

Fig. 2.

Fig. 1a.

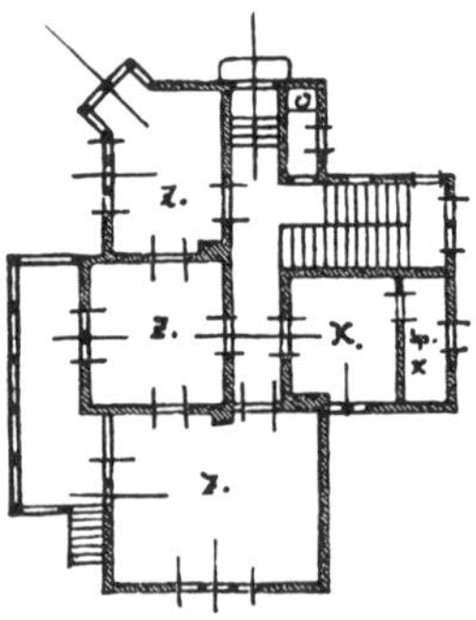

Fig. 3a.

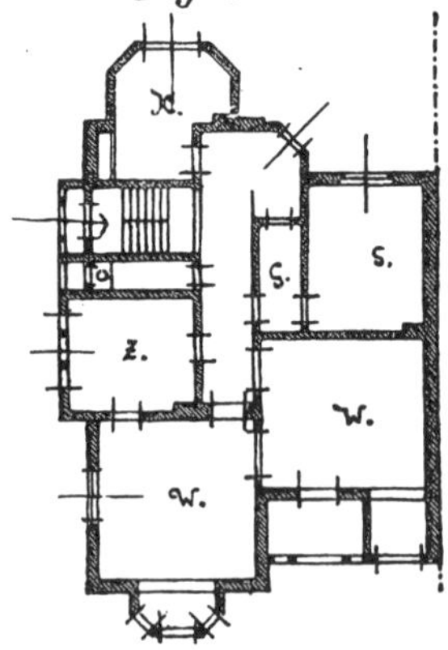

Fi

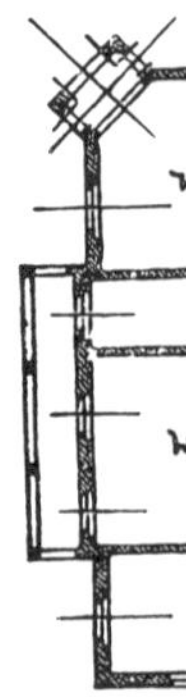

Fig. 4.

Fig

Issel, Der Holzbau.

Fig. 3.

Fig. 5a.

Fig. 6a.

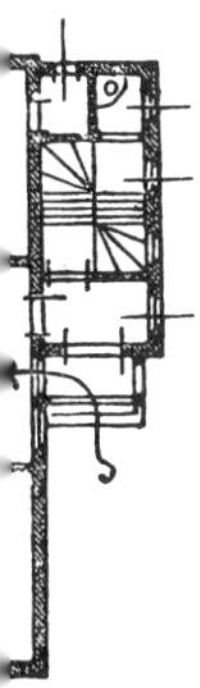

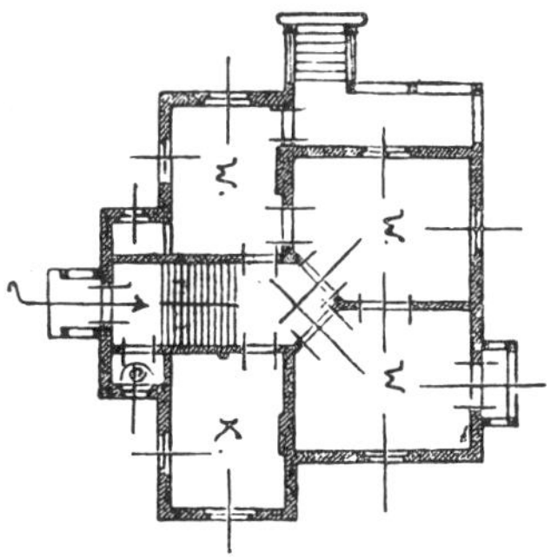

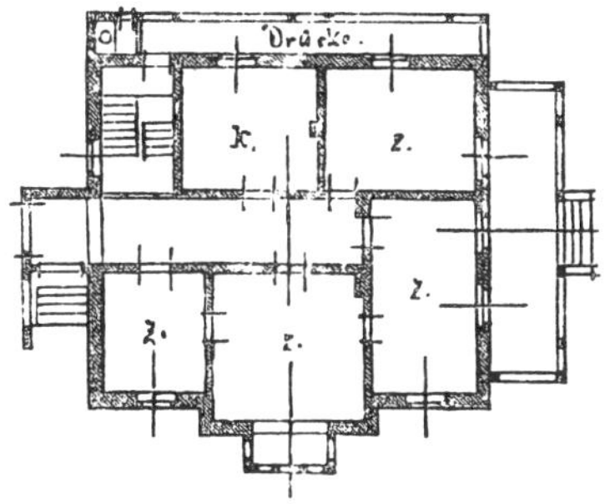

0 15 für die Fassaden.

Fig. 6

Taf. 9 u. 10.

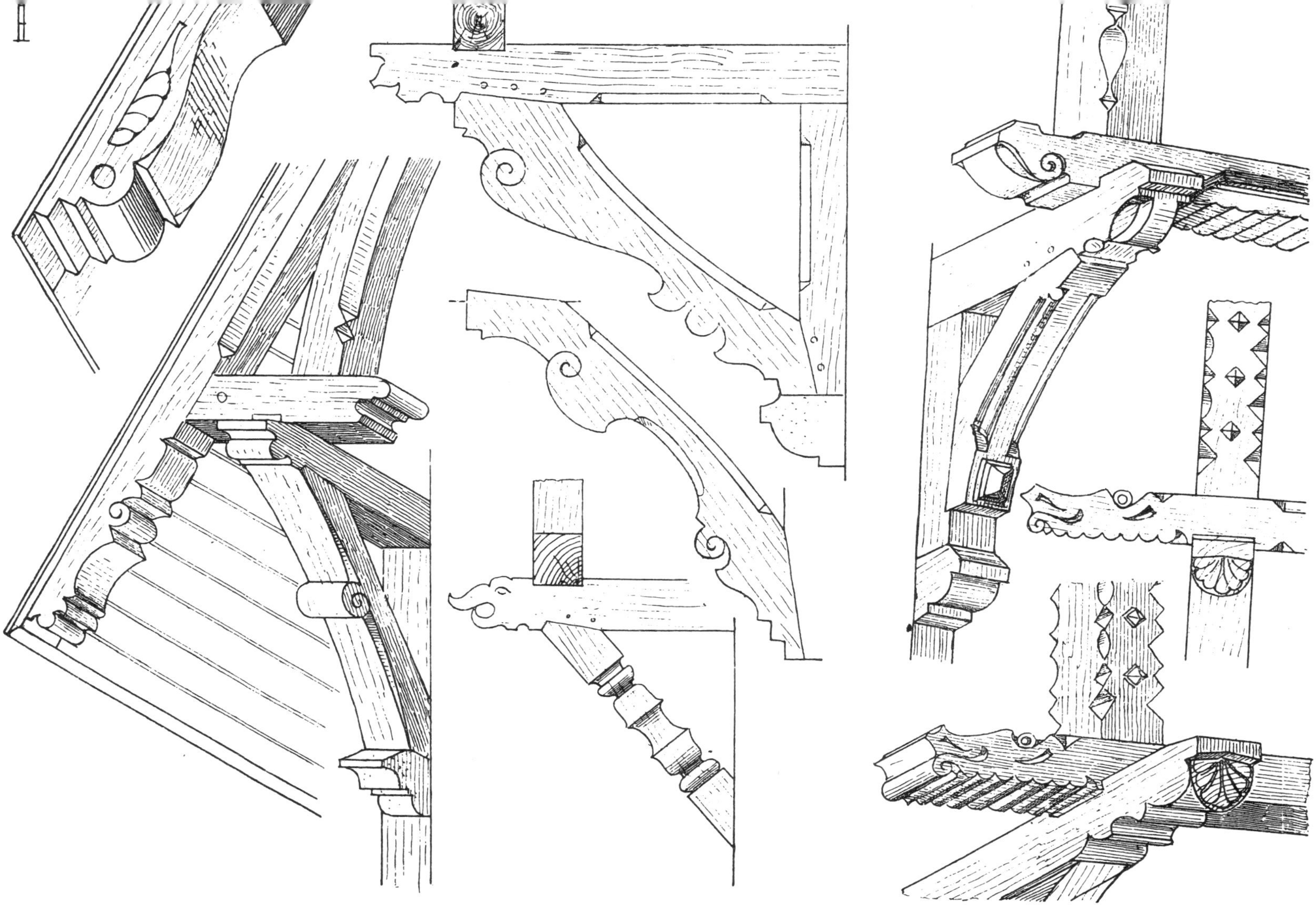

Issel, Holzbau.

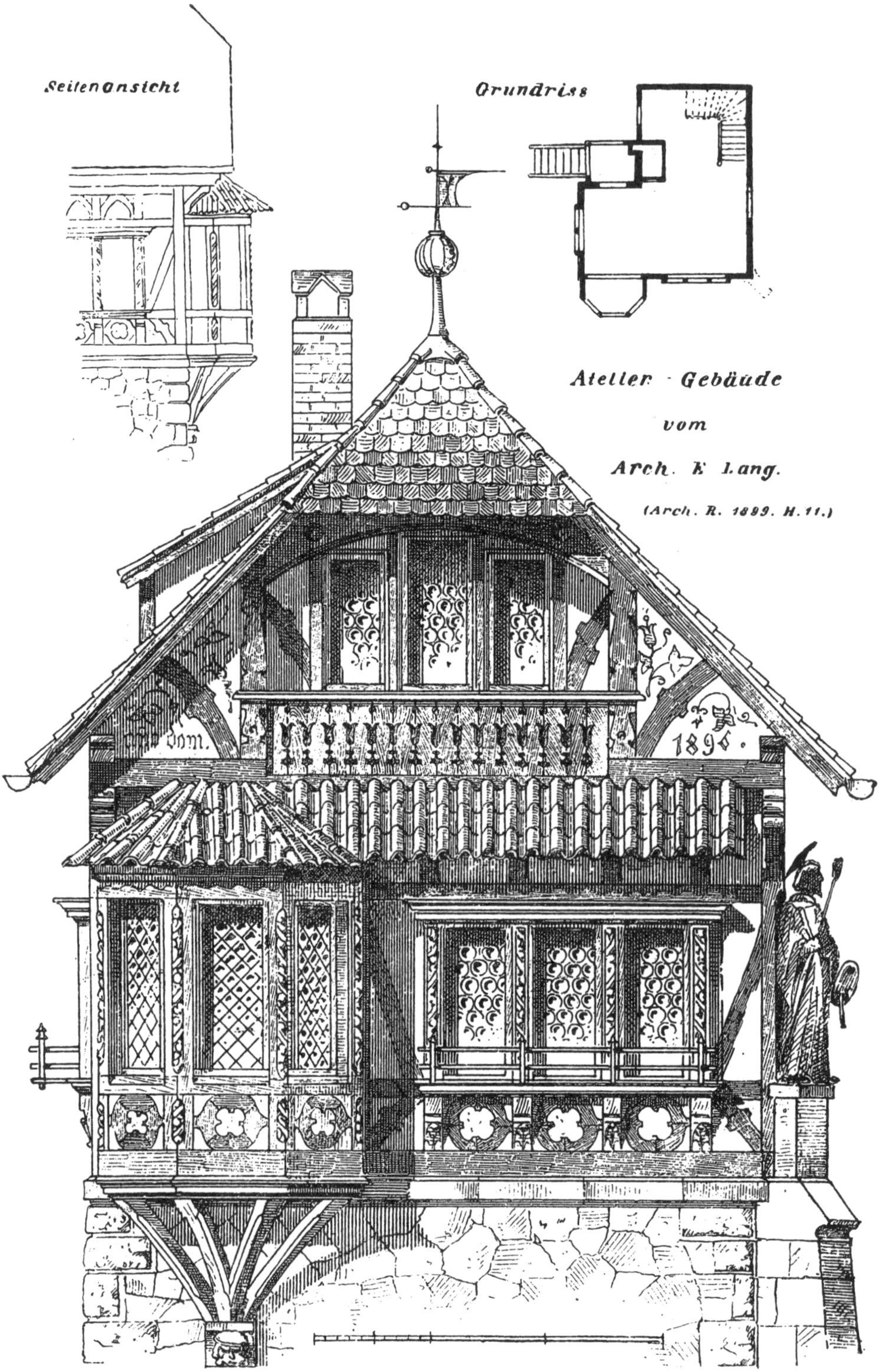

Atelier-Gebäude
vom
Arch. E. Lang.
(Arch. R. 1889. H. 11.)

Pavillon vom Architekten Fedotoff

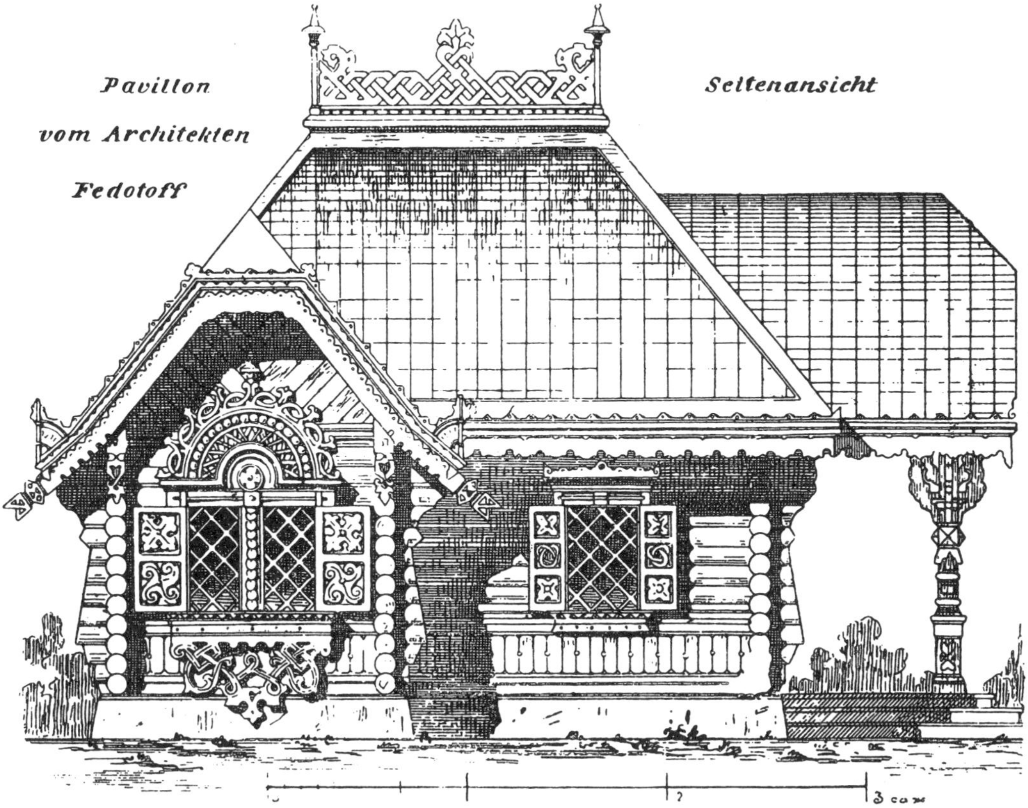

Seitenansicht

Querschnitt

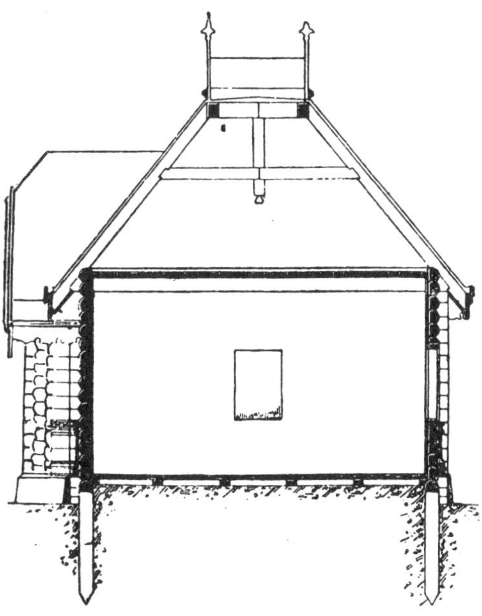

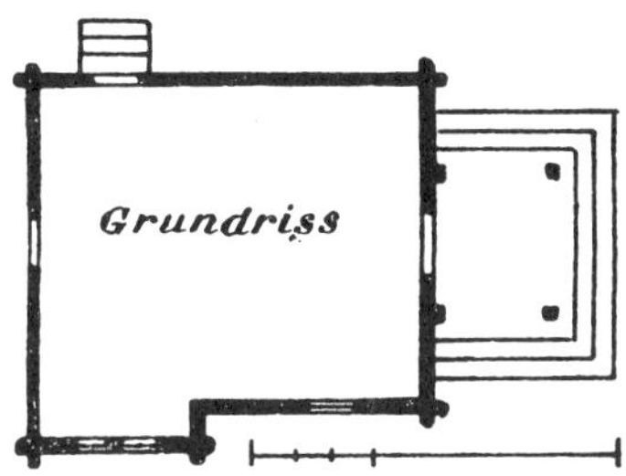

Grundriss

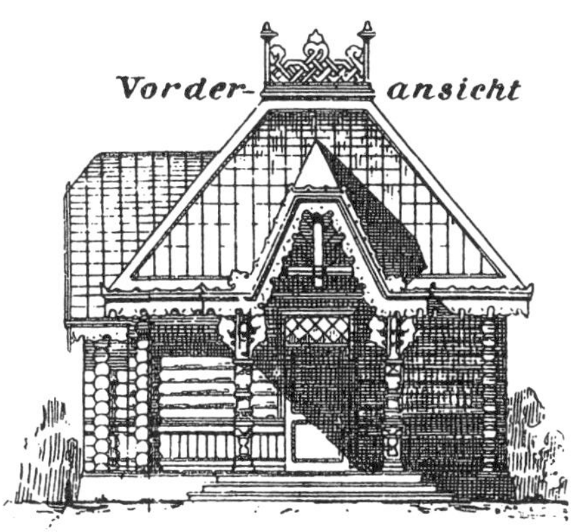

Vorder-ansicht